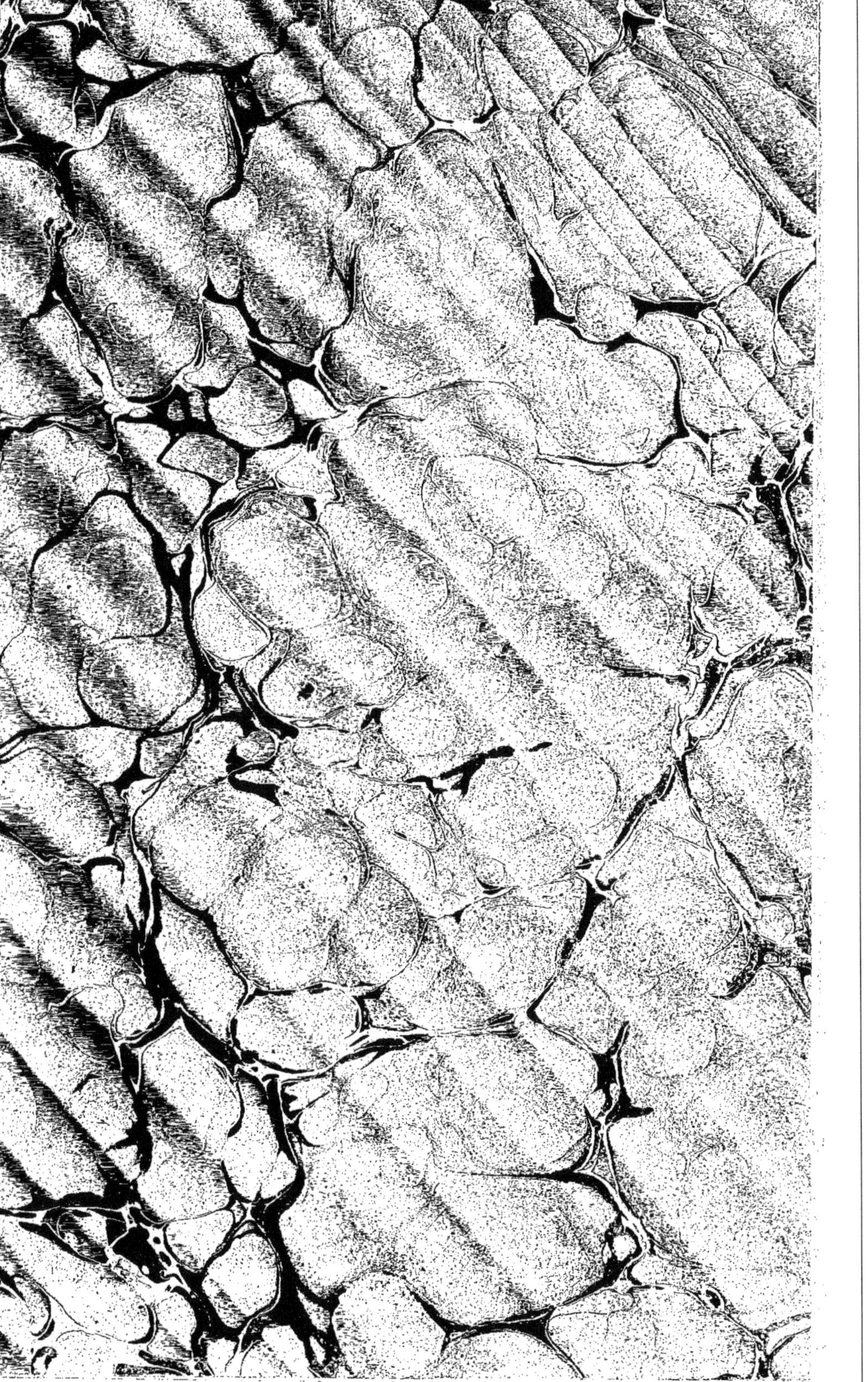

LE

TUEUR DE LIONS

PARIS. — IMPRIMERIE EDOUARD BLOT
Rue Saint-Louis, 46, au Marais.

A. Hadamard del. d'après la photographie de Camarsac

LE

TUEUR DE LIONS

PAR

JULES GÉRARD

ILLUSTRÉ PAR HADAMARD

PARIS

J. VERMOT, LIBRAIRE-ÉDITEUR

33, quai des Augustins, et passage des Panoramas, 38

A SA GRACE

LE DUC DE WELLINGTON

Hommage de mon respectueux attachement,

JULES GERARD

AVANT-PROPOS

En écrivant ce livre, nous nous sommes proposé de faire connaître le caractère et les habitudes du lion de *Numidie*, si différent de celui qui habite l'Afrique centrale et méridionale ; de montrer combien cet animal est redouté par les indigènes ; et enfin de faire naître chez d'autres le désir de marcher, avec ou sans nous, dans une voie qui abaisse l'orgueil des musulmans au profit des chrétiens.

Depuis que les premières éditions de cet ouvrage ont paru, nous avons remarqué qu'il avait produit deux effets différents. Le premier, et le plus considérable, a été de nous honorer de nombreuses et chères sympathies qui nous ont fait aimer les dangers et les peines semés sur notre chemin ; le second nous a montré qu'un homme a beau faire, et le mieux qu'il peut, il trouve toujours quelqu'un pour observer qu'il s'est trompé. Nous passerons sans les citer les livres où, sans avoir vu d'autres lions que ceux des ménageries, l'auteur ne craint pas de divaguer sur leurs mœurs et coutumes, en faisant des efforts inouïs pour nous prouver qu'il a raison.

Mais nous parlerons de celui que notre confrère Bombonnel a publié dernièrement sous le titre de : *le Tueur de Panthères.*

Dans cet ouvrage, qui relate la mort de six panthères, *une* de plus que nous n'en avons personnellement tué, l'auteur nous accuse d'avoir, dans notre premier livre, intitulé *la Chasse au*

Lion, commis plusieurs erreurs sur la manière de juger la *panthère*. La première de ces erreurs serait d'avoir qualifié cet animal d'inoffensif, timide, rusé, etc.... A cela nous répondrons d'abord que, chassant lion et panthère, nous avions d'autant moins intérêt à grandir l'un aux dépens de l'autre, que plus nous constations de dangers et de difficultés, et plus ce que nous faisions devait paraître méritoire. Quel est le soldat qui passera sous silence six batailles auxquelles il aura assisté, s'il en raconte trente? Donc, en initiant nos lecteurs aux observations que nous avons faites sur les habitudes et le caractère de ces deux carnassiers, nous ne pouvions avoir la moindre préférence. Tels nous les avons vus et jugés, tels nous les avons décrits. Évidemment ce sont les définitions d'*inoffensif* et *timide* qui ont été regardées comme exagérées par Bombonnel, et nous le comprenons jusqu'à un certain point, puisqu'une panthère qu'il avait blessée lui a rendu la pareille; mais cela ne prouve qu'une chose : c'est que le chasseur, croyant l'animal mort, est sorti de son affût, et qu'il s'est trouvé sans défense à côté de lui. Et dans une circonstance analogue, bien d'autres animaux en feraient autant, notamment le *sanglier*, lorsqu'il est aux abois, sans que pour cela on puisse les appeler autrement qu'*inoffensifs;* c'est-à-dire qui n'attaquent pas ordinairement. Quant à la qualification de *timide*, j'ai bien pu la donner à la panthère quand, pour en tuer *cinq*, après je ne sais combien de nuits passées à la belle étoile et mille précautions pour l'attirer *sans être vu*, j'en ai rencontré vingt qui ont fui si vite en m'apercevant la nuit, en forêt, que je n'ai pas eu le temps de leur envoyer une balle. Cela me rappelle que, même à l'affût, j'en ai perdu une parce que je fumais; comment donc ne pas appeler cet animal timide, quand l'odeur seule du tabac, qui suppose la présence de l'homme, le met en fuite, surtout à côté du lion, que la clarté de mon cigare ou de ma pipe faisait, par les nuits noires, arriver à quinze pas et se coucher devant moi qui étais à découvert? De telles réfutations nous semblent tellement claires et palpables, que même ceux qui ne sont pas chasseurs pourront les apprécier et les comprendre. Passons aux autres erreurs dont nous sommes encore accusé. D'après nous, les Arabes chassent la panthère avec des chiens; Bombonnel nous dit que c'est une erreur. A cela nous répondrons: Sans remonter aux premiers temps de nos chasses, qu'il serait difficile d'interroger, l'an dernier, au printemps et à l'automne, nous avons fait deux déplacements avec les comtes Xavier et Constantin Branicki, Étienne et Jean Zamoyski. J'avais réuni une vingtaine de chasseurs arabes des environs de *l'Édough* pour nous aider. Pendant le mauvais temps, qui nous retenait au bivac, ces hommes ont tué, avec leurs chiens, et nous ont apporté *trois* panthères adultes. Les chiens dont ils se servaient et se servent encore sont des *roquets*. L'un d'eux, appelé *Zeïtoun* (*Olivier*), qui ne pèse pas certainement plus de deux kilogrammes, a été blessé deux fois par la panthère et s'en est guéri, tandis que nous l'avons vu boiter pendant six mois par suite d'une plume qu'un porc-épic lui avait mise dans l'épaule. Nous citons à l'appui de ce que nous avons avancé les noms des localités, des hommes et des chiens.

Une autre erreur, dit Bombonnel, c'est que les panthères ne montent pas sur les arbres. Et pour nous réfuter sur ce point, notre confrère dit : Sans doute M. Gérard aura vu des restes d'animaux placés par les vautours dans les branches, et il aura cru que c'était le fait d'un autre animal. Ici nous observons que la force d'un vautour ne doit pas aller jusqu'à enlever la moitié d'un sanglier à son tiers-an, ou d'un veau presque entier; mais que cela fût-il, on ne saurait refuser à un homme qui passe une partie de son existence à suivre la voie des carnassiers sur le sol le coup d'œil et l'habitude nécessaires pour distinguer ces mêmes voies. Si on nous accorde cela, nous dirons que bien des fois, en suivant une panthère, nous sommes arrivé au pied de l'arbre sur lequel elle avait monté pour mettre son manger à l'abri du chacal et des hyènes. Et la chose était d'autant plus facile à constater que presque toujours les arbres étaient des chênes-liéges, dont l'écorce est très-molle, comme on sait, et laissait ainsi des traces visibles jusqu'à l'enfourchure où l'animal mort était déposé. Cette preuve se trouve, du reste, corroborée par les faits de ces mêmes chasseurs arabes dont nous avons parlé, lesquels nous ont, à d'autres époques, apporté des dépouilles de panthères tuées par eux *perchées*. C'est ordinairement à l'époque du rut que le matin, à la pointe du jour, ou le soir, au crépuscule, dans les repaires, on voit les mâles non accouplés se brancher pour mieux voir les versants des montagnes qui les avoisinent. Ce nouveau jour, apporté par nous dans cette controverse intéressante, fait tomber une nouvelle accusation de Bombonnel. Nous avons dit que la panthère mangeait tous ses restes jusqu'à la fin et pendant plusieurs jours. La précaution que nous venons de constater le démontre suffisamment; mais il y en a encore une autre non moins concluante : c'est une des manières dont les indigènes tuent cet animal. Lorsqu'ils trouvent sur le sol les restes d'une proie déjà entamée par la panthère, ils dressent une batterie de plusieurs fusils dont les canons aboutissent à la place de l'appât; de celui-ci ils ne laissent qu'un morceau auquel sont attachées des ficelles correspondant aux détentes de la batterie. L'animal vient, tire sur la viande, et il est tué. Parmi nos chasseurs arabes, il en est un dont le père, *Si Mabrouk*, a tué une vingtaine de panthères comme cela, et à peu près le même nombre, soit avec les chiens, en l'attaquant en plein repaire, soit à l'affût, comme Bombonnel. Nous devons reconnaître que l'attaque au repaire est de beaucoup plus dangereuse que l'affût, et cela se comprend; car, dans le premier cas, l'homme se trouve forcément nez à nez avec l'animal en colère, harcelé qu'il est par les chiens, tandis que dans le second il est frappé avant d'avoir pu se douter de la présence de l'homme.

Si nous comptions les panthères tuées de ces diverses façons par nos chasseurs arabes réunis, nous dépasserions la centaine. Ceci soit dit seulement pour la comparaison que Bombonnel établit entre la chasse au lion, qu'il avoue n'avoir jamais faite, et celle à la panthère qu'il a pratiquée. Ces mêmes hommes n'ont jamais consenti à occuper un poste quand nous chassions le lion, pendant le jour, à moins qu'il ne leur fût possible de se percher sur un arbre assez élevé; et quand c'était la nuit, il fallait les mettre deux par deux et les laisser se construire des affûts qui les rendaient invisibles. Pour tout cela, nous invoquons ici le témoignage des illustres chasseurs que nous avons nommés, et dont la réputation est devenue aussi grande en Afrique qu'elle l'était en Europe. Reste un dernier point sur lequel nous nous trouvons encore en désaccord avec Bombonnel. Il assure que la panthère ne peut pas être apprivoisée. Continuant à nous appuyer sur des faits, nous ferons tomber cette dernière assertion en citant MM. Pelletier et Guyon-Vernier, qui, étant capitaines au 3e régiment de spahis, le premier à la Calle, le second à Bone, ont si bien apprivoisé deux panthères, que l'une, âgée de plus de deux ans, *suivait son maître à la chasse*, tandis que l'autre, aujourd'hui au jardin zoologique de Marseille, a reconnu le sien après une longue séparation et lui a permis d'entrer dans sa cage et de la caresser comme autrefois. Pour en finir avec ces comparaisons suscitées par notre confrère en Saint-Hubert, nous lui demanderons comment on pourrait croire à la supériorité qu'il s'efforce d'établir en faveur de la panthère contre le lion, alors qu'il est reconnu depuis des siècles que celui-ci tue et mange celle-là? Parmi les animaux comme parmi les hommes, celui qui est le plus faible au physique et au moral sera toujours le plus faible. Si parmi nous la royauté se donne et se retire par la volonté de l'homme, il ne saurait en être de même parmi les animaux.

LE

TUEUR DE LIONS

I

MA VOCATION

Né de parents assez aisés pour être en position de faire le bien. vous êtes-vous trouvé tout à coup, un lendemain, aussi pauvre que les malheureux auxquels vous donniez la veille? Avec votre fortune, avez-vous perdu un père ou une mère pour lesquels vous eussiez versé jusqu'à la dernière goutte de votre sang?

Alors vous comprendrez l'enfant frêle et timide auquel il tarde d'être un homme fort et courageux pour devenir le soutien et le protecteur d'une famille privée non-seulement des biens de la terre, mais de l'appui du chef légitime qui était ici-bas son unique soutien et sa première richesse.

Voilà, je le confesse au début avec un noble sentiment d'orgueil, ce qui a fait de moi le *Tueur de lions;* voilà quel a été le mobile secret qui m'a conduit à me mesurer avec le roi de la création, avec ce géant formidable auquel je n'ai pas craint de déclarer la guerre, moi, pauvre nain que je suis, mais une guerre ouverte, loyale, telle qu'on doit la faire entre adversaires de cœur dont l'un aura la vie de l'autre, c'est-à-dire un contre un, chance pour chance, et Dieu seul pour témoin de la lutte.

Encore un aveu au lecteur, et là se bornera mon préambule : c'est que, dès mes premiers pas dans cette carrière aventureuse, j'ai rencontré une analogie saisissante entre ma famille, à moi, frappée par la ruine et la mort, et la famille arabe dont le lion a dévoré la dernière tête de bétail, puis le chef.

Il est facile de juger de mon émotion et de l'impatience que j'avais de me rencontrer avec l'ennemi, lorsque, appelé sous la tente qu'il venait de dévaster, j'y trouvais des femmes éplorées, des enfants trop jeunes encore pour comprendre tout ce qu'ils avaient perdu, et un vieillard regrettant son bras d'autrefois pour m'assister dans l'accomplissement de la vengeance.

Il m'est arrivé un jour d'entendre un jeune homme encore imberbe, presque un enfant, imposer silence aux femmes de son père, tué la veille par un lion, et leur dire avec cet accent qui part du cœur : « A demain les pleurs, les regrets et le deuil ; aujourd'hui, c'est du sang qu'il nous faut pour laver le sang, pour venger mon père, votre seigneur et maître. Où sont ses armes ? je les veux, qu'on me les donne ! »

Mais n'anticipons pas sur les événements. Dans ces mémoires, véritable journal de chasse, écrit jour par jour, acte par acte, chaque épisode doit venir en son temps et lieu, en ordre utile.

En attendant, commençons par l'histoire de ma vocation et disons un mot de mon arrivée sur la terre d'Afrique.

Toutes les fois que je rencontre une troupe de gamins jouant au soldat dans la rue, les uns affublés de tricornes en papier, les autre armés de sabres de bois et de fusils aussi dangereux, je m'arrête pour voir la manœuvre. Pour peu que le corps d'armée soit nombreux, il est rare qu'il ne se trouve pas dans les rangs un vrai soldat en herbe. Ce n'est pas toujours celui qui commande ; il faut parfois chercher ce héros futur entre deux nigauds qu'on prendrait volontiers pour des petites filles déguisées en garçons. Mais, en examinant avec quelque attention toutes ces physionomies enfantines, on finit toujours par trouver un sujet qui se distingue des autres, soit par la manière dont il porte ses armes, soit par son air, je ne dirai pas crâne (ceux-là sont des paons, bons tout au plus à faire la roue pour étaler la richesse de leurs plumes), mais par un air véritablement sérieux qui semble dire : « Je suis à ma place; voilà un métier qui me va. »

Pour moi, quand une telle physionomie me frappe : « Voici un gaillard qui ne demande qu'à marcher, pensé-je intérieurement... Mais qu'en feront ses parents? Peut-être un notaire, un avocat, peut-être un homme de plume, quand, à peine sorti de sa coquille, il a déjà toutes les allures d'un homme d'épée. »

Alors je voudrais connaître le père de cet enfant pour l'aller trouver et lui dire :

« Quand j'avais l'âge de votre fils, je jouais au soldat comme lui; mes parents ont voulu me faire embrasser une tout autre carrière que l'état militaire; j'aimais et je respectais beaucoup mes parents; mais, vous le voyez, je suis soldat. »

En effet, quand une vocation est bien vraie, bien prononcée, il n'y a pas à s'y méprendre.

A dix ans, je chassais avec une vieille arquebuse les moineaux qui venaient me disputer les fruits dans le jardin de mon père, et les chats, qui me disputaient les moineaux. Je réunissais tous les enfants du quartier pour faire la petite guerre.

A seize ans, j'aurais pu donner des leçons d'escrime et de pugilat.

Me trouvant un jour dans une fête de village, je vis un homme, un colosse, maltraiter une femme de la manière la plus brutale : la foule faisait cercle et personne n'intervenait. J'allai me placer entre le faible et le fort, et je dis à ce dernier : « Vous êtes un lâche. Laissez cette femme en paix, ou je vous assomme ici à l'instant même. » L'homme fut battu par l'enfant, hué par la foule, et la femme s'éclipsa reconnaissante et vengée.

Cependant je brûlais d'essayer mes forces ailleurs que dans les salles d'escrime.

Il existait à cette époque une catégorie de gens non encore classés, et qui depuis ont usurpé le titre pompeux de *lions*. Les airs vaporeux, la démarche déhanchée, la tournure insolente de ces messieurs, me crispaient les nerfs, et je me déclarai leur ennemi juré. Mais, l'avouerai-je? après plusieurs rencontres successives, desquelles je sortis sans le moindre petit coup de griffe, voyant que j'avais affaire à des adversaires peu méchants, je remis mes fleurets à leur place.

Doué d'une volonté ferme, d'une confiance sans bornes, je me promis de n'employer désormais ces moyens d'action qu'afin d'arriver au but que je me proposais d'atteindre.

Affronter les plus grands dangers qui pourraient s'offrir à moi, rechercher par tous les moyens ceux qui ne se présenteraient point, afin de remplacer dignement le chef de ma famille et de rendre meilleur l'avenir des miens, voilà quelle était mon idée fixe.

Ce fut dans ces conditions que je contractai un engagement volontaire aux spahis, et que je débarquai à Bone, le 19 juin 1842.

Comme la plupart des jeunes gens qui vont en Afrique, je croyais que l'occasion de me signaler ne se ferait pas longtemps attendre.

En effet, à peine avais-je endossé l'uniforme, qu'un officier vint à moi et me dit :

« Vous arrivez de France, je vous prends pour ordonnance. »

Je lui demandai quelles seraient mes fonctions; il me répondit :

« Vous panserez mes deux chevaux et le vôtre, vous astiquerez mes armes et vous cirerez mes bottes. »

J'avais grande envie de répondre à cet officier qu'il m'aurait fait un sensible plaisir en me proposant de me rendre le même service; mais je réfléchis que j'étais militaire, qu'il ne fallait pas commencer par les arrêts, et je me contentai de lui dire que ses chevaux seraient mal pansés, ses armes mal fourbies et ses bottes encore plus mal cirées. L'officier me regarda de haut en bas; je le saluai poliment, et nous nous tournâmes le dos.

Une heure après cette rencontre, j'étais mandé par le trésorier :

« Savez-vous écrire? me dit-il.

— Oui, capitaine, répondis-je.

— Bien, ajouta-t-il; l'inspection approche, j'ai beaucoup à faire; vous allez travailler dans mes bureaux. »

On me fit asseoir, séance tenante, devant une table chargée de tout ce qu'il fallait pour écrire, et un des secrétaires me donna un travail à copier.

Quand j'eus terminé la besogne, ce qui ne fut pas long, je présentai la copie au secrétaire. Après l'avoir examinée avec attention, il la passa au trésorier, qui s'écria en la voyant :

« Mais, monsieur, dans quelle langue écrivez-vous donc ?

— Mon capitaine, j'ai copié.

— Comment, monsieur, vous avez copié ! mais c'est indéchiffrable, et il est impossible de se reconnaître au milieu de ces pattes de mouche. »

Je répondis que je n'avais jamais écrit si lisiblement, sur quoi l'on me pria de retourner au quartier pour y faire mon service.

« Enfin, me dis-je, je vais donc être un homme, un soldat ! »

Je reçus des armes, un cheval, un harnachement complet. Ainsi équipé des pieds à la tête, il n'y avait plus qu'à partir pour la guerre.

Parmi mes nouveaux camarades, il en était un qui m'était très-sympathique : c'était un ancien brigadier, nommé Rousselot, le type accompli du vieux et bon troupier. Je m'adressai à lui pour savoir si on entrerait bientôt en campagne ; il me dit :

« Nous ne ferons jamais rien ici ; si vous voulez, nous allons demander à passer dans un escadron que l'on forme à Guelma. »

Après trois mois d'inscription, on nous donna l'ordre du départ. Nous quittâmes avec joie la ville de Bone, son port de mer, ses jardins, ses belles montagnes, et le troisième jour nous aperçûmes, du haut d'une côte, le camp de Guelma, devenu depuis une charmante petite ville.

Tout le monde ne sait pas que le corps des spahis, à l'exception d'un petit nombre d'officiers, de sous-officiers et de soldats, n'est presque composé que de cavaliers indigènes. C'était à cette circonstance que j'avais dû l'honneur d'être demandé pour ordonnance pendant les trois mois que j'avais passés à Bone.

Vivant en communauté avec les spahis français, je n'avais jamais eu aucune relation avec nos frères d'armes indigènes. En arrivant à Guelma, je fus frappé du mauvais accueil qui nous fut fait par eux.

Je ne savais pas un mot de leur langue, mais leurs regards et leurs gestes ne me laissaient aucun doute sur leur peu de sympathie à notre égard.

Je questionnai Rousselot sur les causes de l'espèce de répulsion que nous paraissions inspirer aux Arabes.

« Ils n'aiment ni le vin ni ceux qui en boivent, me dit-il en haussant les épaules ; on ne civilisera jamais ces gens-là. »

C'était tout ce qu'il savait des Arabes, au milieu desquels il vivait depuis dix années.

Je compris que j'aurais là un mauvais professeur si je voulais étudier la langue, les mœurs et les coutumes de l'Algérie, et je résolus dès lors de me passer de maître. Il est des positions dans le monde où il faut bien tâcher d'apprendre seul.

A notre arrivée, il n'était bruit dans notre camp que d'expéditions prochaines et de coups de fusil : déjà je flairais la poudre et je rêvais d'étendards conquis, d'ennemis pourfendus. Rousselot, plus positif, lui, ne rêvait que razzias et butin. Ce brave garçon, excellent soldat s'il en fut, plein de courage, de franchise et d'honneur, désirait la guerre autant que moi, mais uniquement pour avoir de l'argent d'abord, et puis ensuite pour l'aller boire. Son instruction ne lui permettant pas de viser à un grade plus élevé que celui de brigadier, qu'il avait déjà obtenu sur le champ de bataille, et dont il s'était démis afin de parcourir toutes nos possessions en Afrique, il en avais pris bravement son parti.

Pour lui, une campagne était une entreprise, une rencontre, une bonne affaire à la suite de laquelle il entrevoyait des bœufs, des moutons et des tapis, butin facile à convertir en argent, destiné lui-même à faire oublier dans une joyeuse ivresse les fatigues et les privations de la guerre. Dans un Arabe pris ou tué (il avait en médiocre estime ceux qui faisaient des prisonniers), mon camarade voyait non-seulement un cheval, un fusil, mais un burnous et une selle. Si c'était un chef, l'affaire était magnifique, et les libations du vainqueur, d'autant plus copieuses et plus fréquentes, se prolongeaient alors indéfiniment à la grande joie de ses compagnons.

Un soir, Rousselot racontait une des anecdotes de son répertoire que je savais par cœur depuis longtemps, mais ses auditeurs habituels, MM. Ott et Block, entre autres, écoutaient toujours avec une faveur nouvelle, en raison du dénoûment toujours plein d'intérêt pour leurs gosiers allemands, encore plus altérés après qu'avant boire.

Le chef que notre héros poursuit, d'après son récit, était plus mal monté que lui. En moins de temps qu'il ne lui en faut pour vider une bouteille, Rousselot l'a atteint et lui a fracassé la tête d'une balle; déjà il a mis pied à terre pour s'emparer du cheval, qu'il estime cinq cents francs, du fusil, qui paraît en valoir une centaine, des burnous et de la selle qui valent autant.

« Mais, hasarde Block, tu ne l'avres donc pas vouillé pour foir s'il afait de l'argent mignon en boche?

— Combien de chours avres-tu fait la noce ? dit en même temps Ott.

—A cheval ! messieurs, à cheval ! crie, en entrant tout essoufflé dans la baraque qui nous servait d'abri, le maréchal des logis de semaine, on part dans un quart d'heure pour une razzia.

— Vivat ! répond Rousselot. Gribouri (c'est ainsi qu'il appelait son cheval) a fait des razzias comme on n'en fait pas dans ce pays-ci. Si demain il aperçoit un burnous rouge, personne ne l'aura que lui; pour ce qui est de la chose de le boire, tous les camarades en seront. »

Après une nuit de marche, par une pluie battante, nous arrivâmes sur l'emplacement de la tribu rebelle, qui avait porté ses pénates ailleurs.

Le guerrier que je venais pourfendre et le burnous rouge sur lequel comptait Rousselot avaient suivi l'émigration, et nous n'aperçûmes, en fait d'ennemis, que des chiens affamés errant à l'aventure.

II

APERÇU DE LA GUERRE D'AFRIQUE

La guerre d'Afrique est si curieuse par le caractère et les coutumes des adversaires que les Français ont à y combattre, que j'ai cru devoir en donner un aperçu rapide pour les personnes qui s'intéressent à notre conquête. La population indigène de l'Algérie se divise en trois races différentes :

Les Kabyles, établis dans les montagnes situées sur le littoral, et dont les demeures sont fixes ;

Les Chaouia (anciens Numides), qui forment plus de moitié de la population dans la province de Constantine, et dont les tentes et les troupeaux occupent tout le pays compris entre la Kabylie et le désert ;

Enfin les Arabes proprement dits, qui sont maîtres des oasis, qui passent la saison d'été sur les hauts plateaux, et celle d'hiver dans le Sahara ou sur ses limites.

Comme chacune de ces trois races a une manière de combattre qui lui est particulière, je les exposerai successivement.

Les Kabyles habitent des montagnes généralement boisées, escarpées et d'un abord difficile. Ils n'ont pas de cavalerie ; mais, en revanche, ce sont des fantassins infatigables, hardis, bien armés, et généralement excellents tireurs. Afin de citer un exemple de leur adresse au tir, je dirai que, dans un grand nombre de tribus, le père ne consent au mariage de sa fille que si son futur gendre a été assez adroit pour toucher avec une balle un œuf placé aussi loin que son futur beau-père a pu lancer une pierre.

Toute la tactique des Kabyles consiste à réunir le plus gand nombre de fusils possible sur les hauteurs qui dominent l'étroit sentier que doit suivre une colonne ennemie.

Le commerce et l'industrie qu'ils exercent dans nos villes et sur nos marchés leur permettent de se renseigner exactement à l'avance sur la force et la composition des troupes et sur leur direction.

Lorsqu'un rassemblement kabyle est signalé, le général qui commande en chef reconnaît ou fait reconnaître la force de ses contingents. Si l'ennemi est peu nombreux, il se contente de faire avancer quelques compagnies, qui enlèvent, sans répondre au feu des indigènes, la position qu'ils occupaient, et la conservent jusqu'à ce que toute la colonne se soit écoulée sous leur protection, ou qu'elles aient été relevées elles-mêmes par d'autres compagnies.

L'ennemi, au contraire, est-il en forces, le général arrête sa colonne à portée de canon, et bientôt on voit les plus audacieux des Kabyles descendre de leurs hauteurs et s'approcher jusqu'à portée de fusil comme pour braver nos soldats.

Après avoir dansé, gambadé, hurlé, gesticulé, à la grande hilarité de tous, ils lâchent leur coup de fusil et regagnent les groupes épars accroupis sur les crêtes.

Après un moment de repos, les bataillons d'attaque sont désignés, et commencent à gravir lentement la montagne, en profitant autant que possible des plis de terrain pour se défiler.

Pendant ce temps, quelques pièces sont mises en batterie et envoient des obus sur les rassemblements, afin de porter le désordre au milieu d'eux.

Dès que les bataillons sont arrivés à deux ou trois cents mètres des hauteurs, ils font une courte halte pour reprendre haleine; puis les clairons sonnent la charge, notre artillerie se tait, et officiers et soldats chassent au pas de course, et sans répondre à son feu, l'ennemi des positions qu'il occupe.

Les Kabyles, délogés, se jettent sur les pentes boisées, dans les ravins, et, sans s'éloigner beaucoup, ils attendent que les hauteurs qu'ils ont perdues soient abandonnées pour les reprendre. Il arrive souvent que ce point, qui domine le pays, est choisi pour y établir le bivac.

Dans ce cas, pendant que les troupes arrivent et dressent leurs tentes sur l'emplacement désigné, les Kabyles portent toute leur attention sur les grand'gardes et les postes qui sont envoyés autour du camp pour le protéger.

Ne pouvant rien entreprendre contre le bivac, toutes les crêtes qui l'avoisinent étant gardées, ils attendent la nuit; puis ils se dirigent sans bruit vers les points qu'ils ont vus occupés le soir, et les attaquent quelquefois avec une telle hardiesse, que, depuis plusieurs années, les postes avancés se retranchent, afin de ne pas courir le risque d'être décimés et même enlevés.

Une autre mesure non moins intelligente a été également adoptée.

Les postes avancés qui se trouvent les plus exposés à une attaque restent jusqu'à la nuit sur la position qu'ils semblent devoir conserver jusqu'au lendemain; puis, lorsque l'ennemi ne peut plus les voir, les tentes sont abattues, les feux rallumés, et nos hommes se portent soit à droite, soit à gauche, soit en avant, et s'embusquent de manière à surprendre les Kabyles lorsqu'ils arriveront.

Si l'ennemi se contente de tirailler de loin, nos soldats le laissent faire sans répondre à ses balles, qui ne frappent que le vide.

J'ai dit que les Kabyles ne tenaient pas contre nos troupes quand elles attaquaient une position dominante gardée par eux. Il en est de même du passage d'une rivière, d'un défilé, de la défense d'un village. Il suffit que l'attaque soit vigoureuse et qu'on ne s'amuse pas à tirailler, pour que, soit qu'on marche droit au but, soit qu'on y arrive par des mouvements convergents, ils abandonnent leurs positions sans se laisser refouler à la baïonnette.

Toutefois, comme ils attendent presque toujours les colonnes d'attaque de fort près, et que leur tir est juste, ce n'est pas sans éprouver des pertes sensibles qu'on peut enlever une position gardée par des forces imposantes.

Toute la tactique de ces montagnards consistant à tirer sur des hommes découverts sans se découvrir eux-mêmes, ils ont soin, ainsi que je l'ai dit plus haut, de ne pas s'éloigner et d'attendre, à l'abri des balles, que ceux qui les ont chassés se retirent à leur tour. C'est alors que commence l'action difficile de la retraite. Plusieurs de nos généraux d'infanterie ont acquis dans notre armée une réputation exceptionnelle pour ces affaires difficiles à diriger. Parmi eux, nous citerons MM. Mac-Mahon, Camou, Mellinet, Desmarets, Trochu, Lamoricière, de Martimprey, de Ligny, d'Autemarre, baron Renault, Bataille, du Bos, Bourbaki et Picard.

Dès qu'ils entendent les sonneries qui ordonnent ce mouvement, les Kabyles sortent des rochers et des broussailles où ils étaient blottis comme des bêtes fauves, et ils s'approchent en rampant du point qui va être évacué.

Il arrive souvent qu'on voit déjà paraître les Kabyles sur l'emplacement qu'occupaient nos soldats, tandis que ceux-ci ont à peine parcouru la distance de cinquante mètres au pas de course.

Il est facile de comprendre l'avantage qu'ils ont alors en tirant sur nos hommes qui se trouvent tout à fait à découvert, jusqu'au moment où ils rencontrent un mamelon, un rocher, ou des arbres qu'on a fait occuper d'avance par une troupe bien embusquée, et qu'ils dépassent pour s'embusquer plus loin.

Après avoir attendu à bonne portée l'ennemi qui suit de près, la troupe embusquée le fusille et se retire à son tour. C'est ce qui s'appelle battre en retraite par échelon.

J'ai eu occasion de voir ces choses-là de près, soit en me trouvant attaché au général qui dirigeait lui-même la retraite, soit en laissant mon cheval pour aller faire le coup de fusil avec nos braves fantassins. Je ne crains pas de dire que c'est seulement là qu'on peut apprécier les bons officiers et les bons soldats d'infanterie.

Cette guerre de montagnes ne fait pas seulement honneur à nos troupes par la résistance, l'énergie et l'adresse des ennemis qu'elles y rencontrent, mais encore par les fatigues incroyables qu'elles ont à supporter. Il ne faut rien moins que l'insouciance, le courage et la gaieté qui sont le fond du caractère du soldat français, pour que des hommes appelés par le sort, ayant laissé derrière eux leur famille, leurs affections, leur pays, la plupart sans ambition, sans espoir d'avancement ou de récompenses, se comportent avec autant de bravoure et d'élan dans le combat, avec autant de patience et de courage dans les souffrances de toute espèce qu'entraînent ces expéditions.

Un seul trait du caractère du soldat africain suffit pour le faire connaître et apprécier à sa juste valeur.

Quelque modique que soit sa solde et quel que soit son amour pour le vin à son retour en garnison, le soldat préfère la montagne, c'est-à-dire la Kabylie, où il n'a à espérer que des privations, des fatigues et des balles, à la plaine, qui lui offre des ressources pour la vie matérielle et du butin qu'il peut convertir en argent.

C'est qu'en Kabylie il est sûr de se battre, tandis qu'il revient souvent de la plaine sans avoir brûlé une amorce.

Ceci est pour le fantassin; il n'en est pas de même du cavalier, lequel se souvient des belles razzias qu'il a faites et qui, pour ces raisons et d'autres encore, aime la plaine autant qu'il déteste la montagne.

Une tribu est-elle insoumise ou bien a-t-elle secoué le joug, on prend immédiatement des mesures pour lui infliger un châtiment exemplaire.

Il a suffi de quelques campagnes pour apprendre aux chefs de notre armée d'Afrique à déjouer les ruses de nos ennemis nomades, et aujourd'hui le châtiment suit toujours de près le désordre et l'insurrection.

Hors quelques cas assez rares où la cavalerie agit seule contre des tribus considérables, on a facilement raison des Arabes quand ils sont attaqués vigoureusement, et certes ce n'est ni l'élan ni la vigueur qui manquent à la cavalerie d'Afrique ; mais ici, comme en Kabylie, c'est la retraite qui est difficile.

L'ennemi a-t-il été surpris après une marche de nuit, il fait tous ses efforts pour disputer la possession de ses troupeaux et de ses tentes; et lorsque toute résistance devient inutile, il se retire en protégeant la retraite des femmes et des enfants. A peine est-il parvenu à les mettre à l'abri d'un coup de main, qu'il revient plus nombreux et plus hardi, dans le but de reprendre ce qu'il a perdu.

C'est un spectacle imposant que celui d'une colonne ramenant un troupeau de quarante mille têtes de bétail de toute espèce, c'est-à-dire la fortune d'une tribu entière, avec ses tentes, ses bagages et son mobilier.

Si quelques bataillons d'infanterie ont pu arriver à temps pour prendre part à la razzia, les Arabes ne peuvent que harceler nos troupes sans rien entreprendre de sérieux contre elles.

Mais il n'en est pas de même lorsque la cavalerie est seule et en nombre insuffisant pour couvrir les flancs et la queue de la colonne; alors l'ennemi se forme par groupes épais, s'excitant mutuellement par des cris féroces, et il se rue sur le point qui lui paraît le plus faible, pour tâcher d'y faire une trouée. Ce n'est qu'avec beaucoup de sang-froid dans la retraite, et d'ordre dans les mouvements offensifs, qu'une expédition de cette nature, avec un ennemi nombreux et entreprenant, peut être menée à bonne fin.

C'est surtout dans ces circonstances que les officiers de cavalerie qui ont l'expérience de cette guerre sont à même de rendre de bons services. Depuis quelques années nous avons fait de grands progrès en Afrique dans la guerre de plaine, et on peut aujourd'hui atteindre et ruiner, sans coup férir, une tribu entière.

Autrefois nos généraux étaient obligés de se fier à des chefs indigènes, qui souvent trompaient leur confiance et faisaient prévenir les tribus au moment où l'on envoyait des troupes contre elles pour les châtier. Grâce à une institution utile et intelligente, il n'en est plus ainsi de nos jours.

Dans chaque division, subdivision et cercle, l'autorité supérieure dispose d'un bureau arabe, composé d'officiers français qui joignent à la connaissance parfaite du pays celle de la langue, des mœurs et des coutumes des indigènes.

Au moyen de ces officiers, les généraux peuvent préparer une expédition sans qu'elle s'ébruite, et atteindre l'ennemi à toutes les distances.

Il nous reste à parler de la guerre des oasis.

Bien qu'ils soient plus nomades que les Chaouia, dont les tribus ne sortent jamais d'un rayon limité et assez restreint, les Arabes possèdent des demeures fixes qui leur servent d'entrepôts, de magasins : ce sont des villages bâtis dans les oasis, sur les limites nord du désert, quelques-uns plus au sud.

Ces villages sont d'autant plus faciles à défendre que presque toujours ils sont construits au centre de l'oasis, qui les couvre de sa forêt de palmiers et de mille petits jardins plantés d'arbres fruitiers et entourés de murs.

Indépendamment de ces fortifications naturelles, chaque village est entouré d'un mur d'enceinte et flanqué de tours.

Il est facile de comprendre la résistance que les défenseurs des oasis peuvent opposer à l'ennemi et le mal qu'ils doivent lui faire.

Pour en citer un exemple, je dirai quelques mots de la prise de Zaatcha, qui eut lieu en 1849.

Bou-Zian, le cheik de ce village, s'étant insurgé contre l'autorité française, entraînait avec lui les populations des villages voisins.

Le commandant supérieur de Batna se porta sur l'oasis de Zaatcha avec une partie du 2e régiment de la légion étrangère, qu'il commandait.

L'intention du chef de l'expédition était d'enlever la place à la baïonnette, et il faut dire que la bravoure et la longue expérience des officiers et des soldats placés sous ses ordres justifiaient sa confiance ; mais il y avait là un ennemi plus dangereux que les fusils des Arabes, et contre lequel les baïonnettes furent impuissantes.

Après avoir tué ou mis en déroute les défenseurs apostés dans les jardins, la colonne d'attaque s'élança vers les murs de la place pour les escalader.

Elle fut arrêtée un instant par un fossé large, profond et rempli d'eau qui entourait le village, et, au moment où officiers et soldats franchissaient à l'envi cet obstacle, des milliers d'Arabes, abrités par un mur crénelé, les fusillèrent à bout portant.

Malgré les pertes nombreuses qu'il avait déjà éprouvées, le commandant Saint-Germain, qui dirigeait l'attaque, porta tous ses efforts contre une des portes de Zaatcha. Pendant près d'une heure, et sous un feu meurtrier, nos soldats travaillèrent à faire une brèche.

A chaque coup de hache, les Arabes répondaient par dix coups de fusil, et les travailleurs tués étaient immédiatement remplacés par d'autres.

Prévoyant une sortie des défenseurs au moment où il se retirerait, et craignant pour ses morts et ses blessés, qu'il ne voulait pas laisser en leur pouvoir, le commandant ordonna la retraite quand le tiers de son monde fut hors de combat.

Environ deux mois après, M. le général Herbillon, qui faisait une expédition en Kabylie pendant la première attaque de Zaatcha, vint mettre le siége devant cette place.

Je ne raconterai point toutes les péripéties de cette rude campagne, qui restera profondément gravée dans le souvenir de ceux qui l'ont faite; mais, pour que le lecteur sache combien est sérieuse la guerre des oasis, je dirai que Zaatcha a tenu cinquante-deux jours contre nos meilleures troupes, dont le chef, pendant toute la durée du siége, n'a pas cessé de s'exposer aux balles de l'ennemi comme un simple soldat.

Ce fut après une résistance désespérée que la place fut enlevée d'assaut par trois colonnes commandées par les colonels Canrobert, de Lourmel et de Barral, et tous ses défenseurs, y compris Bou-Zian, se firent tuer à leur poste. Telle est la guerre d'Afrique, que beaucoup de personnes traitent un peu trop à la légère; car l'ennemi, qu'il soit Arabe ou Kabyle, est doué d'une grande bravoure individuelle. Quand les circonstances le lui ont permis, il nous a résisté et nous a fait éprouver de grandes pertes; enfin il n'y a ni grâce ni merci à espérer pour ceux qui ont le malheur de tomber en son pouvoir.

Ce qu'il y a de singulier dans cette guerre, c'est que celui qui cherche l'occasion de s'y distinguer la rencontre rarement, à moins qu'il n'ait un commandement, et que souvent le hasard fait naître les occasions pour ceux qui n'y pensent même pas.

Après deux ans de séjour en Afrique et plusieurs expéditions où bien des milliers de cartouches avaient été brûlées, mes armes étaient encore vierges.

Le plus souvent, quand l'infanterie était engagée, nous la regardions faire, et lorsqu'il nous arrivait de charger, j'avais beau m'isoler du gros de l'escadron, mon ami Rousselot se hâtait de me rejoindre, afin, disait-il, de m'empêcher d'être enlevé.

Nous cherchions ainsi à deux, le fusil haut, soit un groupe de cavaliers, soit un burnous rouge égaré, et toujours nous revenions après avoir entendu siffler les balles sans voir d'où elles partaient.

Le soir, au bivac, Rousselot me parlait sans cesse de ses campagnes d'Oran, et il me proposait de l'accompagner dans cette province, où il avait la ferme intention de retourner.

Il venait, ainsi que moi, d'être nommé brigadier, et il m'assurait qu'en renonçant à notre grade, il nous serait facile de changer de régiment.

Je n'opposai aucune résistance au désir de mon ami, et nous rentrâmes à Guelma dans les premiers mois de l'année **1844**, bien décidés à quitter le pays.

III

MES PREMIERS PAS DANS LA CARRIÈRE DES LIONS

Lorsqu'un événement heureux ou malheureux vient de s'accomplir, l'Arabe a coutume de dire : *Mectoub,* « c'était écrit. »

Le lecteur va juger si c'était pour moi le cas de dire comme l'Arabe.

Le soir de notre arrivée au camp, j'allai, comme d'habitude, visiter mon cheval avant de me coucher.

Après lui avoir souhaité une bonne nuit, je me promenai quelques instants le long du rempart qui touchait aux écuries et dominait la plaine.

Tout en pensant à mon prochain départ pour Oran, je remarquai un groupe de spahis indigènes assis sur le bord du rempart et silencieux comme les pierres qui leur servaient de siéges.

Au moment où je passais près d'eux, un officier, également indigène, sortit du groupe, vint à moi, et, sans me dire un mot, me prit la main et me fit asseoir près de lui.

La lune, qui donnait en plein sur les spahis, me permit de voir l'air pensif et triste qu'ils avaient tous.

Comme il y avait longtemps qu'ils n'avaient vu leurs familles, à cause de la durée de l'expédition, je pensai qu'ils avaient appris la mort de quelqu'un des leurs, et j'interrogeai l'officier, qui parlait facilement notre langue.

« Écoute, me dit-il, là-bas, du côté de la plaine. »

J'entendis un bruit lointain, tantôt sourd, tantôt aigu, mais qui me paraissait formidable, surtout à en juger par la distance d'où nous le percevions.

Voyant que j'avais entendu, l'officier me dit :

« Sais-tu ce que c'est que cela?

— Non, lui répondis-je.

— Eh bien, c'est le lion, ajouta-t-il, le lion de l'Archioua, qui, pendant que nous étions en campagne, a décimé nos troupeaux, et dévorera encore ceux qui nous restent.

— Mais puisque vous voilà revenus, dis-je à l'officier, et que demain vous irez dans vos douars, vous tuerez le lion, et une fois mort il ne vous fera plus de mal. »

Jamais sottise ne fut accueillie comme ce que je venais de débiter tout naturellement. Après les quolibets et les plaisanteries que m'avait valus ma naïveté, l'assistance redevint sérieuse, et on m'expliqua comme quoi les Arabes aimaient mieux laisser le lion manger leurs troupeaux que de s'attaquer à lui, et, en somme, on me prouva, comme deux et deux font quatre, que le roi des animaux avait parfaitement le droit de se moquer du genre humain chez les Arabes.

Il était tard; on allait se retirer; je dis à l'officier et aux spahis stupéfaits :

« S'il plaît à Dieu, moi, qui ne suis pas un Arabe, je tuerai le lion, et il ne vous dévorera plus. »

Laissant ces messieurs commenter à leur guise la déclaration *ex abrupto* que je venais de leur faire très-sérieusement, je repris ma place sur le rempart et me mis à penser à ce que je venais d'avancer.

Je ne m'expliquais pas comment, aimant la chasse avec passion, je n'avais jamais pensé aux lions depuis que j'étais en Afrique, et je me disais que, sans une circonstance fortuite, j'allais quitter le pays où un avenir nouveau s'ouvrait devant moi.

Je me rappelai toutes les paroles des Arabes et le titre de seigneur qu'ils donnaient respectueusement au lion en me racontant ses prouesses.

A. Hadamard del. et lith. Imp. Godard Paris

Ecoute, me dit-il, là bas du coté de la plaine !

Mon cœur bondissait de joie en pensant que bientôt peut-être ce seigneur tout-puissant, la terreur du pays, mordrait la poussière sous la balle d'un chien de chrétien, et je jouissais d'avance du triomphe remporté par le faible sur le fort, et surtout de celui qu'obtiendrait l'homme qui respecte les croyances étrangères aux siennes sur le fanatique égaré par son ignorance et son orgueil.

Comme pour me faire entendre que je faisais trop bon marché de sa vie, le lion rugit en ce moment, et ses rugissements me semblèrent plus formidables.

J'écoutais avec attention cette voix à nulle autre pareille, répercutée par mille échos lointains, et lorsqu'elle se tut, je frissonnai des pieds à la tête.

Je n'avais jamais vu de lion à l'état sauvage, et cet organe puissant me disait que celui qui en était pourvu, et qui ne se gênait pas pour le faire entendre ainsi, celui-là devait être bien fort, bien hardi, et regarder l'homme comme une bien chétive créature.

Sans savoir encore comment je m'y prendrais pour attaquer le lion, je compris que la tâche était sérieuse, difficile, et après avoir entendu de nouveau ses rugissements, j'eus besoin de penser à la parole donnée et aux résultats qui devaient être attachés au succès pour ne pas faillir dans ma résolution.

Quand je calculais dans mon esprit toutes les chances bonnes ou mauvaises, je jugeais la lutte comme au-dessus des forces de l'homme le plus courageux; mais, en examinant les motifs qui avaient amené ma détermination, j'espérais que mon entreprise serait agréable à Celui qui peut tout, et dès lors je me sentis capable de tenter même l'impossible.

Le lendemain, ou plutôt quelques heures après, car j'avais passé la nuit entière à la belle étoile, je fis part de mes projets à Rousselot. Mon ami accueillit avec enthousiasme l'ouverture que je lui fis, non qu'il eût l'intention de s'associer à moi (il était plus que jamais décidé à quitter la province), mais parce qu'il trouvait mon entreprise belle, hasardeuse, et qu'il pensait que je pourrais réussir. Il y a dix ans que je n'ai vu Rousselot. Je ne sais où il est ni ce qu'il fait en ce moment:

mais je serais heureux que ces lignes tombassent sous ses yeux, afin qu'il sût que, dans les circonstances critiques où j'ai désiré le concours d'un bras sûr et dévoué, j'ai toujours pensé à lui, rien qu'à lui.

Sans plus attendre, je me mis en relation avec des spahis dont les douars, situés sur l'Oued-Meza, à une lieue de Guelma, étaient souvent visités par le lion. Bien que mon projet de les débarrasser de cet hôte importun ne leur parût point sérieux, et qu'à leurs yeux je ne fusse qu'une victime de plus à ajouter à tant d'autres, ils voulurent bien m'accompagner dans l'exploration du pays fréquenté par le lion.

Je trouvai quatre ou cinq douars établis dans la plaine, sur la rive droite du ruisseau. Ces douars appartenaient aux spahis ou à leurs familles.

Je fus invité à me reposer sous une tente, qui fut à l'instant même remplie de visiteurs.

Je crus d'abord que c'était une politesse, mais je ne tardai guère à m'apercevoir que ces gens-là se moquaient de moi et de mes prétentions.

Je commençais à comprendre et à parler l'arabe, et j'entendis plusieurs fois l'épithète de *medjenoun* (insensé) sortir de la bouche des vieillards.

Je ne cherchai pas à les convaincre que je jouissais de toutes mes facultés, et après un court repas, je demandai un guide pour me faire connaître les lieux hântés habituellement par le lion.

Une espèce d'Hercule qui, depuis mon entrée sous la tente, se tenait couché devant moi, la tête dans ses deux mains, les yeux dans mes yeux, se leva comme mû par un ressort, et soulevant un des côtés de la tente pour me montrer l'intérieur du douar : « C'est ici qu'il vient la nuit, me dit-il avec colère, ici, au milieu des hommes que tu vois et qui te parlent. Est-ce une barbe que je tiens là? ajouta-t-il en prenant la sienne à pleines mains; trouves-tu que ce bras soit celui d'un homme? poursuivit-il en découvrant son bras droit jusqu'à l'épaule; et nous prends-tu pour des femmes, toi qui oses nous demander de te mettre en présence du lion, quand il vient chez nous manger notre bien et que nous le laissons faire? Tiens, termina-t-il dans le paroxysme de la fureur, le jour où tu tueras le lion, cette barbe tombera et je serai ta servante. »

Après cette sortie, que je trouvai curieuse autant que ridicule, ce brave homme, ne pouvant plus se contenir et ne voulant pas sans doute violer les lois de l'hospitalité arabe en se portant contre moi à quelque voie de fait, s'éloigna en se drapant dans son burnous avec une majesté superbe. Un spahi alors proposa de m'établir le soir dans l'enceinte, au milieu des troupeaux.

Toute l'assemblée se récria en disant que mes balles pourraient tuer du monde sous les tentes, qu'il arriverait quelque catastrophe si le lion était blessé, et que, si je tenais absolument à lui servir de pâture, je n'avais qu'à me trouver sur son chemin qu'on allait me montrer.

Quelques hommes s'étant offerts pour me guider, je partis avec eux. En remontant le cours d'un ruisseau, nous arrivâmes sur la lisière d'un bois qui couvrait les deux rives et me parut très-épais. C'étaient des chênes-houx et des lentisques.

Les Arabes me montrèrent un rocher entouré d'un massif touffu et d'une teinte sombre, en me disant que le lion avait là un *pied-à-terre*, quand il quittait ses domaines de l'Archioua pour venir les visiter.

Je demandai à mes guides s'il était possible d'arriver jusqu'au seigneur de ce canton; ils me répondirent en riant qu'aucun d'eux ne l'avait visité, mais qu'ils allaient m'indiquer le chemin. Un quart d'heure après nous étions sur un sentier large d'un mètre, qui s'enfonçait sous bois.

« Voici, me dit l'Arabe qui marchait en tête, le chemin par lequel le maître descend chez nous. Il en a un autre là-bas, de l'autre côté du ruisseau : tous les deux mènent à sa demeure. Maintenant, ajouta-t-il, si tu veux le voir, tu n'auras qu'à te faire un affût sur un de ces deux chemins et à venir l'y attendre la nuit, avec un appât. Quand tu l'auras tué nous viendrons baiser tes pieds et tes mains et dire que nous sommes tes serviteurs. En attendant, permets-nous de retourner à nos affaires. »

Et, sans plus de façon, ces messieurs reprirent la route du douar.

Comme si ces dernières paroles avaient été une injonction, je m'assis sur une pierre au bord du sentier, et sans un chacal qui vint crier à quelques pas de moi, je serais resté là jusqu'à la nuit, plongé dans les réflexions suscitées par ce que je venais de voir et d'entendre.

Il était trop tard et j'étais trop mal armé pour rien entreprendre ce soir-là. Je regagnai le camp en songeant au mauvais accueil que m'avaient fait les Arabes. En effet, étant venu chez eux avec le désir de les débarrasser d'un ennemi d'autant plus dangereux qu'ils n'osaient pas l'attaquer eux-mêmes, et d'autant plus nuisible qu'il prélevait sur eux un impôt écrasant, j'avais lieu d'espérer qu'ils me recevraient bien, qu'ils m'exprimeraient au moins quelque reconnaissance en faveur de mon intention, et qu'ils se feraient un plaisir de me renseigner et de me guider.

Au lieu de cela, je les avais trouvés froids, indifférents, railleurs, je dirai presque menaçants : car l'homme bâti en Hercule dont j'ai parlé plus haut m'avait laissé assez voir combien il aurait désiré me prouver que son bras était plus robuste que le mien.

Je conclus de tout cela que mon entreprise était encore plus sérieuse et plus difficile que je ne l'avais pensé, qu'on me regardait comme un insensé ou un fanfaron, et que plus on doutait du succès de ma folle entreprise, plus l'effet de ce même succès serait grand.

A partir de ce jour, je ne m'occupai plus que d'arriver sûrement à mon but.

Avec le secours de quelques travailleurs dirigés par un Arabe qui s'y connaissait, je fis établir un affût couvert sur le bord d'un des sentiers fréquentés par le lion.

C'était un trou large et profond d'un mètre, ayant pour toiture des arbres chargés de grosses pierres couvertes avec de la terre délayée.

Plusieurs créneaux avaient été ménagés du côté du sentier, ainsi qu'une ouverture destinée à servir de porte du côté opposé.

Une grosse pierre, apportée tout exprès de très-loin, fermait cette porte.

L'affût, ainsi fait, était une véritable citadelle, que j'aurais volontiers fait démolir, si l'Arabe remplissant les fonctions d'architecte ne m'eût assuré qu'il n'oserait pas y passer la nuit tout seul, et que je pourrais bien être tiré de mon trou par une brèche que le lion ferait sans plus de façon à la toiture.

Comme je paraissais peu convaincu de son raisonnement, l'Arabe me raconta l'anecdote suivante :

« Le pacha d'Alger avait choisi parmi les Turcs de son armée quelques hommes d'élite pour chasser le lion. L'un d'eux, nommé *Chakar*, avait acquis une grande célébrité dans le pays ; chaque fois qu'il revenait chargé d'une dépouille, le pacha le faisait asseoir à côté de lui, honneur qu'il n'accordait à personne, et indépendamment de l'or qu'il lui prodiguait à pleines mains à chaque nouvelle victoire, il lui offrait un manteau de velours brodé de soie et d'or, appelé *cafetan*, et qu'on ne donne qu'aux très-grands chefs. Chakar étant comblé de biens et d'honneurs, ses parents, ses amis et le pacha lui-même ne cessaient de lui dire : « Assez, Chakar, assez ! que ce soit le dernier ; Dieu est « avec toi, c'est vrai ; mais n'abuse pas des bontés de Dieu ! » Et Chakar recommençait toujours.

» Un jour il arrivait à la Mahouna, son champ de bataille favori.

» Les habitants le reçurent, comme toujours, avec joie et reconnaissance.

» Un lion était dans le pays depuis un mois, mangeant les grands et les petits, comme si Dieu ne les eût créés et mis au monde que pour lui.

» Le premier jour fut consacré au repos.

» Le soir, un bœuf fut égorgé en considération du brave Turc, et mangé en l'honneur du lion, dont on célébrait d'avance les funérailles à grand renfort de mousqueterie, afin qu'il fût bien prévenu.

» Le lendemain, le chasseur visita les divers affûts qu'il avait fait construire dans le genre de celui-ci, et il rencontra les pas du lion auprès de l'un d'eux. Un peu avant la nuit il y revint, suivi d'un Arabe qui portait une chèvre destinée à servir d'appât.

» Chakar entra le premier ; la chèvre fut poussée derrière lui, et la porte ayant été fermée, l'Arabe se retira en lui disant : *Que Dieu soit avec toi !*

» Vers minuit, un coup de feu retentit dans la montagne.

» Les Arabes se hâtèrent de sortir de leurs tentes, et ils entendirent le lion rugir si fort, que les arbres et les rochers en étaient ébranlés.

» Un second coup de feu suivit le premier, puis un troisième, et le lion se tut.

» Le lendemain, à la pointe du jour, tous les Arabes des douars voisins se rendirent à l'affût, qu'ils trouvèrent détruit de fond en comble.

» Le fusil et un pistolet de Chakar furent trouvés à sa place, ainsi que la chèvre, écrasée par les débris de l'affût.

» Au milieu des troncs d'arbres et des pierres servant de toiture, que, dans sa fureur, le lion avait dispersés çà et là, on remarquait des traces de sang, les empreintes des griffes de l'animal et celles d'un corps qu'il avait tantôt porté, tantôt traîné.

» En suivant ces traces, à une vingtaine de pas sous bois, on trouva le second pistolet, et tout près de là, l'homme et le lion enlacés comme deux serpents.

» La tête de Chakar était tout entière dans la gueule du lion, sa main gauche disparaissait sous la crinière, et la droite, rouge de sang, serrait un poignard enfoncé jusqu'à la garde dans le flanc de l'animal.

» Les trois balles que le Turc mettait ordinairement dans son fusil avaient frappé le lion derrière l'épaule, celle du premier pistolet au poitrail, et la dernière dans l'oreille.

» Tu vois, me dit l'Arabe en terminant son récit, qu'il n'y a pas de honte à se cacher dans un affût, et je te promets que quand tu seras seul dans celui-ci, tu penseras plus d'une fois à la fin de Chakar, et que, sans le vouloir, tu regarderas si la toiture de ton abri est solide. »

Ce que j'aurais désiré, c'eût été de pouvoir rencontrer le lion en plein jour, et d'avoir ainsi occasion de le combattre loyalement, face à face.

Je ne pensais pas à agir de même la nuit, à cause de l'obscurité, qui mettait à néant mes moyens d'attaque et me livrerait sans défense à l'ennemi.

Cependant cette manière de l'attendre dans un affût me répugnait.

Il me semblait que j'allais me rendre coupable d'un guet-apens, d'une espèce d'assassinat, et malgré l'histoire précédente, dont la véracité m'a été prouvée depuis, je doutais qu'un succès obtenu de la sorte fût regardé par les autres autrement que par moi-même, qui le jugeais facile.

Ne connaissant ni le pays ni les habitudes du lion, et ne pouvant pas compter sur les renseignements et les conseils des Arabes, je me trouvais on ne peut plus embarrassé.

Ce fut donc comme un pis-aller et tout à fait à contre-cœur que je me décidai à utiliser l'affût que j'avais fait construire.

Afin de bien faire les choses, je m'entendis avec le maréchal de l'escadron chargé d'abattre les chevaux malades, pour me fournir des appâts dignes du lion, sinon en qualité, du moins en quantité.

Mes camarades se chargèrent d'expliquer mon absence pendant la nuit, dans le cas où elle serait remarquée; et un beau soir du mois d'avril, je sortis du camp, couvert d'un burnous pour dissimuler mes armes, et je rejoignis le maréchal sur la lisière du bois, où il m'attendait avec un cheval, la victime désignée.

Une heure après, l'exécution avait lieu à quelques mètres de mon blockhaus improvisé, et mon compagnon regagnait seul le camp.

Je profitai du peu de temps qui me restait encore avant la fin du jour pour charger le fusil d'ordonnance et les deux pistolets d'arçon qui composaient mon arsenal.

L'affût était situé au cœur de la montagne et sur une hauteur qui dominait le pays.

Tant que je pus voir et distinguer les cavaliers et les troupeaux dans la plaine, les rochers et les arbres dans la montagne, je restai en dehors de l'affût. Lorsque la nuit descendit, enveloppant peu à peu de ses ombres jusqu'aux objets les plus rapprochés de moi, j'entrai ou plutôt je me glissai dans mon fort.

A peine m'y étais-je installé, après en avoir soigneusement fermé la porte, que j'entendis marcher dans le sentier.

Quelques instants après, je distinguai le bruit d'une mâchoire mordant l'appât à pleines dents. Je regardais par tous les créneaux sans rien voir, pas même le cheval, qui n'était cependant qu'à quatre ou cinq pas de moi, et l'animal dévorait toujours.

Était-ce le lion? était-ce une hyène, un chacal? Ne pouvant rien distinguer par les yeux, je cherchai à me rendre compte de la force de la bête par le bruit qu'elle faisait. Au bout d'une demi-heure d'incertitude et d'attente, ce n'était plus le même bruit, mais un vacarme infernal, non-seulement auprès du cheval, mais tout autour de moi et jusqu'au-dessus de ma tête.

On grognait, on déchirait, on piétinait; c'était à croire que tous les démons de l'enfer avaient pris rendez-vous là pour faire ripaille.

Un moment je crus que la toiture de l'affût allait s'écrouler sur ma tête. Comme je venais de prendre un pistolet pour recevoir celui qui entrerait le premier chez moi, la pierre qui servait de porte tomba, et une tête avec de grands yeux flamboyants m'apparut sur le seuil.

Sans chercher à savoir ce que ce pouvait être, je fis feu du pistolet que je tenais à la main, et la bête roula dans mon domicile en se débattant dans les convulsions de l'agonie.

Que le lecteur se rassure ainsi que je le fis moi-même en reconnaissant alors un simple chacal, qui, pendant qu'une bande de ses pareils fêtait bruyamment mon arrivée parmi eux, paya d'une balle dans la cervelle l'indiscrétion qu'il avait commise en entrant chez moi sans permission.

Le reste de la nuit fut assez tranquille, et quand le jour se fit, le lion n'avait point paru.

Le lendemain, à la même heure, j'étais à mon poste, où je trouvai à la place du cheval son squelette aussi propre que s'il venait de sortir d'un cabinet d'anatomie.

Il me suffit d'un regard sur le sol piétiné et semé de plumes pour voir que les vautours avaient dévoré ses débris.

En attendant un nouvel appât de ce genre, je me procurai une chèvre, à l'imitation de Chakar.

La pauvre bête cria de toutes ses forces tant qu'elle vit le jour; mais dès que la nuit vint et jusqu'à l'aube elle observa un mutisme désespérant.

J'en fus pour mes frais et pour ce tête-à-tête assez ennuyeux, sauf les distractions que me donnèrent les chacals.

Ces messieurs, qui, à ce qu'il paraît, n'avaient pas besoin d'entendre la chèvre pour deviner qu'elle était là, venaient de temps en temps gratter à ma porte, malgré la leçon qui, la veille, avait été donnée à l'un d'eux.

Quelques-uns même furent assez indiscrets pour mettre le nez à mes fenêtres, et comme je fumais beaucoup pour combattre le sommeil, ils s'en allaient, en exprimant à leur manière leur dégoût pour l'odeur du tabac.

A mon retour à Guelma, je cherchai l'Arabe architecte dont il a été question plus haut, et je lui demandai comment le Turc s'y prenait pour faire crier sa chèvre pendant la nuit.

« C'est très-facile, me dit-il : tu n'as qu'à lui passer une petite corde à travers l'oreille ; lorsqu'elle se taira, tu tireras la corde, et alors la douleur la fera crier malgré elle. »

En écrivant les premières lignes de ce livre, avant même de prendre la plume, je me suis promis d'initier le lecteur aux émotions et aux sensations diverses que j'ai éprouvées dans ma vie de chasseur.

Je commence donc par l'aveu d'une faiblesse que, du reste, je suis prêt à commettre encore aujourd'hui et toujours.

La pensée de torturer un pauvre animal inoffensif me révolta, et, le jour même, la chèvre était rendue à son troupeau.

Peu de temps après, j'eus occasion de me procurer un second cheval malade, et je le fis abattre à la même place que le premier.

La première nuit ayant été sans résultat, afin d'éviter une deuxième dissection de mon appât par les vautours, j'eus soin de le couvrir de branches chargées de pierres.

Pendant le jour, je pus voir du camp une nuée de ces oiseaux planer sur la montagne ; mais lorsque je revins le soir, grâce à ma précaution, le cheval était intact.

Raconter combien de nuits je passai de cette manière et combien de chevaux ou mulets furent la proie des mêmes bêtes sans que le lion daignât prendre part au festin, serait chose fastidieuse et pour le lecteur et pour moi.

Je dirai seulement, pour la satisfaction de ceux qui sont contents de tuer n'importe quoi, pourvu qu'ils tuent, je dirai, qu'à ma place ils auraient pu en quelques jours faire la plus belle collection de carnassiers, moins toutefois le roi de l'espèce. Quant à moi, je me contentai de quelques hyènes et de trois sacs de vautours que mes amis m'avaient demandés.

Depuis la première nuit où j'avais pris possession de l'affût, je n'avais pas entendu le lion.

De temps en temps je questionnais les spahis, et toujours ils m'assuraient de sa présence dans le pays, me contant les pertes qu'il leur faisait éprouver. Je commençais à me lasser et à désespérer du succès, quand un beau soir, en montant le sentier que j'avais suivi tant de fois, j'aperçus, à ma grande joie, l'empreinte de pas énormes et comme je n'en avais jamais vu.

Il n'y avait pas à s'y méprendre, c'était le lion.

Le lion avait marché là où je marchais maintenant.

« Mais quand, me demandai-je, a-t-il pu venir ici, puisque ce matin je n'ai pas vu ses traces?

» C'est donc après que je suis descendu de la montagne qu'il y sera monté par le même chemin !

» Ainsi j'ai failli me rencontrer nez à nez avec lui sur ce sentier qu'il a parcouru il n'y a peut-être pas une heure. »

Je me rappelai que la veille au soir j'avais été prévenu qu'on monterait à cheval de bonne heure pour aller à la manœuvre, et qu'afin de n'encourir ni blâme ni punition, j'avais quitté mon poste plus tôt que de coutume; mais cependant il commençait à faire jour, et si les empreintes de ses pas que je voyais maintenant avaient existé à ce moment-là, certainement elles ne m'eussent pas échappé.

En suivant mon itinéraire habituel, j'arrivai jusqu'à l'affût, sans perdre un seul instant les pas du lion.

Pressé comme je l'étais le matin, je n'avais pas recouvert le cheval comme de coutume, et, malgré ce manque de précaution, les vautours, dont j'avais fait un abatis quelques jours auparavant, n'y avaient pas touché.

Il me fut donc facile de m'assurer que le lion n'avait fait que passer, sans daigner même flairer l'appât qui était placé là exprès pour lui.

« Peut-être, me dis-je, était-il repu, mais il ne manquera pas de revenir ce soir, puisqu'il a vu cette proie sur son chemin. »

Mon cœur bondissait d'émotion et de joie. La montagne me semblait plus belle ; maintenant que j'étais sûr de la présence du maître, je ne sentais plus les exhalaisons de ce cheval à moitié corrompu, et mon affût solitaire me semblait désormais transformé en un lieu de délices.

Je dois ajouter cependant que, me reportant à l'époque de sa construction, je me demandai intérieurement si les arbres dont la toiture était composée pourraient, en cas d'assaut, résister longtemps à ces grosses pattes dont je voyais les larges empreintes autour de moi.

Au moment où j'allais rentrer dans mon poste, j'entendis au loin dans la montagne comme le cri perçant d'un porc que l'on égorge ; puis, au bout d'un instant, un bruit de branches qui craquaient, et le choc de pierres qui roulaient comme si une troupe de cavaliers galopaient sous bois et dans la direction où j'étais.

Sans pouvoir m'expliquer la cause de tout ce tapage, j'armai mon fusil et mes pistolets, et, faisant face au ravin, dont je voyais les broussailles s'agiter et se courber, j'attendis de pied ferme. En moins d'une minute l'avalanche était arrivée à vingt pas de moi.

Je ne savais plus de quel côté faire face, car elle venait de droite et de gauche, sur un front très-étendu, et avec un bruit d'autant moins rassurant que je ne pouvais toujours pas me l'expliquer.

Tout à coup un énorme sanglier déboucha sur le sentier, presque dans mes jambes, en poussant des grognements répétés qui disaient autant la peur qui le faisait courir que le tort que j'avais de m'émouvoir de tout ce bruit et de me tenir sur la défensive.

De même que j'avais laissé passer le premier animal sous le canon de mon fusil sans penser à lui envoyer une balle, de même je vis impunément défiler devant moi ses compagnons, une compagnie tout entière.

Quand le silence fut rétabli, je réfléchis aux cris de détresse que j'avais entendus d'abord, et je pensai que le lion, fatigué du bœuf et du mouton, et faisant fi de mon cheval, avait sans doute voulu changer de régime en se régalant d'un bifteck de sanglier.

Je me promis bien de m'assurer du fait pour le lendemain dès que le jour serait venu, et, comme la nuit arrivait, j'entrai dans l'affût plutôt pour me reposer que pour attendre.

Au bout d'une heure environ, le lion commença à rugir; d'abord doucement, comme s'il se parlait à lui-même, puis si fort que les murs et la toiture de ma bicoque en furent comme ébranlés. J'étouffais dans mon affût. Pris entre quatre étroites murailles, ne voyant rien ni devant ni derrière moi, j'avais besoin de me sentir libre, en plein air. Je sortis pour mieux écouter.

Les rugissements du lion n'étaient pas très-fréquents, il y avait des repos d'un quart d'heure, quelquefois plus, quelquefois moins.

Ils s'annonçaient par une espèce de soupir sourd, guttural et prolongé, pour lequel, on le comprenait, il ne devait faire aucun effort.

Après un silence de quelques secondes, il faisait entendre un grondement venant de la poitrine et paraissant sortir par la gueule au moyen des joues gonflées et des lèvres rapprochées. Le grondement, d'abord très-bas, s'élevait ensuite graduellement jusqu'à des tons très-hauts, très-aigus, et finissait comme il avait commencé.

Après avoir répété cinq ou six fois ce rugissement, dont il est impossible de décrire la puissance, le lion terminait par le même nombre de cris bas et rauques, qui semblaient être un effort pour rejeter quelque chose de la gorge, et dont le dernier était très-prolongé.

Il était facile de juger qu'à la fin le lion devait ouvrir la gueule de toute sa grandeur, comme s'il eût voulu vomir.

J'avais beau chercher dans mes souvenirs un point de comparaison entre le rugissement du lion et tout ce que j'avais entendu jusqu'alors, je ne trouvais rien.

Le beuglement du taureau irrité me semblait seul présenter quelque analogie, à cette différence près qu'il me semblait être au rugissement ce qu'est la détonation d'un pistolet comparée à celle d'une pièce de canon, et moins encore.

Après avoir rugi plus de deux heures sans paraître bouger de place, le lion descendit au fond de la vallée, sans doute pour aller boire : car cette fois il y eut un silence plus long : puis il recommença de plus belle, toujours en descendant.

Bientôt après, je vis des feux s'allumer au loin dans la plaine, et j'entendis les hommes et les femmes des douars crier comme des possédés, ainsi que leurs chiens.

Je pensais qu'éveillés par les rugissements de l'animal se dirigeant vers eux, ils avaient craint sa visite et s'étaient mis sur pied, afin de l'éloigner à force de clameurs et de feux

Autant que je pouvais en juger, il me parut que le lion suivait le sentier sur lequel les Arabes m'avaient laissé le jour de ma première excursion.

Quelque temps après il rugit au milieu des douars.

Les cris et les aboiements redoublèrent ainsi que les feux.

Le lion couvrit un instant tout ce bruit de sa voix de tonnerre ; puis il me sembla qu'il continuait son chemin, obligeant tous ceux qui se trouvaient sur sa route à se tenir debout pour faire de la musique et pour illuminer, absolument comme on eût fait sur le passage du plus puissant monarque.

Je ne cessai de l'entendre qu'à la pointe du jour, et lorsqu'il fut arrivé dans sa seigneurie de l'Archioua, c'est-à-dire à trois lieues de mon poste d'observation. Dès que je pus y voir assez clair pour distinguer les voies des bêtes noires dont j'ai parlé plus haut, je m'engageai sous bois en suivant leur contre-pied, afin de retrouver les débris de celle que je supposais avoir été la proie du lion.

En arrivant sur le bord d'une clairière, distante d'environ mille mètres de mon affût et située en pleine forêt, j'aperçus quelque chose de noir qui faisait tache sur l'herbe brûlée par le soleil.

C'était la hure d'un sanglier, armée de défenses aussi blanches que bien aiguisées.

Avec la queue, les quatre traces et l'intérieur de la bête, c'est tout ce qui restait du festin.

On pourrait croire que le sol était battu, piétiné et déchiré par la lutte entre le lion et le sanglier.

Je fus tout étonné de ne voir que des empreintes profondes et bien marquées des pattes de derrière du carnassier; elles étaient plus longues. mais bien moins larges que celles de devant, qui avaient dû harponner l'animal dans sa fuite.

Ayant aperçu un gros lentisque assez touffu, un peu isolé de la lisière du bois, je pensais que le lion avait dû s'embusquer là pour attendre le débucher des sangliers dans la clairière.

En effet, au beau milieu du lentisque, et sur des plumes de perdreaux qui, sans doute, venaient chercher un abri sous cet arbre contre la chaleur du jour, je reconnus la place où l'animal s'était couché.

En mesurant la distance du lentisque à la hure du sanglier, je comptai douze pas. Après avoir éclairci ce point en litige, et avoir fait, pour ma gouverne, les observations qu'on vient de lire, je suivis les pas du lion, après son souper.

Je trouvai qu'il s'était couché à plusieurs endroits sur le bord de la clairière, et qu'ensuite il avait gagné à travers bois le ruisseau qui coule au fond de la vallée. Là il s'était couché de nouveau pour boire, et plusieurs pierres étaient encore mouillées de l'eau tombée de ses lèvres.

A cent pas plus loin, il avait quitté le bois pour prendre un sentier qu'il avait suivi jusqu'en vue des douars auxquels il avait fait une si belle peur.

En me voyant passer, plusieurs Arabes vinrent à moi pour me demander si j'avais entendu le lion.

J'avais trop sur le cœur le mauvais accueil qu'ils m'avaient fait lors de ma première visite, pour entrer en conversation avec eux.

Comme ils remarquèrent mon peu d'empressement à leur répondre, ils me dirent avec force gestes, que, si je parvenais jamais à les débarrasser de ce fléau, nul à leurs yeux ne serait mon égal, et que, pour reconnaître un tel bienfait, ils me donneraient la moitié de leurs biens. Sans prendre au sérieux ces paroles, que j'attribuai à un moment de panique, je leur promis de faire tout ce qui dépendrait de moi, et j'ajoutai que cette nuit avait été meilleure pour moi que pour le lion.

En effet, combien n'avais-je pas appris de choses nouvelles dont jusqu'alors je n'avais pas même la moindre idée ! En quelques minutes, et dans le parcours d'un kilomètre ou deux, j'avais été à même de voir, de juger, de comparer les pas du lion.

Toute une éducation cynégétique.

Je savais qu'au lieu de marcher à travers bois, comme tous les animaux sauvages, faisant de la nuit le jour, il suivait de préférence les chemins frayés.

Je venais de m'assurer, à mes dépens, qu'il lui fallait des proies vivantes; j'avais entendu, observé et apprécié ses rugissements.

J'avais appris que les hommes et tout ce qu'ils pouvaient faire pour l'intimider ne l'empêchaient pas de suivre son chemin.

Enfin, je savais que franchir une distance de plusieurs lieues, sans se presser, n'était pour lui qu'une simple promenade.

Je ne saurais trop le dire, que de choses utiles, indispensables, je venais d'apprendre dans une seule nuit !

Et quel horizon nouveau s'ouvrait devant moi!

Désormais plus d'affûts ennuyeux et lâches; plus de contact avec des bêtes mortes, infectes, qui vicient l'air que l'on respire.

Plus de postes désignés d'avance, et où le chasseur arrive à heure fixe; mais, au lieu de cela, des marches et contre-marches de nuit, par un beau clair de lune, sur les chemins ouverts qui sillonnent la plaine et la montagne.

Des rencontres émouvantes et imprévues.

Puis, un beau soir, le tête-à-tête tant souhaité, sans abri, sans obstacle, face à face, homme à lion !

Ce fut avec cette belle récolte d'observations, et le cœur plein de joie et d'espérance, que je regagnai le camp, beaucoup plus tard ce jour-là que d'habitude.

Le lendemain, pendant que j'étais au café Maure, où je faisais mon cours d'arabe, je vis entrer trois ou quatre indigènes portant des dépouilles encore saignantes qui me semblèrent appartenir à l'espèce bovine.

Après avoir dépêché un des leurs vers le camp en lui recommandant de se hâter, ces messieurs s'accroupirent silencieusement sur une natte

Comme je fréquentais le café uniquement pour apprendre l'arabe et observer, chaque nouveau venu, surtout quand il appartenait aux tribus, était le point de mire de mon attention.

Rien ne m'échappait, et, si je ne comprenais pas toujours la conversation, les gestes et le jeu des physionomies, très-expressifs chez ce peuple, ne tardaient pas à m'en donner la clef.

En France, quand vous entrez dans un café, les garçons n'ont rien de plus pressé que de vous demander ce qu'il faut vous servir.

En Afrique, vous pouvez entrer dans un établissement de ce genre, vous asseoir, vous coucher même, y dormir toute la journée et la nuit, sans qu'on s'occupe de vous le moins du monde : aussi les nouveaux venus s'étaient-ils installés sans que personne fît attention à eux.

J'avais fini par ne plus m'occuper moi-même de ce groupe immobile et taciturne, lorsque l'homme qui s'en était détaché revint, tenant par la main un spahi suivi de plusieurs autres.

Je remarquai qu'ils avaient l'air ému et effaré, et qu'ils s'assirent en cercle sans échanger ni salutations ni compliments, ce qui est tout à fait contraire aux habitudes des Arabes.

« Qu'est-il donc encore arrivé? dit enfin un spahi d'une voix brève et sèche.

— Regarde, dit alors un des étrangers en jetant au milieu du cercle la dépouille qu'il tenait roulée devant lui.

— Regarde, ajouta un second en jetant avec colère une autre dépouille sur la première.

— Regarde encore, continua un troisième, appuyant son discours d'une démonstration semblable.

— Que dites-vous de cela? Voilà les peaux de nos meilleurs taureaux de labour; un quatrième a été emporté dans la montagne et dévoré; et ce qu'il y a de plus humiliant, c'est que tous ont été étranglés, sous le joug de nos charrues, avant le coucher du soleil et à portée de fusil de nos douars. »

Le lecteur me pardonnera, je l'espère du moins, d'avoir pu, une fois dans ma vie, me réjouir du mal d'autrui; mais c'est ce qui m'arriva ici dès que je compris qu'il s'agissait du lion et qu'il venait de faire une hécatombe de bœufs.

Je dis qu'il venait de faire, car c'était la veille au soir que la chose avait eu lieu, c'est-à-dire le jour où j'avais commencé à faire connaissance avec lui.

A cela on pourrait répondre que le lion, en viveur raisonnable, aurait dû se contenter d'un bœuf pour son souper, et certes je ne trouverais rien à redire moi-même à cette objection, à moins que le sang de trois bœufs ne soit pour ce gargantua affamé ce qu'est pour quelques-uns de mes lecteurs une bouteille de Moët frappé, à la fin d'un bon repas.

Comme j'en connais, parmi mes confrères, d'assez gourmets pour faire fi de tout autre breuvage, je ne vois pas pourquoi le lion, qui est d'autant plus riche que tous ceux qui possèdent sont ses métayers, ses fermiers ou ses bergers; je ne vois pas pourquoi, dis-je, à la suite d'un repas copieux, il ne se passerait pas la fantaisie de quelques bonnes gorgées de sang chaud en guise de vin de Champagne à la glace.

Je me réjouis donc intérieurement, je l'avouerai, de ce nouveau méfait du seigneur et maître; et, comme les spahis accusaient leurs parents de poltronnerie et de lâcheté, disant qu'ils n'auraient pas dû abandonner les charrues à l'approche du lion, on finit par échanger quelques gros mots.

Il y eut des menaces, des défis, et, sans l'intervention des assistants, ces bons parents en seraient sans doute venus aux mains entre eux pour se venger de leur ennemi commun.

Quand les esprits furent un peu plus calmes et qu'on se fut rassis, le maître de l'établissement, qui était un Turc, ancien soldat du bey de Constantine, se mit à raconter les hauts faits contre les lions d'un de ses compatriotes, et il finit par une comparaison peu flatteuse pour les Romains (il voulait dire les Français). C'est ici le cas de faire connaître au lecteur les dénominations diverses en usage chez les indigènes de l'Algérie pour désigner un Français.

Dans les villes seulement, les Arabes, qui commencent à faire semblant de se civiliser pour nous être agréables, appellent un Français *Françis.*

Dans les tribus, on dit *Roumi*, de Romain, *Nasari* de Nazaréen, et *kafer*, de païen. Les deux premières locutions sont plus usitées, et la dernière est l'expression du plus profond mépris.

Il ne faudrait pas inférer de cela que les Romains et les Nazaréens soient bien traités lorsque l'on parle d'eux.

Il suffit de regarder l'Arabe qui prononce ce mot pour se convaincre combien il lui est peu sympathique.

Comme je ne pouvais souffrir que le Turc nous traitât par-dessous la jambe, je me mêlai à la conversation pour lui dire que je connaissais, moi, un petit *Romain* capable de faire oublier tous les grands Turcs qui avaient laissé quelque renom dans le pays, et cela en faisant mieux qu'eux.

Pressé par tous les musulmans qui se trouvaient présents de nommer ce personnage à l'existence duquel ils ne croyaient pas, je m'adressai aux spahis ainsi qu'à leurs parents et leur dis que, si j'obtenais de mes chefs qu'il me fût permis d'aller à la recherche de leur ennemi, je partirais avec eux le jour même.

On me regarda de haut en bas, comme pour mesurer mon poids et ma taille, et un plaisant qui fréquentait le café, dans lequel il s'était fait une sorte de réputation en lançant des lazzi et des jeux de mots aux dépens de tout le monde, profita de la circonstance pour dire aux Arabes :

« Vous pouvez l'emmener sans crainte pour sa tête ; car le lion, en le voyant si frêle, n'osera pas le toucher, dans la crainte, s'il le mettait en pièces, de n'en point retrouver les morceaux. »

Ce bel esprit me traitait absolument, vous le voyez, comme un magot de porcelaine. L'homme qui avait parlé était assis, à la manière des Arabes, au-dessous d'une fenêtre qui donnait sur le marché. Je pouvais assurément le rosser ou le mettre à la porte ; mais ces deux moyens me répugnaient également, et j'eusse plutôt fait semblant de n'avoir pas compris l'injure de ce mauvais plaisant que d'user d'une correction aussi simple. Je m'avançai vers lui doucement, sans colère apparente, et une seconde après il était tout étonné de se trouver dehors, au milieu d'un tas de marchandises plus ou moins avariées par sa chute à travers la fenêtre, et dont les marchands lui réclamaient le prix. On rit d'autant plus de la mésaventure de cet homme, que c'était une espèce de fier-à-bras, moqueur et toujours fort insolent avec les sots qui supportaient ses mauvaises plaisanteries.

Je sortis très-satisfait de l'effet que cette correction, insignifiante par le fait, avait produit sur le moral des Arabes.

Une heure après, ils venaient à moi au nombre de trente à quarante, et je me rendais avec eux chez le commandant de l'escadron, afin de lui demander une permission de quelques jours.

Dès qu'il eut appris le motif qui me faisait solliciter un congé, le capitaine Durand me refusa nettement son adhésion, en me disant que j'étais fou.

Le lendemain, mes camarades les spahis tentèrent une nouvelle démarche, mais elle n'eut pas plus de succès que la première.

Quelques jours après, je réitérai ma demande.

Le capitaine me raconta alors une chasse au lion faite par le général Yusuf, à laquelle il avait assisté, et où il y avait eu une douzaine d'hommes et de chevaux mis hors de combat. Cette histoire, que le général m'a fait l'honneur de me narrer plus tard lui-même, n'était pas faite assurément pour m'encourager dans mes projets; mais mon parti était si bien pris que rien ne pouvait m'y faire renoncer désormais. Le capitaine le comprit, et il se chargea d'obtenir le consentement de M. de Tourville, qui commandait, à cette époque, le cercle de Guelma.

Il ne me restait plus qu'à me procurer pour mon expédition des armes vraiment convenables.

Le fusil à un coup aurait pu me suffire dans un affût couvert : mais en rase campagne les choses se passeraient autrement sans doute, et il me fallait absolument un fusil à deux coups.

Je connaissais, parmi les rares colons de Guelma, un de mes compatriotes, du nom d'Olivari.

Il était bon chasseur et possédait un excellent fusil double, du calibre seize. Je le lui empruntai, et ce fut avec cette arme que j'entrai en campagne, dans les premiers jours de juin.

Je partis en compagnie d'un spahi de l'escadron, nommé Bou-Aziz, dont le douar, établi près de l'Oued-Zimba, à deux lieues au sud de Guelma, avait été fort maltraité par le lion.

Nous arrivâmes au douar un peu avant la nuit, ce qui me permit de voir le pays que j'aurais à explorer.

C'était une vallée large et profonde, dont les côtés étaient couverts d'un bois extrêmement fourré.

Cette contrée était d'un aspect sauvage qui sentait son lion d'une lieue. Le douar où nous devions passer la nuit était établi sur un versant déboisé et entouré d'une haie d'oliviers qui n'avait pas moins de huit pieds de hauteur sur un mètre d'épaisseur.

Nous entrâmes par une brèche dans l'enceinte du douar, où nous fûmes assaillis par une multitude de chiens qui mordaient nos chevaux et s'élançaient même pour entamer nos jambes.

Deux ou trois Arabes sortirent de leurs tentes et vinrent me frayer un passage, à force de coups de pierres et de bâtons, au milieu de la gent canine acharnée contre nous.

Nous mîmes pied à terre devant la tente de Bou-Aziz, qui, je dois lui rendre cette justice, m'en fit les honneurs de son mieux.

Tout ce qu'il y avait d'hommes, de femmes et d'enfants dans le douar vint me regarder sous le nez comme une bête curieuse, et je pus entendre chaque visiteur faire ses réflexions sur moi, comme si j'avais été à cent lieues de là.

Quand l'heure du souper fut arrivée, les femmes et les enfants disparurent, et les hommes qui faisaient partie de la famille, ainsi que les invités qui avaient été retenus, s'accroupirent en cercle en deux groupes.

Un homme apporta, au milieu de celui dont je faisais partie, une espèce de vase en fer rempli d'eau, dans lequel chacun des convives trempa sans façon ses doigts plus ou moins sales.

Ce même vase passa ensuite au second groupe, qui fit comme le premier.

Peu après, il se fit un grand bruit dans la partie de la tente réservée aux femmes, et un autre homme arriva, précédé, entouré et suivi d'une foule de chiens au poil long et rude, à la physionomie rébarbative, se poussant, se battant, mordant jusqu'aux convives qui voulaient les éloigner, et menaçant l'homme porteur du souper de le prendre d'assaut.

Chez nous, c'est à peine si l'on ose corriger le chien avec le fouet ; là, j'ai vu des hommes les frapper avec les montants des tentes, qui ne sont ni plus ni moins gros que de forts brins de taillis coupés au pied.

Si quelquefois la bête fuyait en ployant les reins sous le coup, il arrivait aussi qu'elle se jetait sur celui qui venait de l'assommer à demi. On ne peut se faire une idée de ce spectacle, à moins de l'avoir vu ; pour moi, j'avoue qu'il me réjouit fort, surtout lorsqu'on me présenta gravement un assommoir du même genre pour me préserver de mon côté des attaques de ces importuns.

L'ordre ayant été rétabli, l'homme qui venait de faire son entrée put arriver jusqu'à nous et déposer au milieu du groupe un plat en bois large d'un mètre, rempli jusqu'aux bords de *couscoussou* (espèce de semoule) et recouvert de la moitié d'un mouton. A peine le plat venait-il d'être posé, que chaque convive attaqua bravement le corps du mouton, toujours avec la fourchette du père Adam et avec une voracité digne des quadrupèdes tenus en respect, pendant ce temps, par trois ou quatre hommes armés de bâtons. Mon hôte, voyant que je m'abstenais de prendre part à cette curée, vint s'asseoir près de moi, et, disputant quelques morceaux à ses voisins, il les mit devant moi en ayant soin de les diviser avec ses doigts en menues bribes.

Comme je m'abstenais toujours, il fit un trou avec sa main dans le *couscoussou*, puis il y versa une espèce de liquide blanc et rouge qui me parut être du lait mélangé avec du bouillon; et il pétrit le tout, comme s'il voulait faire du mortier.

Voyant que je ne me décidais pas encore, il se fit apporter une cuiller en bois, que je me hasardai enfin à plonger dans la partie du plat qui me semblait la plus intacte.

Je ne trouvai rien de désagréable à ce mets national, et je pensai que je m'y habituerais facilement, sauf les préliminaires et les façons des convives avec lesquels j'avais eu l'honneur d'être admis.

Quand ces messieurs furent bien repus et qu'ils l'eurent déclaré, le plat monstre fut enlevé et porté au second groupe, qui l'attendait silencieusement. Ensuite l'eau qui avait déjà servi nous fut présentée encore, mais cette fois avec du savon noir.

Les choses que je voyais, et que je ne puis écrire, me répugnèrent tellement que je tournai le dos à la compagnie, au risque de passer pour tout ce qu'on voudrait.

A peine étais-je assis sur le tapis qu'on m'avait offert en arrivant, que je me sentis tiré par le pan de mon burnous.

Le Français, *né malin* et quelquefois un peu présomptueux à l'endroit des femmes, croit volontiers qu'il n'a qu'à se montrer pour plaire au beau sexe et le captiver.

A ce propos, j'ai connu certain fat qui, à son retour d'une excursion dans les tribus, me disait que les femmes arabes raffolaient de lui, à telle enseigne qu'elles venaient le tirer par les pans de son manteau pendant la nuit, et qu'il avait toutes les peines du monde à dormir tranquille sous la tente. Quant à moi, j'avoue naïvement que, cherchant quel pouvait être l'individu qui me secouait ainsi, j'aperçus..... devinez, lecteur, ce que j'aperçus dans l'ombre et sous la tenture qui me séparait du foyer domestique. J'aperçus..... une gueule béante, armée de grosses dents, appartenant à la plus vilaine tête de chien que j'aie jamais vue.

Telle est l'amabilité des chiens arabes, qui mordent à tort ou à travers, même leur maître, et qui se livrent entre eux des batailles sanglantes, où les vaincus parfois servent de pâture aux vainqueurs.

On comprend, d'après cela, combien le voisinage de ces chiens est désagréable pour l'étranger qui visite l'Arabe ; mais ce n'est pas tout encore.

Dès que l'heure du coucher arrive, ces messieurs, je parle des chiens, afin de faire meilleure garde, ont l'habitude de monter sur les tentes, d'où, sans doute, ils espèrent voir de plus loin.

On a ainsi au-dessus de sa tête un concert de dix à douze voix discordantes faisant chorus avec les différentes voix des tentes voisines et du douar entier, ce qui fait un bruit capable de ressusciter les morts.

Si par hasard il se fait un moment de silence, un Arabe couché près de vous, et qui semble dormir d'un profond sommeil, se met à hurler de toutes ses forces pour éveiller l'attention des chiens.

A l'encontre de l'homme civilisé, le bruit endort l'Arabe et le silence l'éveille.

Cela se comprend et s'explique par le fait de l'habitude et le besoin d'être sans cesse sur ses gardes.

Il arrive quelquefois qu'un chien frileux ou fatigué vient chercher un abri ou prendre quelque repos sous la tente : malheur à lui s'il est découvert ! hommes et femmes se lèvent à la fois et font pleuvoir sur le malheureux une grêle de coups qui résonnent mal à l'oreille de l'Européen réveillé tout à coup en sursaut au milieu de son premier sommeil.

Voilà, en somme, les agréments de l'hospitalité arabe, sans compter les insectes sans nom et sans nombre qui chez eux dévorent l'hôte comme l'étranger.

Je trouvai cette première nuit d'une longueur excessive, et plus d'une fois je regrettai mon affût de la montagne, où au moins j'aurais pu fermer l'œil.

La fatigue finit cependant par me gagner, et j'allais m'endormir vers le matin, quand les aboiements et les trépignements des chiens redoublèrent au-dessus de ma tête.

Un Arabe qui était de garde aux chevaux entra aussitôt sous la tente, me passa sur le corps sans façon et se mit à pousser du pied tous les dormeurs.

En un instant, tous les hommes qui ronflaient autour de moi étaient debout, hurlant et vociférant de telle sorte que je n'entendais plus les chiens du douar. Les femmes se levèrent à leur tour et commencèrent avec les enfants un concert d'un autre genre.

En sortant pour me rendre compte de ce qui se passait, je vis des feux s'allumer devant toutes les tentes, et Bou-Aziz s'éloignant avec des Arabes chargés de bois sec. Arrivés près de la haie qui servait de clôture, une brassée de bois fut allumée et lancée au dehors par-dessus la haie avec accompagnement de cris et de hurlements, et les épithètes de juif et de païen.

Bientôt ce manége fut répété par tous les habitants du douar, si bien que je croyais assister au spectacle d'un feu d'artifice.

Au moment où ces fusées d'un nouveau genre brillaient de leur plus bel éclat et où le concert des hommes, des femmes, des enfants et des chiens atteignait un diapason infernal, tout se tut et disparut comme par enchantement.

Les artificiers chargés d'alimenter le feu laissèrent là leurs pièces, et hommes et chiens firent irruption pêle-mêle sous la tente qu'ils avaient quittée, m'entraînant avec eux.

Les chiens, naguère si bruyants et si disposés à mordre tout le monde, semblaient frappés de mutisme et étaient devenus doux comme des agneaux.

J'en avais deux près de moi qui voulaient à toute force se fourrer sous mon burnous, et qui me léchaient la main quand je les repoussais. Les autres se tenaient auprès des Arabes, qui les laissaient faire et semblaient muets comme eux.

Tout à coup, au milieu de ce silence général, j'entendis dans l'enceinte du douar un bruit épouvantable et qui me fit tressaillir malgré moi.

En un instant, la tente fut envahie par une multitude d'animaux qui firent irruption en se ruant les uns sur les autres, sans pitié pour les hommes, qu'ils foulaient aux pieds.

Il y avait là des bœufs et des moutons, des chameaux et des ânes, des chevaux et des mulets, et tout cela beuglait, bêlait et hennissait à la fois.

C'était à croire à la fin du monde. Je n'ai de ma vie vu un pareil désordre ni entendu un vacarme semblable : l'arche de Noé au moment du déluge.

Je ne sais comment la chose s'était faite, mais je me trouvai transporté au milieu des femmes et des enfants faisant chorus avec les bêtes qui avaient envahi les appartements secrets. Je me tirai comme je pus de ce dédale, et je sortis pour voir ce qui se passait au dehors.

J'aperçus des Arabes causant à droite et à gauche, armés de fusils ; et le parc, naguère rempli de bestiaux, me parut complétement vide.

Je comprenais de moins en moins ce que tout cela voulait dire, quand une vieille femme qui faisait partie de la famille de Bou-Aziz vint me tirer d'embarras.

« C'est le lion, me dit-elle, en s'arrachant les derniers cheveux que le temps avait épargnés, et tu vois comme il nous traite, ce juif, ce païen, ce cousin du diable. »

Il ne m'en fallut pas davantage pour me rendre compte de ce que j'avais vu et entendu ; je compris tout, excepté les hommes qui couraient çà et là en armes.

La vieille m'expliqua comment une partie des bœufs parqués dans l'enceinte avaient fait une trouée dans la haie pour échapper au lion, tandis que le reste du troupeau s'était réfugié sous les tentes, puis elle ajouta que les hommes étaient occupés en ce moment à réunir les animaux épars pour les ramener dans l'enceinte.

En effet, je vis entrer Bou-Aziz, poussant devant lui quelques bêtes à cornes ; et peu après le parc se trouva repeuplé comme auparavant, moins un taureau qui, sans doute, servait en ce moment au déjeuner du lion.

Je dis déjeuner, parce qu'à peine l'ordre venait-il d'être rétabli ou à peu près, que le jour commençait à poindre.

Bou-Aziz, auquel je reprochais de ne m'avoir point prévenu avant l'arrivée du lion, me fit entendre qu'il eût été dangereux pour les habitants du douar de l'attaquer dans son enceinte, et, à ce sujet, il me raconta l'anecdote suivante qui datait d'un an environ.

« Un lion connu dans le pays sous le nom d'*el Ahor* (on l'avait ainsi désigné parce qu'il était borgne), s'était acharné sur un douar, qu'il avait presque entièrement dépeuplé.

« Un Arabe, exaspéré par les pertes énormes qu'il avait personnellement éprouvées, résolut d'en finir avec lui une fois pour toutes.

» C'était, dit Bou-Aziz, une résolution insensée; aussi ce malheureux eut-il grand soin de n'en faire part à personne.

» Comme le lion ne tenait aucun compte des précautions avec lesquelles on se gardait, des feux qu'on allumait, des talismans écrits par les marabouts les plus en renom, et qu'à mesure que le douar changeait de campement, il le suivait partout, on avait fini par se résigner à la volonté de Dieu.

» Le soir venu, l'Arabe prit son fusil en cachette, et il alla s'asseoir près de la haie qui servait de clôture à l'enceinte, juste à l'endroit où le lion la franchissait d'habitude.

» Vers minuit, les chiens donnèrent l'éveil en entendant japper le chacal qui d'habitude suit le lion pour manger ses restes.

» L'Arabe arma son fusil et attendit. Environ un quart d'heure après le lion franchit la haie et vint tomber à trois pas de lui.

» Le coup partit, et le lion, malgré une épaule brisée, bondit sur l'Arabe, qu'il écharpa en un clin d'œil; puis il se rua sur la tente la plus proche et y tua tous ceux qui s'y trouvaient, moins une femme qui, au moment où il allait la saisir à son tour, parvint à se sauver, emportant son enfant dans ses bras. Furieux de voir lui échapper cette dernière victime, le lion s'élança sur ses traces. Alors la malheureuse, qui se voyait sur le point d'être prise, chercha un refuge sur la tente voisine de la sienne, espérant que le ravisseur, déjà si grièvement blessé, entrerait de préférence sous la tente, dont les habitants poussaient des cris de terreur.

» Mais le lion, qui s'attachait à elle, ne voulut pas prendre le change, et, au moment où elle arrivait au sommet, il l'atteignit par les jambes.

» A ce moment, le poids du lion et les secousses violentes qu'il imprimait à la tente la firent s'écrouler.

» Le lion, entendant les cris de détresse et sentant sous lui des êtres vivants qui se débattaient, se hâta d'abandonner la femme et son enfant, déjà morts et mutilés; puis il se mit à parcourir le dessus de la tente, déchirant de ses griffes et de ses dents, à travers la toile, tout ce qui donnait signe de vie.

A Rademard del et lith

Imp Godard Paris

Le lion déchira de ses griffes et de ses dents,

à travers la toile, tout ce qui donnait signe de vie...

» Pour comble de malheur, le feu, qu'on avait mal éteint, se communiqua aux tapis et aux vêtements, et la famille entière périt par le feu et par la dent du lion, sans que personne vînt lui porter secours, tous les habitants du douar ayant profité de l'incident pour se hâter de prendre la fuite.

» Le lendemain, à la pointe du jour, quarante hommes en armes pénétraient avec précaution dans l'enceinte du douar.

» Le lion avait disparu, content d'avoir prouvé aux fils d'Adam qu'aucune force n'égalait la sienne, et que leurs biens étaient ses biens.

— Et ce lion, dis-je à Bou-Aziz, sait-on ce qu'il est devenu ?

— Ce lion, me répondit-il, s'est guéri de sa blessure; seulement il boite. On l'a revu plusieurs fois et on l'appelle *el Haïb*, le Boiteux, et *Bou-Acherin-Radjel*, le meurtrier de vingt hommes. »

Je compris qu'après un exemple pareil le lion ne fût point inquiété dans ses excursions nocturnes au milieu des populations consternées; je m'expliquai sans peine pourquoi mon hôte s'était abstenu de m'avertir.

Cependant je tenais à me rendre compte de ce qu'était devenu le taureau qu'on n'avait point trouvé, et j'allai à sa recherche avec Bou-Aziz et plusieurs Arabes du douar, parmi lesquels se trouvait le propriétaire de l'animal.

Nous le découvrîmes à une portée de fusil; le lion avait mangé une cuisse et une épaule, le poids d'environ vingt kilogrammes.

Le maître du taureau, après avoir tourné deux ou trois fois autour de sa bête en se parlant à lui-même, vint à moi et me dit :

« C'est le dixième qu'il m'a pris depuis le printemps; il m'en reste encore quarante; je t'en donne la moitié de bon cœur si tu peux me débarrasser de lui. Je ne te demande qu'une chose, c'est de me faire prévenir un des premiers, pour que je puisse lui arracher sa barbe maudite. »

Les Arabes présents, pensant que cela pourrait m'encourager, me firent aussi leurs offres, chacun en raison des troupeaux qu'il possédait et des pertes qu'il avait éprouvées.

Un seul se récria, en disant qu'il regardait mon entreprise comme une folie, qu'il ne comprenait pas comment Bou-Aziz, qui était un homme de bon sens, se prêtait à cette extravagance.

Je ne fus point satisfait de la réponse de ce dernier.

Au lieu de prendre la chose au sérieux comme je m'y attendais, il répondit, en souriant d'une façon étrange : *Achkoun yarf?* « Qui sait? »

Il y avait dans ce sourire et dans ce *Qui sait?* quelque chose qui voulait dire : « Vous êtes des imbéciles, puisque vous ne comprenez pas qu'il m'importe encore moins qu'à vous que cet homme se fasse croquer. Si par hasard il réussit, nous en profiterons; s'il y laisse sa peau, ce ne sera, après tout, qu'un chien de chrétien de moins, et nous nous en réjouirons ensemble. »

Je regagnai le douar tout triste de m'être fait illusion à ce point sur les dispositions bienveillantes de mon hôte.

Je reçus ce jour-là la visite de deux ou trois cents Arabes des environs, et il y eut en plein soleil une espèce de conseil de guerre où l'on fit le procès du lion.

Si l'accusé n'avait là ni témoins à décharge ni défenseur, en revanche il était chargé à outrance, et il est juste de dire qu'il eût été difficile d'admettre en sa faveur la moindre circonstance atténuante, tant la liste de ses méfaits était longue et grosse.

Il n'y eut donc point de plaidoyer, et les débats se bornèrent, entre les membres du jury, à décider quel serait celui d'entre eux qui, ayant le plus souffert, aurait le privilége d'arracher la barbe du coupable.

Cette discussion m'intéressa beaucoup et me donna l'idée d'établir une statistique des pertes que le lion faisait éprouver aux Arabes.

C'est d'après ce travail que je suis arrivé à constater que, dans les contrées fréquentées par le roi des animaux, l'impôt forcé qu'il prélève sur les tribus est dix fois plus fort que celui qu'elles payent à l'État; qu'il tue ou consomme cinq cents francs par mois de bestiaux de toute espèce, pour six mille francs dans son année, et pour plus de deux cent mille francs dans le cours de sa vie moyenne, si sa durée est de trente à quarante ans comme tout l'indique.

Chacun ayant fait le dénombrement de ses pertes, il y avait plusieurs états qui se balançaient, ce qui rendait la solution difficile.

Alors s'avança un vieillard tout déguenillé. Appuyant son coude sur un grand bâton qui lui servait d'appui, il s'écria : « A moi la barbe du lion ! à moi, qui ai tout perdu ! à moi qui n'ai plus rien que ce burnous rapiécé, et dont ne voudrait pas un mendiant ! » Et en parlant ainsi, il étalait aux yeux de tous la misère et la nudité la plus hideuse que l'on puisse voir.

Comme on tournait en ridicule le malheureux, parce qu'il n'avait perdu que quelques têtes de bétail qui étaient son unique avoir, je me levai à mon tour et lui dis : « A toi la barbe du lion ; c'est à toi que je l'offrirai, s'il plaît à Dieu que je le tue. »

Le pauvre homme vint à moi aussi vite que le lui permettaient ses vieilles jambes ; puis, avant qu'il me fût possible de l'en empêcher, il se mit à m'embrasser sur la tête, sur les joues, sur les épaules, sur les mains, en me disant : « Tu le tueras, mon fils, tu le tueras ! »

Ensuite il se pencha à mon oreille et il me dit : « Tu es un Roumi, mais je m'en moque ; et si tu peux tuer le lion, je te donne ma fille, ou si tu l'aimes mieux, je t'adopte pour mon propre fils. »

Tout d'abord je fus étonné de cette proposition à brûle-pourpoint, si contraire aux habitudes et aux principes des musulmans ; et si plus tard il m'est arrivé d'en rire en pensant à la position brillante que ce brave homme croyait m'offrir, je n'en conclus pas moins que j'avais pris un bon chemin et que la haine des Arabes tomberait en même temps que tomberait le premier lion.

Cette scène du vieillard me fit oublier le *Qui sait ?* de Bou-Aziz, et je me promis bien qu'avant peu il aurait lui-même d'autres sentiments à mon égard.

Cependant le temps avait marché ; le soleil baissait à l'horizon, et j'avais d'autant plus à cœur d'agir au plus vite que je n'avais pu obtenir qu'un congé de trois jours.

Je dis à Bou-Aziz de se préparer à partir, et, à part quelques âmes charitables qui cherchèrent à me persuader que je ferais mieux de m'en retourner à Guelma, le reste des Arabes nous vit avec plaisir prendre nos armes et gagner la forêt.

Comme les indigènes qui possèdent un cheval ne comprennent pas qu'on puisse aller à pied, mon compagnon m'avait demandé si je voulais prendre le mien, ce que je refusai, persuadé qu'il me gênerait au lieu de m'être utile.

Après avoir suivi environ une heure un sentier percé à travers bois, nous arrivâmes à une crête qui dominait le pays et où venait aboutir un autre sentier.

Bou-Aziz me dit que ce carrefour était fréquenté par le lion, et que du point où nous nous trouvions, il nous serait facile de l'entendre rugir.

Comme il parlait au pluriel, je lui déclarai qu'en l'acceptant pour guide j'avais espéré que son rôle serait passif, attendu que je ne voulais aucune assistance.

Il m'assura que c'était bien là son intention, et que le moment venu il me laisserait me tirer d'affaire sans me gêner en rien.

Nos conventions une fois arrêtées, je chargeai mon fusil à balle franche, et nous nous assîmes sur un rocher assez élevé pour nous permettre de voir les différents repaires du lion, sans nous éloigner du carrefour.

La nuit vint sans que nous eussions aperçu autre chose que des sangliers fouillant dans les clairières, des chacals allant à la maraude, et des lièvres broutant l'herbe au pied de notre rocher.

Bou-Aziz avait cru qu'à la nuit nous rentrerions au douar; aussi fut-il bien étonné quand je lui manifestai l'intention de rester là jusqu'au jour.

Cependant il en prit assez bien son parti, et après m'avoir laissé pendant deux ou trois heures, il revint accompagné de deux Arabes portant notre souper.

Comprenant qu'il y avait là une difficulté à lever, je signifiai à Bou-Aziz une fois pour toutes, qu'il n'avait pas à s'occuper de ma nourriture, ajoutant que tous les jours, avant de partir, nous prendrions dans le capuchon de notre burnous une galette et une poignée de dattes, ce qui me paraissait tout à fait suffisant.

Pour boire, n'avions-nous pas les ruisseaux et les sources où le on buvait lui-même?

Les hommes qui avaient apporté le couscoussou n'osant plus rentrer, parce qu'ils étaient venus sans armes, nous fûmes obligés de les garder avec nous jusqu'au matin, qui arriva sans que le lion se fût montré ou fait entendre.

La journée entière ayant été consacrée au repos, le soir nous revit à notre poste de la veille, Bou-Aziz et moi : Bou-Aziz un peu plus confiant, et moi encore plus réservé.

Quand la nuit fut venue, mon compagnon me dit que nous aurions plus de chance de rencontrer le lion en battant les chemins qu'en restant à la même place, et nous partîmes, suivant un sentier qui descendait dans la vallée.

Le ciel était serein, la lune belle, l'atmosphère douce et calme; c'était le plus beau temps et le meilleur moment qu'on pût choisir pour se promener.

Le sentier étant trop étroit pour marcher deux de front, je suivais mon guide pas à pas en admirant la beauté du ciel et les effets du clair de lune sur les arbres et les rochers.

Tout à coup Bou-Aziz se retourna brusquement, et, me prenant par le bras sans me dire un mot, il m'entraîna à cinquante pas sous bois.

Une fois là, il s'accroupit et m'obligea de l'imiter en tirant de toutes ses forces les pans de mon burnous.

Voyant que j'allais le questionner : « Silence ! me dit-il avec mystère et d'un air peu rassuré, pas une parole, pas un mouvement, ou nous sommes perdus.

— Comment ! lui dis-je impatienté et à haute voix sans m'inquiéter de tous ses gestes; comment ! nous marchions sur le chemin du lion pour le rencontrer, et tu m'entraînes en dehors de ce chemin pour me cacher ! Qu'est-ce que cela signifie?

— C'est un brouillard (*saga*[1]), me dit-il; tais-toi, ou nous sommes morts tous deux. »

Je fus tout abasourdi de cette réponse à laquelle je ne comprenais

1. Saga, en arabe, signifie à la fois nuage et troupe d'hommes armés.

rien. Ma première pensée fut que Bou-Aziz avait aperçu le lion, et avait craint qu'un nuage ne vînt à nous cacher la lune au moment où nous le rencontrerions, ce qu'il regardait à bon droit comme dangereux.

Mais la lune était là, au-dessus de nos têtes, éclairant la forêt de ses rayons argentés, et aussi loin que je pouvais voir dans le ciel, je ne distinguais que des étoiles.

« Le voilà, me dit tout bas mon compagnon ; il nous a entendus et il nous cherche.

» Arme ton fusil sans bruit, et ne bouge pas jusqu'à ce qu'il nous ait découverts. »

J'entendis alors distinctement plusieurs voix chuchoter sous bois, et le frôlement des burnous qui glissaient à travers les broussailles.

« Mais ce sont des hommes, murmurai-je à l'oreille de Bou-Aziz.

— Oui, me dit-il, c'est une bande de maraudeurs. »

A en juger par le bruit qu'ils faisaient sous bois, ils étaient au moins une douzaine.

J'avais deux coups à tirer, Bou-Aziz un seul ; et malgré mon poignard et mon sabre, il me paraissait difficile de nous tirer de là sans un coup d'audace.

Après avoir armé mon fusil et m'être assuré que mon arme anche sortait facilement du fourreau, je me levai en disant à Bou-Aziz : « Allons, suis-moi, et tombons sur ces coquins. »

Il fut debout presque aussitôt que moi, et, jetant les pans de son burnous sur son épaule, il cria : « Ah ! fils de chiens, vous ne connaissez donc pas les hommes ? Attendez-nous, et vous allez voir qui nous sommes. »

Ces paroles firent partir des éclats de rire de chaque broussaille, et j'entendis le nom de Bou-Aziz et le mien prononcés de tous côtés.

« Ce sont mes cousins, dit celui-ci en riant à son tour ; ils allaient à la promenade, et en nous voyant, ils ont voulu nous faire une plaisanterie. Viens, nous allons leur demander des nouvelles du lion. »

Je tombais de surprise en surprise, et le lecteur avouera, du reste, qu'il y avait bien là, de ma part, matière à mûres réflexion

Etaient-ce là de simples promeneurs, ou n'était-ce pas plutôt une bande d'assassins véritables ?

Pour mettre le comble à mon étonnement, en me trouvant au milieu de ces hommes qui venaient de nous traquer sous bois comme des bêtes fauves, je reconnus, armés jusqu'aux dents, plusieurs des convives avec lesquels j'avais si mal dîné le jour de mon arrivée chez Bou-Aziz, et avec eux son propre frère.

Après qu'on eut beaucoup ri de part et d'autre de la méprise qui avait eu lieu, ces messieurs nous dirent qu'ils avaient entendu les douars situés sur l'Oued-Bou-Soura faire grand bruit, et que sans doute le lion avait été faire sa nuit chez eux.

Je demandai à Bou-Aziz qu'il me dirigeât de ce côté ; mais soit qu'il ne s'en souciât guère, soit que la distance à parcourir fût, en effet, trop grande, il m'assura que nous arriverions trop tard.

Je lui proposai alors d'attendre le lion à son retour, ce qui fut accepté.

Le brouillard, qui en arabe se dit *saga*, et signifie tantôt notre brouillard, à nous, vaporeux et inoffensif, tantôt une troupe d'hommes armés, le brouillard, dis-je, nous fit l'honneur de nous accompagner jusqu'à la lisière du bois, où il nous quitta pour continuer sa promenade nocturne.

Comme nous n'avions rien autre chose à faire qu'à attendre jusqu'au jour, les yeux fixés sur la plaine, j'interrogeai mon compagnon sur la rencontre que nous venions de faire.

Voici ce qu'il me raconta, à la condition que j'en ferais mon profit pour les nuits où je serais seul, et que je le garderais pour moi.

Ayant été à même, depuis, de voir toutes ces choses de près, je ne crois pas être indiscret en les révélant ici, et peut-être aurai-je été utile aux personnes qui voyagent ou habitent dans l'intérieur de l'Afrique française.

Ce qu'il y a de certain, c'est que ces renseignements profiteront aux officiers attachés aux affaires arabes et aux représentants de l'autorité judiciaire en Algérie.

« Chez vous, me dit Bou-Aziz, on aime également l'enfant qui vient de naître, qu'il soit mâle ou femelle. »

J'en demande bien pardon au lecteur, mais c'est ainsi que s'exprimait mon compagnon.

« Chez l'Arabe, on se réjouit plus de la naissance d'un poulain que de celle d'une fille, tandis qu'un mâle ne vient jamais au monde sans qu'on brûle de la poudre en son honneur.

» C'est sur lui que repose l'espoir du père, de la famille, du douar et de la tribu.

» Le courage et la force sont les qualités qu'on attend de lui; et, si ces qualités ne se révèlent pas de bonne heure, il se voit bientôt l'objet du mépris de tous, même de son père.

» Chez vous, les femmes, qui regardent tous les hommes comme si tous étaient leurs époux, les femmes regardent surtout ceux qui sont *jolis*.

» Nos femmes, à nous, comparent l'homme *joli* à une femelle, et l'homme *fort* au lion. »

Ici j'observai à Bou-Aziz que ces deux qualités pouvaient se trouver réunies, surtout chez les Arabes dont la race est généralement belle; et je lui demandai si une femme arabe aimerait un homme infirme, boiteux, bossu ou mutilé et doué d'une grande bravoure.

Sa réponse me parut pleine de sens et empreinte d'une haute philosophie.

« La difformité, me dit-il, peut ne pas être un objet de répulsion pour la femme, si elle est le fait d'une rencontre où l'homme a prouvé ce qu'il valait.

» Si elle est naturelle, la femme méprisera celui qui en est affecté, parce qu'elle sait que Dieu, en créant un être difforme, n'a pas voulu créer un homme. »

Ainsi, chez les Arabes, le malheureux qui vient au monde contrefait ne cherche pas à faire oublier les défauts de la nature par des qualités qu'on lui refuse de pouvoir acquérir, et il forme une espèce à part, qui tient le milieu entre l'homme et la bête.

Heureusement pour cette classe de malheureux, elle est loin d'être aussi nombreuse que chez nous.

Pendant douze ans de séjour en Afrique, j'ai rencontré un seul Arabe bossu ; il était promené de tribus en tribus, comme une bête curieuse, à la grande joie des enfants qui l'accablaient de plaisanteries et de dattes.

« Tu comprends, continua Bou-Aziz, que nos enfants mâles, lorsqu'ils deviennent adultes, cherchent à conquérir l'estime des hommes et celle des femmes, plus difficile encore à obtenir.

» Car, vois-tu, chez nous, les femmes ne se trompent jamais sur le compte d'un homme, et ce sont elles qui l'élèvent ou le font tomber par leur jugement.

» Autrefois, quand les tribus se battaient entre elles ou contre vous, il était facile à nos jeunes gens de faire leurs preuves.

» Mais, depuis que nos fusils sont rentrés dans leurs fourreaux, comment faire?

» Il y a bien les haines de famille qui permettent à quelques-uns de prouver qu'ils sont des hommes en s'introduisant la nuit, malgré les chiens et les yeux qui veillent, sous la tente de l'ennemi, et en lui cassant la tête d'un coup de feu.

» C'est là une chose bien plus difficile et qui demande bien plus de courage que vos duels en plein soleil.

» Mais tous n'ont pas à venger le sang d'un père, d'un frère ou d'un proche parent tué, et il ne reste plus que les aventures galantes et le vol pour qu'un homme puisse prouver qu'il est à tous égards digne de ce nom.

» Parcourir, par une nuit bien noire, une distance de plusieurs lieues sur un chemin où le lion se promène d'habitude n'est déjà pas une chose facile.

» Mais franchir l'enceinte d'un douar bien gardé, entrer sous une tente de ce douar pour demander à la femme aimée si son mari dort, quand on sait qu'il est là, près d'elle, un pistolet sous la tête et un yatagan sous la main, tu avoueras que celui qui fait ces choses peut à bon droit jurer par sa barbe et marcher le front haut.

» C'est ainsi que les jeunes gens qui ont du cœur le prouvent aux dépens des maris qui ont une pierre à la place du cœur.

» Je te l'ai déjà dit : de même que l'homme brave est toujours sûr de la femme qui est fière de lui; de même celui qui n'a rien fait pour prouver ce qu'il vaut est réputé ne rien valoir, et sa femme se fait un plaisir de le tromper.

» En agissant ainsi la femme ne croit pas mal faire, et l'opinion publique ne l'accuse jamais.

» Après avoir été mariée par ses parents avec un homme qu'elle ne connaissait point, dès qu'elle a pu le connaître et comprendre qu'il était un poltron, elle a pensé à s'en défaire pour contracter une union nouvelle.

» Comme la veuve peut se remarier selon sa volonté, elle a choisi, parmi les hommes dont elle a entendu vanter la bravoure, celui qui ne reculerait ni devant les dangers de ces entrevues sous la tente conjugale ni devant le meurtre du mari.

» Il arrive quelquefois que la femme elle-même se charge du soin de se défaire de son époux, et l'assomme d'un coup de massue pendant son sommeil, ou l'empoisonne avec de l'arsenic. »

Ici, je m'arrête, car j'entends déjà le lecteur me dire : « Mais la loi, que fait-elle dans ce pays où l'on tue, où l'on empoisonne ainsi journellement? »

La loi, la voici : pour un homme tué par le fer, le feu ou le poison, c'est la comparution de l'accusé devant un conseil de guerre qui le condamne à mort ou aux travaux forcés.

Ou bien, c'est le prix du sang, appelé *dyah* par les Arabes, et qui est de mille francs pour un homme tué et de cinq cents pour une femme.

Une amende qui représente la moitié de la dyah est en outre imposée au condamné.

La comparution devant le conseil de guerre n'a lieu qu'après que l'affaire a été instruite par le bureau arabe, et qu'il a trouvé des preuves suffisantes pour amener une condamnation.

Dans le cas contraire, les parents du défunt acceptent le prix du sang, renonçant ainsi à la vengeance.

Il arrive souvent qu'un homme est tué sans qu'il soit possible de connaître et même de soupçonner son assassin.

Alors c'est la tribu entière qui est responsable du crime et paye l'amende et la dyah.

Cette mesure, généralement appliquée en Algérie, a amené d'excellents résultats, surtout pour la sécurité des voyageurs.

Elle a, en outre, fait découvrir une foule de meurtres dont les coupables fussent restés inconnus et partant impunis.

Ce que j'ai dit plus haut de la loi en vigueur contre l'assassinat ne regarde que les tribus établies sur le territoire soumis au commandement militaire.

Nos tribunaux civils appliquent les lois françaises aux indigènes placés sous leur juridiction.

Le cercle en est si restreint encore, que je crois inutile d'en parler, si ce n'est comme terme de comparaison.

Est-il préférable d'appliquer aux Arabes la loi que nous avons trouvée en vigueur chez eux, plutôt que celle qui est en usage dans notre pays?

C'est là une question sérieuse autant que délicate, et dont la solution peut être d'un grand poids dans la conquête morale de l'Algérie.

Il y a trop de choses à dire sur ce sujet pour que je ne craigne point d'ennuyer le lecteur.

Aussi laisserai-je à ceux que cette question semi-politique regarde plus directement que moi le soin de la résoudre, non sans leur dire en passant quelques mots sur un point qui me paraît important.

Je veux parler des difficultés que doit nécessairement rencontrer, en Algérie, la répression des crimes ou délits contre les personnes et les propriétés.

En effet, au milieu d'une population nomade qui change de domicile comme nous changeons d'habits, comment instruire avec succès et promptitude une affaire criminelle, quand l'origine et le dénoûment de cette affaire ont eu lieu chez des gens dont les mœurs, les coutumes et la langue nous sont si peu connues?

Il serait à désirer que le gouvernement exigeât des fonctionnaires chargés de devoirs importants en Algérie la connaissance exacte de la langue et l'étude des mœurs et des coutumes de l'Arabe, *chez lui, sous sa tente.*

Cette mesure devrait s'étendre particulièrement aux fonctionnaires civils et militaires que leurs emplois appellent à être les intermédiaires obligés entre l'autorité supérieure et les populations.

Je m'empresse d'ajouter que, dans ces deux branches de l'administration, nous avons des hommes qui, après un long séjour en Afrique, et par des études sérieuses, ont tant acquis, qu'il ne leur reste plus rien à apprendre.

Mais il est fâcheux qu'après plus de vingt ans d'occupation le nombre de ces mêmes hommes d'élite soit tellement restreint qu'on puisse encore les compter. Ce n'est point suffisant, assurément, pour les besoins de la colonie.

Je reviens à Bou-Aziz et au fameux brouillard dont il ne m'avait pas encore donné l'explication catégorique.

« Quand nos jeunes gens, continua-t-il, n'ont en vue ni mort ni mariage, ils forment un brouillard et s'en vont à l'aventure.

— Mais encore, lui demandai-je, où vont-ils ainsi? Où allaient, par exemple, ton frère et tes cousins ce soir?

— Mon frère et mes cousins, je ne sais trop où ils pouvaient aller : mais ordinairement ils ne reviennent pas les mains vides. »

Après bien des détours et des hésitations, je finis par apprendre que les jeunes gens qui couraient ainsi la nuit à l'aventure étaient tout bonnement des voleurs et des assassins :

Des voleurs, parce qu'ils enlevaient par ruse et quelquefois par force les bestiaux des douars qui se trouvaient sur leur chemin;

Et des assassins, parce qu'ils tuaient non-seulement ceux qui leur disputaient leurs biens, mais encore leurs pareils, quand ils se trouvaient en présence.

D'après Bou-Aziz, l'Arabe qui n'avait pas tué au moins un de ses semblables ne jouissait d'aucune considération.

Une fois sur ce terrain qui paraissait lui convenir, il finit par m'avouer « qu'après avoir perdu tous ses troupeaux dans une razzia, il avait refait sa fortune en pillant çà et là et en tuant quelquefois. »

Cependant le jour commençait à paraître, et le lion ne venait pas.

Où étiez-vous, chasseurs, mes confrères? et que ne vous trouviez-vous avec moi, échelonnés sur la lisière de cette forêt où je voyais rentrer des animaux de toute espèce venant de faire leur nuit dans la plaine?

Depuis l'aurore jusqu'au lever du soleil, ce fut un défilé continuel et tranquille, comme si l'homme, cet ennemi acharné des bêtes, n'avait pas existé.

Bou-Aziz, accoutumé à ce spectacle, n'y prêtait aucune attention ; seulement, en voyant les sangliers rentrer *d'assurance*, il m'avait prédit que le lion ne viendrait pas.

Dès que le soleil montra son disque rouge à l'horizon, nous nous levâmes pour rentrer au douar.

Quand j'eus pris quelques heures de repos, je témoignai à mon hôte le désir de visiter les repaires du lion, autant dans l'espoir de l'y rencontrer que pour connaître les habitudes d'intérieur de ce monarque.

Bou-Aziz se décida, non sans peine, à m'accompagner avec une douzaine des siens.

A voir ces Arabes faisant leurs préparatifs, on aurait pu croire qu'ils allaient livrer une bataille ; ce qui me fit penser que les demeures du lion n'étaient pas de celles qu'on aborde facilement, malgré l'absence de gardes.

Il ne sera peut-être pas sans intérêt pour le lecteur que je fasse une courte description de ce que les indigènes appellent la *tenue de combat*.

On sait, ou on ne sait pas, que l'habillement complet de l'Arabe se compose d'une longue chemise descendant à mi-jambe, sans collet, avec des manches larges comme celles d'un surplis.

Par-dessus cette chemise, un haïk en laine ou en soie entoure la taille, la poitrine et la tête, qu'il encadre de ses plis et sur laquelle il est retenu par une corde en poil de chameau, blanche ou brune, faisant de cinq à dix tours.

Par-dessus tout cela sont deux ou trois burnous qui complètent l'habillement national.

La chaussure, qui n'est pas de rigueur, ne couvre que le dessous et les côtés du pied, chez l'homme qui marche.

Le cavalier porte ces espèces de bottes en maroquin rouge appelées *thémaques.*

Quand un Arabe se prépare à une course aventureuse où il pourra être appelé à combattre à pied, il commence par s'alléger de sa chaussure, s'il en a une.

Puis il enlève les burnous qui pourraient le gêner, sa corde de chameau, avec laquelle il pourrait être étranglé, et son haïk, qui pourrait se déchirer.

Il ne garde qu'une calotte rouge pour garantir sa tête, et sa chemise, qu'il relève au-dessus du genou au moyen d'une ceinture en cuir qu'il serre autour de sa taille.

Restent les manches, dont l'ampleur est gênante et qui sont relevées par-dessus l'épaule pour être attachées derrière le dos.

Ajoutez à cela une cartouchière en sautoir d'un côté, un yatagan de l'autre, un ou deux pistolets derrière le dos, et un fusil de six pieds à la main, et vous aurez une idée de la *tenue de combat* en usage chez ce peuple.

Il en est une autre, à peu près la même que celle-ci ; sauf l'armement.

C'est celle des voleurs de profession, qui travaillent isolément ou à deux.

Ces messieurs, pour se donner un air inoffensif en cas de rencontre ou de surprise, laissent leur fusil chez eux, et ils attachent autour de leur corps et sous la chemise un petit arsenal, d'autant meilleur qu'il est invisible.

Ce fut au milieu d'une douzaine de gaillards ainsi équipés que j'arrivai aux abords d'un des repaires du lion.

Je m'attendais à trouver des rochers, des antres, des cavernes : je ne voyais partout que des arbres.

Cependant, en comparant ce point, appelé partout *Jardin du lion*, avec les autres parties de la forêt, je comprenais que le maître de ces lieux l'eût choisi pour y établir sa demeure.

C'était un magnifique bouquet d'oliviers sauvages tellement serrés qu'ils semblaient n'avoir qu'un seul et même pied.

La teinte foncée de leur feuillage tranchait sur le vert de la forêt et donnait à ce bouquet de bois un air sombre qui inspirait un certain respect.

Jusque-là j'avais marché au milieu de mes compagnons ; mais, arrivés sur la lisière du massif, ils me cédèrent le pas.

J'oubliais de dire que leur nombre était diminué de trois, qui avaient préféré encourir les railleries de leurs frères plutôt que de s'exposer à la colère du lion.

Les visages de ceux qui restaient étaient un peu défaits ; leur attitude, plus que douteuse ; mais cela m'importait d'autant moins que, à parler bien franchement, je ne comptais que sur moi.

Cependant, à mesure que j'avançais, non sans difficulté, sous cette voûte obscure dont le sol était couvert des empreintes du lion, mon cœur battait plus fort et plus vite.

C'est qu'à chaque instant, il est vrai, j'étais arrêté par une main qui me tirait, tantôt par un bras, tantôt par une jambe, et apostrophé par une voix qui me disait : « Va doucement, prends garde à toi ! » Et, quand il m'arrivait de tourner la tête, j'apercevais derrière moi des physionomies bouleversées par la peur.

J'avoue que j'aurais volontiers envoyé mes guides à tous les diables, et que je fus heureux de rencontrer une clairière pour leur intimer l'ordre d'y rester.

L'herbe de cette clairière était foulée en plusieurs places par les reposées fraîches du lion.

C'était là qu'en quittant sa chambre il venait faire sa toilette à la manière du chat et attendre le crépuscule du soir pour annoncer aux douars de la plaine que bientôt il descendrait leur rendre visite.

J'eus beaucoup de peine à obtenir des Arabes qu'ils restassent en cet endroit, et, sans la honte que leur retraite eût entraînée, je suis convaincu qu'ils auraient préféré retourner chez eux immédiatement.

Bou-Aziz ayant beaucoup insisté pour ne pas me quitter et de façon à me convaincre que ce n'était point pour la forme, je continuai mes investigations avec lui.

Non loin de la clairière et toujours sous la voûte formée par les oliviers, je trouvai une douzaine de chambres que le lion s'était faites pour pouvoir occuper tantôt l'une, tantôt l'autre, suivant sa fantaisie.

Toute espèce d'herbes, de racines et de feuilles en étaient soigneusement enlevées, ainsi que les cailloux qui auraient pu, le sybarite! l'empêcher de dormir à son aise.

Les espaces compris entre les chambres étaient couverts d'écorces d'arbres que le lion arrachait par forme de passe-temps en aiguisant ses griffes.

Pendant que je cherchais à me rendre bien compte de tous les détails intérieurs du palais du monarque chevelu, mon attention fut distraite par un bruit de branches qui craquaient et une espèce de grondement sourd imitant assez bien le rugissement du lion quand il commence.

Mon compagnon s'était rapproché de moi en me demandant si j'avais entendu et en ajoutant d'un air piteux qui prêtait à rire: « Il se pourrait bien que le maître ne fût pas satisfait de nous trouver ainsi chez lui comme des voleurs!

— Eh! qu'importe? lui dis-je; satisfait ou non, qu'il vienne.

— Tout à l'heure nous verrons, » dit-il en soupirant et en se serrant plus près de moi.

Les branches craquaient toujours, et le bruit semblait se rapprocher davantage.

Tour à coup je vis Bou-Aziz appuyer une oreille sur le sol comme pour écouter, et se relever presque aussitôt, la satisfaction peinte sur le visage.

« Ce n'est pas le lion, me dit-il en riant, mais bien le feu que nos amis ont allumé par précaution dans la clairière voisine. »

En effet, les flammes gagnèrent bientôt le repaire tout entier, et peu s'en fallut que nous ne fussions rôtis vivants par le fait de ces poltrons, qui avaient décampé sans même nous crier gare.

Comme il était trop tard pour aller visiter d'autres repaires, nous attendîmes la nuit près d'une source à laquelle le lion venait quelquefois boire.

A minuit, il n'avait point paru encore : nous descendîmes alors vers la plaine, où les Arabes et les chiens des douars faisaient un grand vacarme.

Au moment où nous arrivions sur la lisière de la forêt, un coup de feu partit sur notre droite, et plusieurs balles sifflèrent en ricochant autour de nous.

C'était un gardien des silos, dont la tente était à l'entrée du bois, qui nous avait pris pour des voleurs.

Comme si ce coup de feu avait été un signal, tous les douars de la plaine lui répondirent, sans doute pour faire voir qu'ils ne dormaient pas.

Cette nuit, la dernière qui m'était accordée, se passa comme les précédentes, et sans autre incident que celui dont je viens de parler.

Le matin, au lieu de me coucher comme d'habitude, je montai à cheval pour rentrer au camp, où mon premier soin fut de demander un second congé un peu plus long que le premier.

J'eus de la peine à l'obtenir, ma seconde excursion n'ayant amené aucun résultat motivant une seconde absence. Après deux ou trois jours de repos, je repartis avec Bou-Aziz désormais plein de confiance, et disant à qui voulait l'entendre que le lion avait peur de moi, puisqu'il ne rugissait plus.

A mesure que nous passions près d'un douar, il s'en détachait des groupes qui venaient à toutes jambes nous prier d'attendre un instant pour écouter les méfaits du lion pendant ces quelques jours.

A entendre ces gens-là et ceux qui nous reçurent le soir, nous n'avions qu'à sortir pour nous trouver en présence de l'ennemi.

La veille, il avait rugi avant le coucher du soleil, et il était venu boire à une source située à portée de fusil du douar, mettant en fuite les femmes occupées à puiser de l'eau.

A cinq heures, nous arrivâmes aux environs du repaire où il avait rugi la veille.

Cependant le soleil se coucha, puis la nuit vint sans qu'il nous fût donné de l'entendre.

Et Bou-Aziz de dire, comme de plus belle : « Décidément, Dieu t'a donné le pouvoir de l'intimider, et tu le tueras comme un chien à la première rencontre. »

Cette assurance, fondée sur une croyance absurde, me faisait mal, et j'aurais préféré le doute des premiers temps à un aveuglement semblable.

La nuit entière fut consacrée à des marches et à des contre-marches continuelles, mais n'amena ni incident ni résultat.

Au point du jour, nous regagnâmes la tente où nous avions laissé nos chevaux, et, pour la première fois, je remarquai quelques égards chez les Arabes.

Le maître de la tente, voyant que je me disposais à dormir, renvoya tout le monde et prit des mesures pour que mon sommeil ne fût point troublé.

J'aurais désiré ne devoir ces attentions délicates qu'à une reconnaissance justifiée par des faits accomplis, mais, puisque ces gens-là me croyaient décidément doué d'un pouvoir surnaturel, je me dis qu'après tout, si la fin justifiait leur croyance, je ne saurais m'attribuer tout l'honneur du succès, et que je croirais aussi, non au pouvoir d'intimider le lion, mais à une protection occulte sans laquelle on n'est fort qu'à demi dans les circonstances difficiles.

En m'éveillant, j'aperçus autour de moi une foule d'Arabes accroupis et silencieux.

Ils étaient entrés et s'étaient assis, en attendant mon réveil, avec de telles précautions que je n'avais rien entendu.

Quand je fus sur mon séant, l'un d'eux s'avança vers moi d'un air empreint de tristesse et se mit à crier à tue-tête :

« *Chera Allah! Chera Allah!* justice de Dieu! justice de Dieu! » Et trente voix dans le groupe répétaient sur le même ton : « *Chera Allah! Chera Allah!* »

« Voyons, expliquez-vous! leur criai-je, étourdi par ce concert discordant, et dites-moi ce qui vous amène. »

Tous se turent à la fois, et celui qui s'était avancé prit la parole en ces termes :

« Au nom de Dieu, écoute-moi, écoute la plainte que je viens te faire, et rends-moi justice, si tu trouves que le droit est de mon côté.

» J'avais une jument pour laquelle on m'avait offert dix chamelles; je les avais refusées; car ma jument, je l'aimais comme mes yeux.

» Hier, dans l'après-midi, je la menai à la rivière pour la baigner.

» En sortant de l'eau, je fus la mettre à l'ombre, sur la lisière du bois, à cinquante pas du ruisseau, où je retournai pour faire mes ablutions et ma prière.

» Il me sembla entendre ma jument se rouler; mais comme c'était son habitude, je n'y fis aucune attention, pensant que j'en serais quitte pour la baigner une seconde fois.

» Au moment où j'allais remonter sur la berge du ruisseau, j'entendis marcher au-dessus de moi.

» Les pas étaient sourds : je pensais que c'était ma jument.

» En levant la tête j'aperçus....

» Mon sang se glace et mon cœur tremble rien qu'en y pensant....

» J'aperçus le lion qui me regardait en riant.

» Ma jument! lui criai-je : et je lui jetai de l'eau à la face, ce qui parut l'amuser.

» Voyant qu'il se moquait de moi et oubliant toute crainte pour ma personne, je ramassai des pierres et les lui lançai.

» Il se coucha pour me faire voir combien il se souciait peu de ma colère.

» Alors je perdis la raison, et faisant un petit détour, j'arrivai en courant sur la berge.

» Mon premier regard fut pour ma pauvre jument ; elle était étendue sans vie, sous l'arbre, au milieu d'une mare de sang.

» Je voulus m'approcher d'elle ; mais le lion, qui me suivait des yeux, se leva menaçant et bondit vers moi en rugissant comme le tonnerre.

» J'étais près du ruisseau; je m'y élançai en plongeant dans un trou profond.

» Quand je revins sur l'eau, je vis le lion couché sur le bord et buvant sans me perdre de vue.

» Que cette eau t'empoisonne, païen, fils de païen, lui dis-je, en
» m'éloignant vers l'autre rive, et que tu meures avant que ton ventre
» affamé soit rempli de mon bien! »

» Le lion ne fit aucune attention à mes paroles; il ne daigna point se déranger quand il me vit sortir de l'eau; et, aussi loin que je pus l'apercevoir en m'éloignant à toutes jambes, il buvait toujours tranquillement.

» C'est une mer que l'estomac de ce monstre, une mer capable de dessécher nos rivières et d'engloutir tous les musulmans et leurs troupeaux.

» Tu vois, termina cet homme, si ma plainte est fondée et si j'ai raison de venir te demander justice.

» — *Chera Allah! Chera Allah!* répétèrent ses compagnons; nous n'avons plus de repos, plus de sommeil, plus de sécurité. Il suffira que tu viennes chez nous pour qu'il disparaisse; et ce qu'il nous mangeait, nous te le donnerons pour que la paix soit avec nous. »

Comme on le voit, l'idée d'intimidation que j'étais censé exercer sur le lion commençait à gagner tous les esprits.

Je cherchai à faire comprendre à ces bonnes gens que, si le lion n'avait pas rugi pendant les nuits où je le cherchais, c'est que c'était son bon plaisir, et que, s'il était revenu après mon départ, c'est qu'il lui avait plu d'agir de la sorte.

Mais que peut la vérité claire et palpable contre la superstition chez un peuple ignorant et crédule comme les Arabes?

Tous mes raisonnements ne purent ébranler leur conviction, et à la fin un savant, présent dans l'assemblée, et que je reconnus pour tel à sa diction pure, au chapelet qu'il roulait dans sa main blanche et soignée et à son air important, me dit :

« Il y a longtemps qu'on nous a parlé d'un Romain qui avait la prétention de tuer le lion et que l'on nous a cité ses affûts dans les environs de Guelma.

» Tant qu'il est resté loin de nous et qu'il a agi comme les Arabes, nous avons ri de lui ; pardonne-nous ce doute qui pourrait t'offenser.

» C'est que nous connaissons le lion et les hommes ; c'est que nous savons que le Prophète a dit : « Dieu a donné à l'homme la force d'un » homme, et au lion celle de quarante hommes, afin qu'il rappelle à » celui-ci, s'il pouvait l'oublier, *que tout vient de Dieu et retourne à* » *Dieu.* »

» Plus tard, quand nous avons appris que ce Romain était parmi nous, cherchant le lion, sans affût, sans abri, et *œil contre œil,* nous l'avons regardé comme un homme mort.

» Et nous avons craint que ses frères ne nous fissent payer cher le prix de son sang.

» Alors nous sommes allés consulter un marabout qui sait tout, et ce marabout nous a dit :

« Dieu est grand et il peut ce qu'il veut. »

» Cet homme dont vous me parlez et qui vient de l'autre côté des » mers n'est pas un *Romain,* mais un serviteur de Dieu.

» Puisqu'il cherche le lion *œil contre œil*, c'est que son cœur est » d'acier et son regard de feu.

» Dieu l'a fait ainsi pour faire courber la tête aux orgueilleux *qui se* » *croient forts par eux-mêmes.*

» Le lion évitera sa présence comme vous évitez la présence du » lion ; mais il aura beau faire, il mourra de sa main *heureuse, et il ne* » *sera pas sa seule victime.*

» Recherchez cet homme, il vous apportera la paix.

» Baisez sa main, elle vous protégera.

» Comblez-le de biens, cela vous profitera, et remerciez Dieu de » vous envoyer un sauveur qu'il a choisi au milieu des mondes. *Ainsi* » *soit-il.* »

» Voilà ce que nous a dit le marabout, et tu as donné raison à ses paroles en chassant le lion par ta seule présence.

» Mais nous sommes tous des fils d'Adam, et il ne serait pas juste qu'une tribu seule profitât des bienfaits de la paix, quand les autres souffrent et viennent réclamer ta protection.

» Suis-nous donc chez nous, où tu es attendu par les grands et les petits, qui nous ont dit quand nous nous sommes éloignés : *Surtout ne revenez pas sans lui.*

— Je pars avec vous, dis-je en me levant ; seulement tout ce que je vous demande, c'est que vous me fassiez voir le lion avant huit jours, terme fixé pour mon retour parmi les miens. »

On me promit monts et merveilles sur les résultats de mon expédition, et je partis, cette fois encore, le cœur rempli d'espérance.

Le pays que j'allais explorer était celui d'El-Archioua, situé entre deux rivières, l'Oued-bou-Soura et l'Oued-Aliah ; son aspect était le même que celui dont j'ai parlé plus haut.

En arrivant, je fus reçu à bras ouverts, et les rênes de mon cheval me furent arrachées des mains par une multitude bruyante et empressée, qui se disputait l'honneur où plutôt l'avantage de m'avoir.

Je donnai naturellement la préférence à l'Arabe dont le lion avait dévoré la jument.

Si les hommes étaient pleins de joie et d'enthousiasme, il n'en était pas de même des femmes de mon hôte, ainsi que de leurs voisines, qui, sous mille prétextes, venaient me regarder à travers la tente.

Plus d'une fois mon oreille attentive fut écorchée par l'épithète de *roumi*, que je croyais oubliée à mon endroit.

Si quelques-unes de ces dames disaient entre elles : « Pauvre jeune homme, ils vont le faire dévorer ! » d'autres ne se gênaient guère pour témoigner leur mécontentement de la présence d'un *Nazaréen* au milieu d'elles.

Cette aversion tenace des femmes aurait dû m'être indifférente, du moment où j'avais l'opinion des hommes pour moi ; et cependant je désirais les voir moins hostiles, moins prévenues contre ceux de mon pays et de ma religion.

Persuadé que lorsque, grâce à moi, elles pourraient *voir* et *toucher impunément* le lion, cet ennemi qui leur était odieux encore plus qu'aux hommes, elles reviendraient à d'autres sentiments, je voulus hâter ce moment autant que possible.

Je déclarai en conséquence à Bou-Aziz que mon intention était de partir dans une heure, afin de passer dans la forêt les sept jours qui me restaient encore, à moins d'une rencontre plus ou moins prochaine qui terminerait mon expédition en en accomplissant le but.

Comme mon compagnon s'inquiétait beaucoup de la manière dont nous pourrions vivre sous bois, je lui fis observer qu'il ne manquait pas de douars sur la lisière de la forêt, et que si la galette ne lui suffisait point, il ne tiendrait qu'à lui de s'y rendre chaque jour pour prendre ses repas.

Cette observation parut lui faire le plus grand plaisir, et il fit ses dispositions pour m'accompagner, ainsi que mon hôte.

Je fus témoin d'une scène d'intérieur assez curieuse entre ce dernier et les femmes qui s'opposaient à son départ.

Au moment où, assis devant moi, il tirait gravement son fusil du fourreau, une de ses épouses bondit comme une panthère de la pièce réservée aux femmes dans celle où nous nous trouvions, et, avant que son mari pût savoir ce qui lui faisait ainsi fouler aux pieds les coutumes les plus sacrées, elle avait disparu emportant le fusil qu'elle avait arraché de ses mains.

Le mari me regarda pour voir ce que je pensais de cette sortie; mais je feignis de n'avoir rien vu et continuai mes préparatifs.

Alors il se leva, et, soulevant la tenture qui servait de séparation aux deux pièces, il entra chez les femmes.

Bientôt un colloque assez vif s'éleva entre les deux époux.

Le mari voulait son fusil; mais la petite femme tenait bon en lui disant :

« Tu as perdu la tête; libre à *ce chien de chrétien* d'aller se faire manger, puisqu'il n'a ni femme, ni mère, ni famille; mais toi, tu n'iras pas. » (Les Arabes qui ne fréquentent pas nos villes croient généralement que les Français qui viennent dans leur pays sont des gens sans feu ni lieu et sans famille.)

— Puisqu'il doit me venger, reprit le mari, en tuant le lion qui a mangé ma chère jument.

— Ah! sa chère jument! répétèrent plusieurs voix de femmes; sa chère jument! C'est juste, et il a raison de vouloir la venger, puisqu'il l'aimait plus que nous, plus que ses enfants, et qu'en la perdant il a tout perdu.

— Voulez-vous vous taire, filles de chiens! s'écria l'homme en colère; et me laisserez-vous partir en paix?

— Eh bien! pars, dirent les femmes en chœur, et fasse le ciel que le lion te reconnaisse! »

Trois ou quatre coups sourds, corrections plus efficaces que les paroles, furent la réponse du mari, qui reparut dans la pièce où je l'attendais, son fusil d'une main et un gros bâton de l'autre.

Je dois ajouter que le moyen lui avait réussi; car, jusqu'au moment où nous sortîmes de la tente, je n'entendis plus à côté que des chuchotements et des pleurs étouffés.

Une heure après, nous étions en pleine forêt, attendant le bon plaisir du lion.

La nuit était venue, nous allions commencer à battre les chemins qui bordent le bois, lorsqu'un rugissement lointain nous arrêta.

« C'est à Bou-Soura, dit Bou-Aziz, justement dans le pays où nous l'avons attendu hier. »

Il fallait deux heures pour arriver à pied, du point où nous étions, à celui où le lion rugissait.

Je dis à mes compagnons que j'allais y aller avec eux ou sans eux.

Ils m'observèrent que nous aurions en route deux rivières à franchir. Je leur répondis qu'ils n'auraient qu'à relever leur chemise, et nous partîmes à grands pas.

En arrivant au premier gué, mes guides m'offrirent leurs services pour retirer mes grandes bottes et mon pantalon.

Je les remerciai de leur offre et leur montrai le chemin en me mettant à l'eau, qui, dans l'endroit le plus profond, me montait environ jusqu'aux aisselles.

« Ce diable d'homme, dit le propriétaire de la jument en gagnant l'autre rive, est capable de nous faire noyer comme des chiens cette nuit.

— Tes femmes avaient raison de te retenir, lui répondit Bou-Aziz en riant; et tu verras qu'après cette campagne de six ou sept nuits à la belle étoile tu pèseras vingt livres de moins.

— Il m'importe peu de maigrir, si j'ai la satisfaction de voir le lion expirer devant moi et de pouvoir toucher son cadavre. »

Cette conversation, faite en pleine eau, fut interrompue par une rencontre assez singulière pour que je la mentionne ici en passant.

En sortant du lit de la rivière, j'avais pris la tête de notre petite colonne et je marchais droit devant moi, sondant du regard tous les objets de formes suspectes, sans rien perdre de la suite du dialogue de mes hommes.

Depuis un moment, mes yeux étaient fixés sur un arbre touffu planté sur notre chemin, quand tout à coup il me parut que cet arbre s'en allait à droite.

Tout d'abord, je pensai que je me trompais et que sans doute c'était moi qui obliquais à gauche.

Mais bientôt il me fut impossible de ne pas me rendre à l'évidence.

L'arbre avait disparu.

Je m'arrêtai pour faire part de ce que j'avais vu à Bou-Aziz, qui me dit :

« Ce sont encore des rôdeurs de nuit; allons sus à ces chiens ! »

C'est ainsi que mon compagnon appelait ses pareils.

En un clin d'œil nous arrivâmes sur le point où l'arbre s'était éclipsé, et nous le trouvâmes couché tout de son long.

C'était un beau lentisque, haut de trois mètres environ, et orné de branches touffues depuis le pied jusqu'à la cime.

Comme je marchais autour de l'arbre, interrogeant la plaine de tous côtés pour chercher l'être qui le faisait marcher précédemment, l'arbre se leva comme de lui-même, et deux hommes sortirent de ses branches en nous disant seulement :

« Frères, que le salut soit avec vous. »

Ces hommes étaient nus des pieds à la tête, et ils n'étaient pas armés.

« Connais-tu ça? dis-je à Bou-Aziz qui les regardait sous le nez.

— Non, me dit-il, et nous allons, à ton choix, les étrangler ou leur casser la tête... Prononce.

— Oh! tu ne voudras pas notre mort, s'écrièrent les pauvres diables en tombant à mes pieds, tu ne le voudras pas; car nous nous sommes livrés en reconnaissant à ton costume le Romain qui cherche le lion et qui ne peut tuer les hommes sans défense.

— Qu'est-ce donc que ceci? dit froidement Bou-Aziz, qui venait de trouver dans les branches du lentisque un pistolet long d'un pied.

— Oh! il n'est pas à moi, dit l'un des maraudeurs, je le jure par la tête du Romain, il n'est pas à moi.

— Ni à moi, » dit l'autre en lançant un regard de reproche et tout bas l'épithète de chien et de traître à son compagnon d'infortune.

Au même instant Bou-Aziz tirait un second pistolet des branches de l'arbre; puis deux cartouchières, un trousseau de fausses clefs pour ouvrir les entraves qui servent à attacher les chevaux, et enfin deux poignards.

« Et ceci? disait Bou-Aziz à chaque exhibition nouvelle.

— Pas à nous, pas à nous! répétaient chaque fois nos maraudeurs en jurant tantôt par la tête du Romain, tantôt par celle du Nazaréen.

— Vous êtes d'infâmes menteurs, indignes de la moindre pitié, leur dis-je en cherchant à me débarrasser de leurs étreintes, et vous allez nous suivre, pour que je vous envoie demain au camp de Guelma.

— Nous ne mentons pas, répétèrent-ils de plus belle en s'accrochant à moi: ces armes ne sont pas à nous, on nous les a prêtées. »

Cette défaite me parut si drôle, que je ne pus m'empêcher d'en rire, ce dont ces messieurs profitèrent pour devenir plus pressants et obtenir leur liberté.

« Tu as tort, me dit Bou-Aziz; car ces hyènes-là auraient pu te mordre, si elles t'avaient rencontré seul.

— Tu ne connais donc pas les hommes de nuit? tu n'oses donc pas sortir sans le soleil ou le clair de lune? dit un des maraudeurs en se campant fièrement devant Bou-Aziz.

— Tu suçais le lait de ta mère, répondit celui-ci avec dédain, *quand j'étais chef de brouillard;* » et il ajouta avec importance: « Je suis le fils de Ben-Rafat.

— Oh! pardonne, dit le maraudeur en s'humiliant, je ne t'avais ja-

A. Hadamard del. et lith. Imp. Godard Paris.

Oh! tu ne voudrais pas notre mort

s'écrièrent les pauvres diables...

mais vu, mais je te connaissais de réputation, et je reconnais que tu vaux mieux que nous; tu es un homme, et, auprès de toi, nous ne sommes que des enfants. Cependant, crois-le bien, tout jeunes que nous sommes, nous regarderons le Romain comme le maître des nuits. — Partout où nous le rencontrerons, nous le saluerons avec le respect qui lui est dû en lui cédant le pas. Et il pourra nous tuer tous, les uns après les autres, sans qu'aucun de nous ose jamais toucher à un cheveu de sa tête. »

Au grand regret de Bou-Aziz, qui aurait bien voulu les garder, je fis rendre leurs armes à ces hommes, à la condition que je n'entendrais point parler d'eux pendant mon séjour dans ce pays, et qu'ils engageraient leurs affidés à ne pas se trouver sur mon chemin, sous peine d'être fusillés sans pitié.

« Merci, maître, me dirent-ils en partant; celui qui cherche le lion est l'égal du lion, et nous ne sommes, nous, que des chacals. »

Dix minutes après, je les entendais encore criant au loin *rahna dieba*. (Nous sommes des chacals.)

Cependant le lion ne rugissait plus; je fis part à Bou-Aziz des inquiétudes que me causait ce silence.

« En ce moment, me dit-il, le lion se prépare à attaquer le douar qui doit lui fournir son souper, c'est pour cela qu'il se tait. Mais que cela ne t'inquiète en rien; à défaut des rugissements du lion, nous serons guidés par le bruit des chiens et les cris des Arabes. »

Nous continuâmes notre route en devisant sur la rencontre que nous venions de faire; et, comme je ne m'expliquais pas l'usage que les maraudeurs pouvaient faire de l'arbre, Bou-Aziz me dit que c'était une ruse pour approcher des douars sans être vus et pour échapper à ceux de leurs pareils qu'ils pourraient rencontrer en trop grand nombre.

Les chasseurs habitués à faire usage en France du *buisson artificiel* ou de la *hutte ambulante* comprendront parfaitement l'utilité d'un tel moyen, surtout employé la nuit.

« Mais le lion, dis-je à Bou-Aziz, comment permet-il à ces hommes de parcourir le pays en même temps que lui?

— Le maître, dit mon compagnon, fait-il du mal à ses serviteurs?

— Les voleurs sont donc les serviteurs du lion?

— Quand il les rencontre les mains pleines, il leur prend ce qu'ils ont de meilleur, et, quand ils n'ont encore aucun butin, il les oblige à travailler pour lui.

— Mais comment le lion reconnaît-il les voleurs?

— A leur toilette : ceux qui n'ont pas de chemise, il les reconnaît d'une lieue. Ceux qui ont une chemise, il les reconnaît d'une demi-lieue.

» Ceux qui sont plus vêtus que cela, il ne les reconnaît point pour ses serviteurs, et il les mange ou les fait mourir de peur. »

Ainsi (cette opinion de Bou-Aziz est pour moi un fait avéré) le lion agit vis-à-vis de l'homme tout autrement qu'avec les animaux qu'il tue pour se nourrir.

S'il lui arrive de tuer un homme qui a tiré sur lui, il ne le mangera pas.

S'il rencontre, la nuit, un homme couvert d'un ou plusieurs burnous, l'expérience lui a appris que ce n'est pas un voleur, et il le tuera pour le manger, ou, si son bon plaisir le lui dit, il le fera mourir petit à petit de frayeur.

Dans le premier cas, après lui avoir donné le temps de faire sa prière, il lui saute à la tête, qu'il broie d'un seul coup de gueule au lieu de l'égorger, comme il a coutume de faire pour tous les autres animaux.

Dans le second cas, tantôt il barre le chemin du malheureux en se couchant devant lui, tantôt il marche à ses côtés en lui montrant toutes ses dents.

Quelquefois il fait semblant de le laisser en paix; puis, faisant un long détour, il va l'attendre à son passage et le charge en rugissant.

Tantôt il se rase à la manière du chat et bondit à deux pas du patient, qui, pour le coup, se croit perdu sans ressources.

Il le heurte d'un coup d'épaule et le renverse comme un brin de paille, ou le frappe de sa queue nerveuse en plein visage, en tournant autour de lui.

Il faut avouer qu'on mourrait à moins, et qu'il vaut mieux en finir tout de suite, quitte à être mangé après.

Ces manéges du lion, que ses victimes n'ont jamais pu raconter, comme on le pense bien, ont été rapportés par des Arabes qui, ayant fait sa rencontre étant plusieurs de compagnie, ont cherché leur salut sur des arbres, tandis qu'un de leurs compagnons, déjà trop impressionné pour les imiter, mourait de terreur sous leurs yeux et sans qu'ils pussent lui porter secours.

Ce sont ces attaques, suivies d'une mort rendue encore plus terrible par les préliminaires qui la précèdent, qui ont accrédité, à tort ou à raison, la croyance de la fascination qu'exerce, dit-on, le roi des animaux sur tous ceux qui ne sont pas de son espèce.

Une anecdote passablement dramatique, que j'ai recueillie dernièrement, trouve tout naturellement sa place ici.

Il y a trente ans environ, un jeune homme de la tribu des Amamera, établie dans les monts Aurès, était épris d'une jeune fille que son père lui avait refusée faute d'une dot convenable.

Cependant les jeunes gens s'aimaient, et un beau soir la jeune fille fut enlevée par Seghir, son amoureux.

La distance était longue entre les douars des deux fiancés, et le chemin qu'il fallait suivre était dangereux.

Aussi Seghir s'était-il armé des pieds à la tête.

Déjà ils avaient franchi les passages les plus périlleux, et ils commençaient à entendre les chiens du douar vers lequel ils se dirigeaient rapidement, lorsque tout à coup un lion, qui jusque-là s'était tenu caché derrière les broussailles qui bordaient le chemin, se leva et vint droit à eux.

La jeune fille se mit à pousser des cris si perçants qu'ils furent entendus par les gens du douar, où plusieurs hommes prirent les armes pour voler à son secours.

Lorsque ces derniers arrivèrent sur le terrain, guidés par les cris, ils aperçurent le lion marchant doucement à quelques pas en avant de Seghir, qu'il ne quittait pas des yeux, et se dirigeant vers la forêt.

La jeune fille avait beau faire pour empêcher son fiancé de suivre le lion ou pour se séparer de lui; celui-ci l'entraînait malgré elle en lui disant :

« Allons, ma bien-aimée, notre seigneur le veut, allons.

— Et tes armes, disait-elle, à quoi donc sont-elles bonnes, si elles ne servent pas à me sauver?

— Des armes! je n'en ai pas, répondit le malheureux fasciné. Mon seigneur, ne l'écoutez pas; elle ment : je suis sans armes, et je vous suivrai partout où il vous plaira de me mener. »

Les Arabes accourus au secours de ces deux infortunés étaient au nombre de huit ou dix.

Voyant que bientôt le lion allait entraîner sous bois ses deux victimes, ils firent feu sur lui de toutes leurs armes, et, ne le voyant pas tomber, ils prirent la fuite.

Le lion bondit sur Seghir, lui broya la tête d'un coup de gueule, et il se coucha à côté de la jeune fille en mettant ses grosses pattes sur ses genoux.

Les Arabes, enhardis de ce que le lion n'avait pas daigné les poursuivre, revinrent sur leurs pas après avoir rechargé leurs armes.

Craignant pour la jeune fille, ils l'engagèrent à s'éloigner un peu du lion, ce que celui-ci lui permit de faire, sans toutefois la perdre des yeux.

Au moment où les fusils des Arabes s'abaissaient vers lui, le lion bondit sur eux, en saisit un avec sa gueule, deux avec ses griffes, les rapprocha afin qu'ils ne fissent plus qu'un seul et même corps, puis il mit sous lui toute cette chair vivante, et broya les trois têtes comme il avait broyé celle de Seghir.

Ceux qui avaient échappé coururent jusqu'au douar, où ils racontèrent ce qui venait de leur arriver.

Personne n'osa revenir vers le lion, qui saisit alors la femme et l'emporta dans la forêt.

Le lendemain on vint ramasser les cadavres des quatre hommes.

Quant à la jeune fille, on ne retrouva que sa chevelure, ses pieds et ses vêtements : son ravisseur avait mangé le reste.

Est-il vrai que le lion ait le pouvoir de fasciner l'organisation faible de certains hommes au point de se faire suivre par eux?

Tous les Arabes que j'ai interrogés à ce sujet m'ont répondu affirmativement, et m'ont cité une foule d'exemples à l'appui de leur croyance.

Quant à moi, je déclare que, lorsque j'ai eu l'honneur de me trouver en présence de ce monarque, je n'ai jamais éprouvé le désir de m'attacher à ses pas et de lui dire comme le poëte :

> Oui, de ta suite, ô roi, de ta suite, j'en suis.

Toutefois je comprends que son aspect menaçant, sa majesté toute royale et la fixité perçante de son regard de feu porte le trouble dans le cœur et dans le cerveau de ceux qui ne cherchent pas sa rencontre.

Il pouvait être une heure du matin quand nous arrivâmes sur la rive droite de l'Oued-bou-Soura, qui fut traversé sans plus de façon que le premier torrent.

A mesure que nous avancions vers les douars, nous n'entendions plus ni les cris des Arabes ni les aboiements des chiens.

Nous marchâmes dans la direction d'un feu qui brillait non loin de nous, et je détachai Bou-Aziz pour aller aux informations.

« Il ne nous reste plus qu'à nous coucher, me dit-il en revenant avec plusieurs Arabes.

» Ce douar qui nous offre l'hospitalité a été visité par lion, et, comme depuis il n'a pas rugi, il nous est impossible de savoir la direction qu'il a prise. »

J'étais bien résolu de ne pas mettre les pieds sous une tente pendant toute la durée de cette campagne.

Je laissai à mes deux compagnons le temps d'aller se restaurer; puis, à leur retour, nous gagnâmes la forêt pour y attendre le jour.

Cette fois encore nous pûmes voir défiler devant nous des animaux de toute espèce rentrant à l'aube dans leurs demeures, spectacle toujours plein d'intérêt pour un chasseur et qui me rappela la belle fanfare pour cerf de mon ami Léon Bertrand (*les Foulés*) :

> L'aurore paraissait à peine,
> Quand dans la brume, à l'horizon,
> Je l'ai vu rentrant de la plaine,
> Tout chargé de sa venaison.

Redressant sa large empaumure,
Il s'est arrêté par trois fois;
Puis il a longé la bordure,
Écoutant l'eau tomber sous bois.

Mais, hélas ! triste déception, j'eus beau compter l'une après l'autre toutes ces bêtes noires ou fauves, cette fois encore je ne vis pas le roi du désert, qui ne nous fit pas l'honneur de paraître.

Après avoir passé toutes mes journées au plus épais du bois pour y dormir quelques heures, après avoir employé toutes mes nuits à battre les ravins et les plaines à la rencontre du lion qui semblait m'éviter, je dus rentrer à Guelma à l'expiration de mon congé.

Le lendemain, le surlendemain et les jours suivants, les plaintes des Arabes m'arrivèrent de nouveau, plus nombreuses encore et plus pressantes.

A force d'instances, ils obtinrent pour moi une permission de cinq jours, qui devait être la dernière.

Les premiers jours et les premières nuits, le lion semblait s'être caché sous terre.

J'étais à bout de forces et surtout d'espérance, quand un berger vint me dire que les bœufs qu'il conduisait sur la lisière du bois avaient flairé le lion et s'étaient enfuis vers la plaine.

Il était près de cinq heures du soir quand je reçus cette bonne nouvelle, et il fallait deux bonnes heures pour arriver à l'endroit désigné.

Un douar voisin nous envoya des chevaux et des hommes pour les ramener, et, au coucher du soleil, nous mettions pied à terre sur un plateau qui dominait le repaire du lion.

Je renvoyai les chevaux et les Arabes, ne gardant près de moi que Bou-Aziz, un spahi du pays, nommé Ben-Oumbark, et un chien qui portait le nom glorieux de *Lion*.

Pendant cette course de deux heures à travers champs, j'avais porté mon fusil en bandoulière, et quand je voulus le charger, je m'aperçus avec chagrin que le chien du côté gauche était perdu.

Je n'avais plus qu'un coup à tirer.

J'avoue que cette découverte me fut extrêmement pénible ; mais c'était mon dernier jour de congé, et je dus en prendre mon parti.

Je chargeai à balle franche, et avec l'attention la plus minutieuse, le canon droit de mon fusil, et j'attendis le réveil du lion.

Déjà le jour baissait, la forêt commençait à prendre une teinte plus sombre, et rien, si ce n'est l'absence des compagnies de sangliers fouillant dans les clairières, n'annonçait encore l'arrivée de celui que je cherchais.

Je savais que nous n'aurions pas de clair de lune quand le jour finirait, et chaque minute qui s'écoulait amenait le crépuscule, et puis la nuit qui devait être la dernière.

Ce que j'éprouvais d'inquiétudes, de chagrin et d'angoisses, en voyant le temps marcher si vite, je ne saurais l'exprimer.

Je comptais et je recomptais les jours écoulés depuis mon départ du camp, et j'arrivais toujours à cette conclusion désespérante, qu'il me fallait définitivement rentrer le lendemain, et cette fois sans espoir de recommencer mes recherches.

Mes compagnons, harassés de fatigue et peu désireux de passer cette dernière nuit à battre la campagne, l'estomac creux, s'étaient levés depuis un instant avec l'intention de se retirer.

Bou-Aziz me montrait les premières étoiles qui commençaient à briller au firmament, et me disait :

« Le lion a dû quitter son repaire et sortir de la forêt du côté de la plaine. Nous l'attendrions ici en vain toute la nuit. »

En parlant ainsi, il mettait déjà son fusil sur l'épaule et m'engageait à rentrer avec lui au douar.

Cependant je ne pouvais pas me décider à quitter mon poste tant qu'il me restait la plus petite lueur d'espérance.

« Allez, dis-je à mes compagnons, je vais vous suivre. »

Ils avaient à peine fait dix pas, quand un rugissement formidable retentit à nos pieds dans le ravin.

Ce rugissement remplit mon cœur d'une joie si grande, qu'oubliant le mauvais état de mon fusil, et sans regarder si j'étais suivi ou non, je me jetai à travers bois pour courir sus au lion.

Quand je cessai de l'entendre, je m'arrêtai pour écouter.

Bou-Aziz et Ben-Oumbark étaient sur mes talons, pâles comme des cadavres, n'osant parler, mais gesticulant beaucoup pour me faire entendre que je perdais la tête.

Au bout de quelques minutes, le lion rugit de nouveau, à une centaine de pas de nous.

Au premier grondement, je m'élançai comme auparavant, perçant droit devant moi comme un sanglier.

Au moment où le lion cessa de rugir, je fis une nouvelle halte dans une clairière, où je fus rejoint par mes deux compagnons.

Mon chien, qui jusqu'alors s'était tenu derrière moi, sans avoir l'air de comprendre, se mit à flairer le nez au vent ; puis il entra doucement sous bois, le poil hérissé et la queue basse.

Un moment après il revint au galop tout effaré, et s'accroupit tremblant entre mes jambes.

Bientôt après j'entendis des pas lourds et bruyants sur les feuilles qui jonchaient le sol, et le frôlement d'un corps volumineux à travers les arbres qui avoisinaient la clairière.

C'était le lion qui sortait de son repaire et montait droit à nous, sans se douter que nous étions là.

Bou-Aziz et le spahi épaulaient déjà leurs fusils.

Je leur montrai le pied d'un lentisque à quelques pas derrière moi, en leur intimant l'ordre de ne pas bouger de là jusqu'à la fin du drame.

Ces braves gens avaient d'autant plus de mérite à mes yeux, que, malgré une frayeur extrême, ils n'avaient pas voulu me laisser seul.

On appellera cela comme on voudra, mais moi je trouve qu'il y a un très-grand courage, surtout lorsqu'on doute du succès, à se borner ainsi au rôle passif de spectateur et à rester quand même sur le lieu de la scène.

Le lion gravissait toujours, et je pouvais maintenant apprécier la distance qui me séparait de lui : je distinguais les notes sourdes et régulières de sa respiration bruyante.

Je m'avançai de quelques pas encore sur le bord de la clairière où il allait paraître, afin de le tirer à bout portant.

Déjà je l'entendais marcher à trente pas, puis à vingt, puis à quinze, et je craignais encore de ne pas le voir.

« S'il allait retourner sur ses pas? s'il ne sortait pas sur la clairière? » pensais-je.

Et, à chaque bruit qui le rapprochait de moi, mon cœur battait plus fort, ivre de joie et d'espérance.

Une seule pensée inquiète traversa mon esprit :

« Si mon coup n'allait pas partir? » me dis-je en regardant mon fusil.

Mais la confiance reprit le dessus à l'instant même, et je ne doutai plus que de l'apparition tant désirée.

Le lion, après avoir fait une pause de quelques moments, qui me parurent un siècle, monta de nouveau.

Enfin, à la lueur des étoiles, je pus voir devant moi, à quelques pas seulement, la cime d'un arbre auquel je touchais, et dont le pied s'élevait dans la pente, secouée par le contact du lion.

Là, dernier temps d'arrêt de sa part.

Il n'y avait plus, *entre nous deux*, que l'épaisseur de cet arbre couvert de branches feuillues du pied à la cime.

Afin d'être prêt à faire feu au moment où l'animal mettrait le pied dans la clairière, je me tenais debout, face au bois et le fusil haut.

Je profitai de cet intervalle d'une seconde pour m'assurer si je voyais le point de mire de mon arme.

Grâce à un reste de clarté qui venait du côté du couchant, à la pureté du ciel semé d'étoiles, et à la blancheur de la clairière, qui tranchait sur le vert sombre de la forêt, j'apercevais le bout des canons, sans distinguer positivement le point de mire.

C'était assez pour tirer à bout portant.

Je n'ai pas besoin de dire que je ne perdis pas de temps à faire cette épreuve.

Cependant je trouvais que l'animal tardait bien à paraître, et je commençais à craindre qu'ayant le sentiment de ma présence, au lieu d'arriver sans défiance, il ne franchît d'un bond le lentisque qui nous séparait.

Comme pour justifier cette crainte, le lion se mit à gronder sourdement deux ou trois fois, puis il rugit à pleins poumons !

Disciples de saint Hubert, mes confrères, c'est à vous que je m'adresse.

A vous qui comprenez et sentez : vous voyez-vous en pleine forêt, la nuit, debout contre un gaulis d'où s'échappent des rugissements capables de couvrir le bruit du tonnerre?

Vous voyez-vous avec un seul coup à tirer sur cet animal qui ne tombe que par hasard *sous une balle, et qui tue sans merci quand il n'est pas tué?*

Vous comprendrez, n'est-ce pas, que, si je n'eusse compté que sur mes propres forces, mon cœur se serait ému, que ma vue se serait troublée et que ma main aurait tremblé malgré moi.

Aussi vous l'avouerai-je, sans détour et sans honte, ce rugissement me fit *sentir* que l'homme était bien petit en présence du lion ; et sans une volonté ferme, sans une confiance absolue, puisée à la source infaillible et inépuisable, à ce moment suprême, *je crois que j'aurais failli.*

Au lieu de cela, je pus entendre cette voix formidable sans trembler, sans même tressaillir.

Jusqu'au bout, je restai maître des pulsations de mon cœur et j'eus le pouvoir de commander à mes nerfs.

Quand j'entendis le lion faire un dernier pas, je me rangeai un peu de côté.

Lorsque son énorme tête sortit du bois, à deux ou trois mètres de moi, et qu'il s'arrêta pour me regarder *d'un air étonné,* je l'ajustai, *entre l'œil et l'oreille,* et pressai doucement la détente.

Depuis ce moment jusqu'à celui où j'entendis la détonation de l'arme, *mon cœur cessa de battre.*

Au coup, il me fut impossible de rien voir ; mais à travers la fumée qui enveloppait le lion, j'entendis un rugissement déchiré, épouvantable, et d'une longueur effrayante.

Mes deux hommes s'étaient levés, sans faire un pas en avant, et, ne pouvant rien voir, ils se tenaient le fusil à l'épaule, prêts à faire feu.

A. Hadamard del. et lith.
Imp. Godard Paris

J'ajustai entre l'œil et l'oreille.

Quant à moi, j'attendis, mon poignard à la main et un genou à terre, que la fumée se fût dissipée.

Alors j'aperçus d'abord une patte, et quelle patte, grand Dieu! puis une jambe, puis une épaule, puis la tête, et enfin le lion tout entier.

Il était couché sur le côté et ne donnait plus aucun signe de vie.

« Prends garde! n'approche pas encore, » me dit Bou-Aziz en lançant une grosse pierre qui rebondit *sur le cadavre du lion.*

Il était mort!

Ce jour-là était le huitième du mois de juillet mil huit cent quarante-quatre.

Sans me donner le temps d'approcher de ma victime pour la contempler et la toucher, mes compagnons s'élancèrent vers moi comme deux fous, et j'eus toutes les peines du monde pour ne pas être terrassé et étouffé par leurs élans de joie, d'enthousiasme et de reconnaissance.

Après moi, ce fut le tour du lion, qu'ils accablèrent d'injures et de coups, tout en tirant des coups de fusil et en poussant de grands cris, afin d'annoncer la nouvelle aux douars voisins.

Après qu'ils eurent bien sauté, bien gambadé, bien hurlé autour de l'animal;

Après qu'ils eurent mesuré sa longueur, la largeur de sa tête et de ses jambes, la grosseur de ses dents et de ses griffes, il me fut enfin permis de le voir et de le toucher à mon aise.

Et je n'eus pas de peine à m'assurer que c'était bien là *le Vénérable.*

Pour donner une idée de ce que pouvait être ce lion, il me suffira de dire que nos six bras réunis ne pouvaient le retourner, et que la tête seule était si lourde que je pouvais à peine la soulever de terre.

Aux coups de feu de mes compagnons, quelques détonations lointaines avaient d'abord répondu; puis ce fut de tous côtés une fusillade générale.

Au bout d'une heure, la forêt était remplie de cavaliers portant des hommes en croupe, qui avaient hâte de voir et de toucher l'ennemi mort.

Après des efforts inouïs, nous pûmes, à force de bras, mettre le lion sur deux mulets marchant de front, et arriver ainsi au douar le plus voisin.

Malgré l'heure avancée (il pouvait être minuit), tout le monde était sur pied.

Afin que chacun pût voir le lion, on avait allumé des feux qui éclairaient tout le pays d'alentour; et pendant que les hommes brûlaient de la poudre, les femmes du douar faisaient entendre le chant de guerre en l'accompagnant de leurs mains.

Le lion ayant été couché sur une natte, chacun vint à son tour l'apostropher et l'admirer; et ce ne fut pas sans regret que les dames renoncèrent à arracher les griffes et la crinière de l'animal pour s'en faire des ornements et des amulettes.

Le reste de la nuit fut consacré à des réjouissances, et, à la pointe du jour, je partis pour Guelma, accompagné de mille bénédictions partant du fond du cœur.

Ainsi que je l'avais espéré, la haine des femmes s'était éteinte avec la vie du lion, et elles se montrèrent encore plus reconnaissantes et plus enthousiastes que les hommes, qui voulaient absolument m'enrichir.

La proposition qui me fut faite dans cette circonstance par les Arabes me rappela un usage consacré dans quelques-uns de nos départements de la France.

Dans certaines campagnes, celui qui a tué un loup est autorisé à le promener de village en village, et les fermiers et cultivateurs se cotisent entre eux pour payer un tribut à l'heureux chasseur.

Les Arabes voulaient qu'avant de rentrer à Guelma je visitasse les douars hantés par le lion, afin d'y recevoir un bœuf par tente.

L'offre était d'autant plus sérieuse, qu'ils me proposaient de commencer par eux et de me donner des cavaliers pour conduire le troupeau à la suite du lion.

Je pouvais, en acceptant, rentrer le soir au camp avec un millier de bêtes à cornes *beuglant victoire;* je préférai rentrer avec mon lion.

« Vous étiez donc bien riche, me direz-vous peut-être, pour refuser cet impôt volontaire, qui vous eût donné cent mille francs et plus? »

Mon Dieu ! non, j'étais pauvre comme Job ; mais, à vos yeux comme aux miens, le salaire d'un bienfait n'en détruit-il pas tout le prix ? A tort ou à raison, il m'est arrivé vingt fois depuis de refuser la même offrande.

Cependant nous cheminions vers Guelma aussi vite que le permettaient le poids de la bête, les relais obligés, la résistance opposée par les mulets chargés de porter le lion, et les masses de population échelonnées sur notre route pour voir passer ce cortége.

Déjà j'apercevais les murs du camp, lorsqu'un cavalier, portant un homme en croupe, arriva au galop et vint se mettre en travers du chemin.

Celui qui était derrière se laissa glisser à terre, et je reconnus en lui le vieillard auquel j'avais adjugé la *barbe du lion.*

L'exécution eut lieu séance tenante, et je ne crains pas de dire que ce brave homme me parut aussi heureux de posséder la barbe du lion que je l'étais moi-même d'avoir pu lui tenir parole.

A son arrivée à Guelma, le lion fut exposé à la curiosité des habitants, puis dépouillé, puis dépecé, distribué, et enfin, à son tour, mangé par nos camarades.

Ce lion était si monstrueux, que mon ami Valle, officier au régiment, l'un des spectateurs présents à son arrivée à Guelma, me rappelle, au *moment où j'écris ces lignes,* un fait qui parle assez haut.

Tous ceux qui venaient le voir dans l'endroit où il avait été déposé, à peine sortis, revenaient encore et le trouvaient plus grand, plus beau, plus effrayant que la première fois.

Moi qui l'avais vu vivant, et qui ne l'avais pas perdu de vue depuis la veille, depuis que la foule le cachait à mes yeux un instant et que je le contemplais de nouveau, je m'étonnais comme tout le monde de le trouver grandi.

Il est un autre fait remarquable touchant ce lion, qui appartenait à l'espèce *fauve.*

La baraque servant de logement aux spahis, dans laquelle il avait été dépouillé et dépecé, se trouvait placée sur le chemin des chevaux de l'escadron allant à l'abreuvoir.

Malgré le soin avec lequel on avait lavé le sang de l'animal, et quoique la porte de la baraque fût fermée, pendant plusieurs jours, les chevaux et les mulets refusèrent obstinément de passer devant cette porte.

Leur frayeur était telle, qu'aucun cavalier ne put obtenir de son cheval qu'il franchît ce passage, où s'arrêtaient également les chevaux qui venaient du dehors.

Peu de jours après cette première victoire, je fus mandé à Bone par M. le général Randon, pour recevoir, au nom de S. A. R. le duc d'Aumale, un fusil d'honneur.

De son côté, mon capitaine, à qui la dépouille de ce lion était promise, *de son vivant*, m'offrit un fusil double pour m'en servir à l'occasion.

A mon retour à Guelma, je ne tardai pas à m'apercevoir que j'étais un objet de curiosité pour les Arabes, qui venaient de leurs montagnes tout exprès pour me voir.

Au lieu de m'appeler par mon nom, ils me disaient déjà *Bou-Sioud*, ou bien *Katel-Sioud, le Maître des lions* ou *le Tueur de lions.*

Je n'en étais pourtant qu'à mon coup d'essai, et j'avais à cœur de mériter ce double titre.

L'occasion ne se fit pas attendre longtemps.

IV

UNE EXCURSION DANS LA MAHOUNA. — MON DEUXIÈME LION

Le 4 août 1844, je reçus une députation des habitants de la Mahouna, *le paradis des lions.*

J'arrivai au coucher du soleil près du douar qui m'avait appelé.

Ayant trouvé des feux énormes, de vrais bûchers disposés tout autour de l'enceinte, je défendis de les allumer, et cherchai tout de suite le poste que j'occuperais pendant la nuit.

Le douar était établi sur un plateau qui dominait un versant escarpé et entouré d'une haie de deux mètres et demi de hauteur.

Le lion franchissant cette haie tantôt sur un point, tantôt sur un autre, et le pourtour de l'enceinte ayant une grande étendue, il m'était assez difficile de deviner par où il ferait irruption cette nuit-là.

A force de recherches, je reconnus le chemin qu'il suivait d'habitude, et alors je me plaçai à une centaine de pas en dehors du douar, sur le chemin même du lion, au grand étonnement des Arabes, qui me disaient :

« *Ne reste pas là,* il te passera sur le corps. »

Voyant que je n'écoutais pas leurs observations et que ce poste me convenait, ils s'empressèrent de m'apporter des nattes, des coussins, et m'arrangèrent à la belle étoile un lit de repos assez confortable.

Vint ensuite un souper copieux, auquel je fis peu d'honneur, et comme l'*ogre* (en arabe *ghoul*) ne devait venir que bien avant dans la nuit, ces messieurs daignèrent passer une partie de la soirée avec moi. Ce fut une espèce de veillée où chacun se mit, à qui mieux mieux, à conter sur les lions mainte aventure plus ou moins tragique.

En attendant que le nôtre se mette en route pour venir me trouver, je vais, au milieu de toutes ces histoires, vous dire une de celles que j'ai retenues.

Chez les Arabes, quand un homme de grande tente se marie, il invite beaucoup de monde, et on va prendre la mariée chez ses parents pour la mener au domicile conjugal. Cette conduite s'effectue en palanquin, et les coups de fusil ne sont pas épargnés pendant la route.

Mais toutes les noces ne se ressemblent pas. Si les unes se font avec un nombreux cortége, si les futurs comptent, parmi ceux qu'ils convient à la cérémonie nuptiale, de riches et beaux cavaliers, quelquefois plus d'un nouveau marié, ici comme chez nous, n'a pas même de quoi payer les violons qui l'escortent!

Smaïl était dans ce cas, son dernier écu ayant été versé la veille pour la dot de sa future.

Aussi ne réunit-il que ses plus proches parents, et au jour convenu, il se rendit avec eux, à pied, chez son futur beau-père.

On se régala de mouton et de couscoussou; le repas de noces fini, chacun brûla quelques cartouches, en ayant soin d'en garder pour le retour.

On ne se donna pas la peine de signer au contrat, par la raison toute simple qu'aucun des assistants ne savait écrire, et, le soir venu, on se sépara en se souhaitant bonne chance.

Le douar du mari n'était qu'à une lieue de là; il faisait un beau clair de lune; l'escorte de la mariée comptait neuf fusils; que pouvait-on craindre en route?

Mais n'est-ce pas souvent au moment où l'on y pense le moins qu'arrive, en pareil cas, un trouble-fête?

Certes, ces gens-là s'en revenaient heureux, accompagnés des bénédictions de la famille, qui n'avait pas manqué de leur chanter comme chez nous, mais sur un autre air sans doute :

> Allez-vous-en, gens de la noce,
> Allez-vous-en chacun chez vous...

Smaïl marchait en avant, à côté de sa femme, à laquelle il parlait tout bas, bien bas, du bonheur qui les attendait sous sa tente.

Les amis du mari suivaient discrètement à quelques pas en arrière, tirant de temps en temps un coup de fusil en l'air, et l'épousée se contentait, faute de mieux, de ce peu de poudre brûlée en son honneur.

Enfin jusque-là tout allait à merveille.

Mais tout à coup ne voilà-t-il pas qu'un jaloux, le diable, qu'on n'avait pas invité et qui ne se plaît qu'à la malice, se présente sous la forme d'un énorme lion couché en travers du sentier que suivait cette jeunesse insouciante!

On était à peu près à mi-chemin des deux douars, et il était aussi dangereux d'aller en avant que de revenir sur ses pas.

Comment faire?

L'occasion de s'attacher sa femme à tout jamais par un acte de beau dévouement se présentait trop bien pour que Smaïl la laissât échapper.

Des balles furent glissées dans les canons des fusils; la mariée fut placée au centre d'une espèce de carré formé par les assistants, et l'escorte continua bravement son chemin, précédée par le mari.

Déjà l'on n'était plus qu'à trente mètres du lion; celui-ci n'avait pas bougé.

Smaïl ordonna aux siens de s'arrêter, puis il dit à sa femme :

« Regarde si tu as épousé un homme. »

Et il alla droit au lion, en le sommant de lui laisser le chemin libre.

A vingt pas, le lion, jusque-là immobile et toujours couché, souleva sa tête monstrueuse; il se préparait à bondir.

Smaïl, malgré les cris de sa femme, malgré les supplications de ses parents, qui voulaient battre en retraite, Smaïl mit un genou en terre, abaissa le canon de son fusil vers l'animal, l'ajusta et fit feu.

Le lion, blessé, bondit sur Smaïl, le terrassa, le mit en pièces en un clin d'œil, puis chargea avec fureur le carré au milieu duquel se tenait la mariée.

« Que personne ne tire, s'écria le père de Smaïl, jusqu'à ce qu'il se heurte sur les canons de nos fusils. »

Mais, ajouta le narrateur de cet épisode, quel est l'homme assez maître de son cœur pour attendre ainsi de pied ferme cet ouragan que l'on nomme un lion et qui se précipite en bonds immenses, la crinière au vent, l'œil enflammé, la gueule béante?

Tous firent feu en même temps, sans savoir où allaient leurs balles, et le lion tomba sur le carré, qu'il culbuta, broyant les os, déchirant les chairs de tous ceux qu'il trouva devant lui.

Cependant quelques-uns avaient fui, entraînant avec peine la mariée à demi-morte de terreur.

Bientôt le lion les eut rejoints et écharpés l'un après l'autre ; un dernier, plus heureux, arriva jusqu'au pied d'une roche escarpée, sur laquelle, grâce à lui, la femme put trouver un refuge.

Déjà il avait gravi à la hauteur de deux cavaliers, quand le lion accourut, toujours furieux et encore plus menaçant.

D'un bond il atteignit la jambe droite de l'homme, qu'il entraîna avec lui, pendant que la femme, s'aidant des pieds et des mains, escaladait le faîte du rocher, sommet inaccessible, du haut duquel elle assista, horrible spectacle! à l'agonie du dernier de ses défenseurs.

Après deux ou trois assauts impuissants, le lion, n'ayant pu arriver jusqu'à elle, revint au cadavre de sa victime et se mit à le déchirer par lambeaux, comme pour se dédommager de la perte de la dernière proie vivante qui échappait ainsi à sa rage.

Le reste de la nuit se passa sans incident nouveau. Dès que le jour commença à paraître, le lion quitta le pied du rocher pour se retirer vers la montagne ; mais cette retraite ne s'opéra que lentement, et l'animal n'abandonna pas son poste sans s'arrêter plus d'une fois en chemin et sans se retourner pour regarder avec convoitise l'infortunée qu'il laissait derrière lui.

Peu de temps après la disparition de l'animal, parut un groupe de cavaliers qui traversèrent la plaine. La veuve de Smaïl, qui était sans force et sans voix, leur fit avec son voile des signaux de détresse. Ils accoururent au galop vers elle et la ramenèrent chez son père, où elle mourut le lendemain.

Je fais grâce au lecteur des exclamations et des injures dont le lion fut accablé à la fin de cette histoire, que le conteur ne termina qu'assez avant dans la nuit.

Les Arabes me quittèrent enfin, en formant des vœux pour que Dieu fût avec moi, et je restai en compagnie d'un brigadier indigène, nommé Saadi-bou-Nar, dont le frère était cheik de ce pays.

Mon compagnon avait pour arme son fusil d'ordonnance; moi, je tenais celui qui m'avait été donné par le capitaine Durand.

Le sentier sur lequel nous étions postés montait, par une pente très-roide, d'un ravin boisé où le lion se tenait pendant le jour, au plateau sur lequel le douar était campé.

Si le lion venait cette nuit-là, comme la veille et les nuits précédentes, en montant du fond du ravin, je devais le tirer de haut en bas; si, au contraire, il gagnait le douar en suivant une autre direction, je devais être dominé par lui.

Dans le doute, je m'arrangeai de manière à ce que ma vue ne fût point gênée par les chênes-liéges qui bordaient le sentier, tant au-dessus qu'au-dessous de moi; ainsi placé, je pouvais me garder sur un espace de trente à quarante mètres de chaque côté.

Vers une heure du matin, Saadi-bou-Nar, peu habitué aux affûts nocturnes, me témoigna le désir de se coucher derrière moi; et je dois lui rendre cette justice qu'il ne tarda pas à s'endormir profondément.

Je connais beaucoup de braves qui, malgré les airs crânes qu'ils se donnent, n'en eussent pas fait autant à pareille heure et en pareil lieu.

Afin qu'il me fût possible de percevoir le moindre bruit, j'avais fait attacher les chiens sous les tentes du douar, de sorte qu'au milieu de ce silence absolu j'entendais très-distinctement tout ce qui remuait autour de moi.

Jusqu'alors le ciel avait été serein et la lune belle; mais bientôt quelques nuages se montrèrent du côté de l'ouest et vinrent, poussés par un vent chaud et lourd, passer au-dessus de ma tête.

Peu à peu le temps se couvrit; la lune disparut tout à fait, et le tonnerre commença à gronder sourdement.

Déjà de grosses gouttes tombaient du ciel, annonçant une vraie pluie d'orage.

Mon compagnon, éveillé par les roulements du tonnerre et par l'averse qui l'inondait, ainsi que moi, m'engagea à rentrer au douar.

Mais, comme il me parlait, les Arabes nous crièrent :

« Prenez garde à vous, car le lion va venir au plus fort de la tempête! »

Il va sans dire que je restai plus que jamais à mon poste, couvrant les batteries de mon fusil avec mon burnous, tandis que Saadi-bou-Nar se drapait dans le sien avec une résignation héroïque.

Cependant la pluie, de courte durée, comme toutes les pluies d'orage, s'était apaisée peu à peu : on ne voyait plus à l'horizon que quelques éclairs sillonnant la nue, et déjà les rayons de la lune, plus vifs et plus brillants, perçaient par intervalles au-dessus de nos têtes.

Je profitai de ces moments, toujours trop courts, pour interroger du regard tout ce que pouvait embrasser ma vue, et ce fut dans une de ces éclaircies que je crus tout à coup apercevoir le lion.

Oui, ma foi, c'était bien lui : il était debout, immobile, à quelques pas seulement de l'enceinte du douar.

Accoutumé à trouver des feux allumés à son intention, à entendre une multitude de chiens inquiets, hurlant de peur, à voir tous les hommes valides lui jeter des tisons enflammés à la tête, il ne s'expliquait pas, sans doute, le calme extraordinaire qui régnait en ce moment dans le douar.

Pendant que je me tournais avec précaution afin de pouvoir viser à mon aise sans être aperçu de l'animal, un dernier nuage vint à passer devant la lune.

J'étais assis, le coude gauche appuyé sur le genou, le fusil à l'épaule, regardant tour à tour le lion, que je ne distinguais plus que comme une masse confuse, et le nuage, dont je mesurais la longueur.

Enfin une clarté, que je trouvai plus belle cent fois que celle du soleil le plus brillant, descendit du ciel, et je pus voir le lion toujours arrêté à la même place.

Je le découvrais d'autant mieux, qu'il était plus élevé, et je le trouvais vraiment magnifique, ainsi campé, l'air majestueux, la tête haute, la crinière flottant au gré du vent et retombant jusqu'à la hauteur du genou.

C'était un lion noir de la plus belle espèce et de la plus haute taille.

Il me présentait le flanc; j'ajustai au défaut de l'épaule et fis feu.

En même temps que la détonation, répercutée par cent échos, j'entendis un effroyable rugissement de douleur et de rage, puis au même instant je vis le lion bondir sur moi à travers la fumée.

Saadi-bou-Nar, éveillé une seconde fois en sursaut, s'était précipité sur son fusil, et il allait tirer par-dessus mon épaule.

D'un coup de coude j'écartai le canon de l'arme, et, comme le lion furieux et rugissant n'était plus qu'à trois pas de moi, je lui envoyai ma seconde balle en plein poitrail.

Avant que j'eusse saisi le fusil de mon compagnon, le lion roulait expirant à mes pieds, qui furent inondés du sang qu'il jetait à gros flots par la gueule.

Il était venu mourir si près de moi, que, pour le toucher, je n'eus pas besoin de quitter ma place.

Au premier moment, il me sembla que je rêvais, et qu'il était impossible que l'animal que je venais de voir debout, puis bondissant avec fureur et déchirant l'air de rugissements effroyables, pût être ce corps monstrueux, inerte, couché là à mes pieds et désormais sans mouvement et sans vie.

Les cris de Saadi-bou-Nar, appelant les Arabes du douar, me prouvèrent que ce n'était point une fiction; mais, je dois le confesser, puisque j'analyse ici toutes mes sensations, je n'éprouvai pas tout d'abord la même joie que lors de la mort de mon premier lion, à beaucoup près : le fait est positif; mais comment aurait-il pu en être autrement ?

En cherchant mes balles, je trouvai la première, celle qui n'avait pas tué, placée au défaut de l'épaule, où j'avais voulu la mettre, et la seconde, tirée presque au hasard, précipitamment, sans avoir le temps d'ajuster, était celle qui avait donné la mort.

Dès ce moment je compris qu'il ne suffisait pas de viser juste pour tuer un lion, et je trouvai la chose beaucoup plus sérieuse que je ne l'avais supposée d'abord.

Heureusement que cette préoccupation fâcheuse se dissipa peu à peu.

A mesure que je contemplais ma victime, que j'entendais les coups de fusil portant la nouvelle de ma victoire de douar en douar, je devins moins soucieux et goûtai plus librement la satisfaction de ce nouveau triomphe.

Cependant les Arabes ne venaient pas encore, et je m'étonnais de cette indifférence apparente.

Saadi-bou-Nar me l'expliqua, en me disant qu'ils avaient peur, sans doute, que le lion ne fût pas tout à fait mort.

Il ne fallut pas moins d'une demi-heure pour les décider à sortir du camp, et, lorsque les trois hommes les plus hardis osèrent franchir l'enceinte pour m'apporter un vase d'eau que je leur avais demandé, voici dans quel ordre s'avança ce triumvirat prudent :

Le premier Arabe marchait à pas de loup, s'arrêtant à chaque minute pour regarder à droite et à gauche, et tenant un fusil à l'épaule prêt à faire feu.

Le second, porteur du vase, venait après, tenant son chef de file par le pan de son burnous, s'arrêtant quand il s'arrêtait, avançant quand il avançait.

Puis, à l'arrière-garde, venait le troisième, tenant le burnous du second d'une main, et brandissant un énorme yatagan de l'autre.

Ce fut dans cet ordre qu'ils arrivèrent jusqu'à proximité du lion.

Mais, une fois là, ils firent une deuxième halte. Saadi-bou-Nar fut obligé de frapper le cadavre avec sa main pour les décider à se risquer tout à fait.

Il n'y a que le premier pas qui coûte, dit-on.

Cinq minutes après le douar entier faisait irruption; et hommes, femmes, enfants étaient là, pêle-mêle, se poussant les uns sur les autres pour baiser la main *heureuse* et insulter celui qui naguère les faisait trembler tous.

A la pointe du jour, les Arabes débouchaient par centaines de tous les côtés, amenant avec eux leurs familles.

Je reçus pendant quelques heures les visites qui nous arrivaient, observant, pour ma gouverne, les faits et gestes des visiteurs.

D'abord ce fut un douar tout entier qui vint par le sentier, du côté du ravin.

Un seul homme, celui qui menait la tête, était à cheval.

Les autres marchaient entre les mulets qui portaient les femmes et les enfants.

Je remarquai une bête chargée, à elle seule, de cinq personnes juchées les unes derrière les autres.

Le cavalier arriva bravement jusqu'à une trentaine de pas du lion; mais, une fois là, son cheval se cabra et faillit renverser toute la file.

Alors il mit pied à terre, et chaque homme s'avança jusqu'à dix pas du lion.

Quant aux femmes, elles se tenaient en arrière, toujours sous l'impression d'une certaine frayeur.

C'était un spectacle vraiment curieux autant qu'instructif, que de voir ces hommes aguerris s'arrêter tous à distance respectueuse devant cet animal, naguère leur fléau vivant, et maintenant à l'état de cadavre.

Peu à peu ils s'accroupirent en silence autour de l'ennemi mort, et ils firent signe aux femmes, qui vinrent immédiatement s'asseoir derrière eux, chaque famille se groupant près de son chef.

Pendant plusieurs minutes les yeux seuls parlèrent, allant du lion à l'homme et de l'homme au lion.

Il y avait parmi tous ces groupes de curieux, d'âge et de sexe différents, sur toutes ces physionomies plus ou moins expressives, un tel mélange d'étonnement et de frayeur, d'admiration et de respect, que mon cœur se sentit plus touché dans cette circonstance qu'il ne l'avait été lors de l'ovation enthousiaste et bruyante des populations d'El-Archioua.

Je n'avais pas quitté mon poste de la nuit, et ce fut là que chaque famille vint m'apporter, à tour de rôle, ses remerciements et ses félicitations.

Les hommes baisaient ou le pan de mon burnous, ou le fusil placé près de moi, en me disant : « Que Dieu protége ton bras et te comble de ses bienfaits ! »

Les femmes baisaient ma main et me disaient : « Que Dieu bénisse ta mère ! » ou bien : « Que Dieu fasse que le sein de ton épouse ne soit pas stérile ! »

Pendant que les hommes s'occupaient à examiner le lion de plus près, les femmes restèrent à mes côtés, m'accablant de cent questions à la fois, sur ma mère, sur mon pays, sur ma famille.

Elles étaient là plus de cinquante se pressant autour de moi, ces femmes qui, un mois avant, m'auraient fui comme on fuit un animal immonde, dont l'aspect seul inspire la répulsion et le dégoût.

Elles étaient là, babillant avec une familiarité respectueuse qu'elles n'auraient pas eue avec un homme de leur pays et de leur religion.

Les mères obligeaient leurs enfants, qui me prenaient pour un *ogre*, à me toucher et à m'embrasser, en leur disant : « N'ayez pas peur, *celui-là ne mange pas les enfants;* il ne fait de mal qu'aux lions, et il est notre ami, notre frère. »

Tandis que les jeunes filles, plus réservées, chuchotaient entre elles, les grand'mères ne se lassaient pas de me parler et de m'interroger à qui mieux mieux, principalement sur ma mère.

Elles ne se doutaient pas, les pauvres femmes, que de toutes ces questions une seule m'allait au cœur et le faisait battre d'une émotion délicieuse.

Il y avait pourtant là de fort jolis visages, et qui ne se montraient guère sans voiles, surtout à mes compatriotes.

Il y avait aussi une foule immense d'hommes accourus pour me complimenter l'un après l'autre, concert unanime de louanges bien fait pour flatter l'amour-propre de plus modestes que moi.

Eh bien, à tout cela, je le dis dans toute la sincérité de mon cœur, je préférais les bonnes vieilles qui me parlaient de ma mère, qui me demandaient son nom, son âge, dans quel pays je l'avais laissée; si je ne désirais pas la revoir, si je recevais souvent de ses nouvelles, si enfin elle ne viendrait pas un jour dans ce pays; et qui ne terminaient jamais ce long interrogatoire sans me souhaiter mille bénédictions pour elle.

J'étais vraiment heureux d'avoir tué ce lion, car ce triomphe, comme on le voit, me procurait de bien douces jouissances. Il était difficile d'obtenir un succès plus complet, plus solennel, au milieu de populations hostiles.

Ne pouvant rien refuser aux instances de quelques-unes des commères qui m'entouraient, je leur donnai quelques mèches de la crinière du lion; je m'engageai même à leur en réserver le cœur, qu'elles désiraient se partager entre elles et faire manger par leurs enfants mâles, afin d'en faire par la suite des hommes courageux et forts.

A midi, le lion faisait son entrée triomphale dans le camp de Guelma, et le soir du même jour il subissait la peine du talion, c'est-à-dire qu'après avoir dévoré tant de victimes, il figurait lui-même à son tour, sous forme de biftecks, dans plus d'une cantine, où soldats et officiers se régalèrent de sa chair.

A partir de ce jour, dès qu'un lion se montrait dans une tribu, les Arabes accouraient m'exposer leurs griefs, comme si j'eusse été le grand justicier de la gent léonine.

De leur côté, mes chefs, devenus plus indulgents, grâce aux résultats obtenus, me donnaient toute latitude pour répondre à ces sortes d'appels.

V

UNE CAMPAGNE DANS LE CERCLE DE BONE

Le mois de septembre 1844 fut consacré tout entier par moi à rechercher un lion dans la Mahouna ; mais je n'eus pas le bonheur de me trouver sur son passage.

Bientôt après, je fus demandé par les Ouled-bou-Aziz du cercle de Bone, dont les douars sont établis au sud du lac Fedzara.

Le lion qui fréquentait ces parages ne s'attaquait qu'aux chevaux, aux mulets et aux bœufs.

J'appris en arrivant qu'il rugissait tous les soirs et qu'il parcourait un rayon de douze à quinze lieues chaque nuit.

Je le jugeai mâle, adulte, et, d'après les rapports que me firent quelques témoins oculaires, appartenant à l'espèce noire.

J'employai toute une journée à prendre connaissance du pays, des sentiers, des gués fréquentés par l'animal, et le lendemain, au coucher du soleil, j'occupais un carrefour où il avait l'habitude de passer.

C'était la première fois que je me trouvais absolument seul, la nuit, attendant un lion.

J'avoue que lorsqu'il commença à rugir, je regrettai la présence de Bou-Aziz ou d'un être quelconque, ne fût-ce que celle d'un chien.

Mais cette impression fut de courte durée. Bientôt je me complus dans mon isolement, dans cette solitude profonde, et je me sentis grandir de cent coudées quand, seul et par une nuit des plus sombres, je m'avançai à la rencontre du lion, le cœur calme et la main ferme.

Il pouvait être environ onze heures du soir.

Le lion descendait de la montagne, rugissant alors à pleins poumons, et j'allai au-devant de lui, suivant le sentier sur lequel il cheminait lui-même.

Tout à coup il cessa de rugir, et alors il me sembla entendre en avant de moi pousser comme des cris de détresse.

Je hâtai le pas, et au détour d'un passage boisé, je me trouvai face à face avec trois maraudeurs, montés sur des bêtes de somme qu'ils avaient volées.

Le sentier était tellement étroit, qu'ils étaient obligés de marcher à la file l'un de l'autre.

Le premier s'étant arrêté en m'apercevant, les deux autres avaient fait de même.

Je couchai en joue l'homme placé en tête, en lui disant d'un ton bref : « A terre, brigand, ou je fais feu. »

Je n'avais pas achevé ce *qui-vive* de nouvelle espèce, que déjà le poltron disparaissait sous le ventre de sa monture.

Je passai au second, qui s'exécuta de même, puis au troisième, qui, plus hardi que ses compagnons, ne faisait pas mine de bouger, et leur reprochait même à voix basse de se laisser arrêter ainsi par un seul homme, après avoir bravé la colère du lion qu'ils avaient rencontré dans la montagne.

J'arrivai auprès de ce beau parleur ; puis, le prenant sans plus de façon par un pied, je le jetai à terre, la tête la première.

« Que nul de vous ne cherche à se défendre ou à fuir, criai-je aux maraudeurs en montant sur un escarpement qui dominait le sentier, sinon je vous casse la tête à tous, comme à de vrais fils de chiens que vous êtes.

— Par Allah ! serait-ce lui ? dit une voix.

— Certainement, c'est lui, répéta une autre, ce ne peut être que lui.

— Voyons à nous tirer d'affaire, » ajouta prudemment le troisième.

Et ils s'avancèrent ensemble pour parlementer avec moi.

« Un seul pas de plus, et je tire, dis-je au trio indécis en leur montrant le bout de mes canons. Restez en place, ou plutôt asseyez-vous là où vous êtes; et surtout que vos mains se tiennent tranquilles, si vous ne voulez pas que mes balles fassent connaissance avec votre chair. »

Quand ils furent assis à une distance honnête, je leur dis : « La parole est à celui d'entre vous qui a trouvé tout à l'heure qu'il était humiliant pour des hommes de se laisser barrer la route par un seul adversaire.

— A Dieu ne plaise, seigneur, dit alors celui-ci, que j'aie jamais conçu la folle intention de vous résister : seulement j'ai vu que vous nous preniez pour des voleurs, tandis que nous sommes en réalité de braves gens, ramenant chez nous le bien que nous avions perdu. Mais qu'à cela ne tienne, ajouta-t-il; déjà nous venons d'abandonner au lion un poulain de deux ans qu'il convoitait, et nous sommes encore prêts, pour rester en bonne intelligence avec vous, à vous céder une de ces trois bêtes; votre choix fait, vous nous permettrez de regagner paisiblement nos tentes.

— Crois bien, dis-je à l'orateur, que je ne suis pas la dupe de tes belles paroles. Le lion vous a pris ce qu'il a voulu; or, je ferai comme le lion, et, s'il vous a pris un poulain, c'est toi, entends-tu bien, toi qu'à mon tour je prends pour otage, jusqu'à ce que j'acquière la certitude par moi-même que tes deux confrères ont été ramener au douar voisin ces bêtes, que vous y avez volées à coup sûr. En attendant, commencez par me conduire à l'endroit où le lion vous a enlevé le poulain. »

Mes voleurs se récrièrent beaucoup sur les dangers d'une semblable contre-marche; mais ils finirent par entendre raison : et comme d'ailleurs, pour faire la restitution exigée, il fallait nécessairement qu'ils retournassent sur leurs pas, nous nous acheminâmes ensemble vers la montagne.

Afin d'empêcher toute tentative d'évasion, je montai la jument dont le poulain avait été la proie du lion, et je me fis précéder par mes trois hommes à pied, poussant devant eux les deux mulets.

C'est dans cet ordre que nous arrivâmes à l'endroit où le lion avait étranglé le poulain; mais, à mon grand regret, nous trouvâmes place nette.

Pensant que, selon son habitude, il avait emporté sa proie, soit près d'un ruisseau, soit près d'une source, je demandai aux maraudeurs s'il y avait de l'eau dans les environs.

Ils m'indiquèrent une fontaine située dans un ravin au-dessous du sentier.

Cette gorge me parut tellement boisée, que je craignis de m'y aventurer avec mes prisonniers, qui n'auraient pas manqué de fuir à travers les broussailles, et pris le parti plus sage de gagner avec eux la montagne.

Mon but était de connaître le douar où le vol avait été commis, et d'attendre le lion à son retour.

En arrivant sur la lisière de la forêt, nous aperçûmes des feux, que les voleurs m'avouèrent être ceux des tentes où ils avaient fait leur coup de main.

Je mis pied à terre en cet endroit et renvoyai deux des maraudeurs, en leur intimant l'ordre de ne pas revenir jusqu'à ce que les mulets et la jument fussent rentrés dans le parc, que saluaient déjà les hennissements maternels de cette dernière.

Je restai avec le troisième maraudeur, que je gardais près de moi comme otage.

A la pointe du jour, les deux compagnons revinrent en me jurant qu'ils avaient ponctuellement exécuté les instructions que je leur avais données.

Je leur permis alors de se retirer, mais non sans leur bien certifier qu'en cas de mauvaise foi de leur part, je saurais retrouver leurs traces.

Peu de temps après le départ de ces trois hommes, des cavaliers, suivis de chiens, se montrèrent sur le versant de la montagne, qu'ils paraissaient fouiller attentivement.

Les ayant vus se réunir en groupe et mettre pied à terre, je m'avançai vers eux et les trouvai auprès des restes du poulain dévoré quelques heures auparavant par le lion.

J'acceptai l'hospitalité qu'ils m'offrirent; et, en arrivant chez eux, je pus me convaincre que mes voleurs avaient eu encore, la leçon de la nuit aidant, un certain fonds de conscience.

J'envoyai chercher mon cheval, que j'avais laissé bien loin de là, dans un douar de la plaine, et je passai la journée entière sous la tente de mes nouveaux hôtes.

A la nuit le lion rugit dans la montagne.

Une heure après, il descendait, se rapprochant du douar et rugissant à intervalles égaux, de quart d'heure en quart d'heure à peu près.

Je recommandai à mes hôtes de bien soigner mon cheval, de le remettre le lendemain à l'homme que j'enverrais le prendre, et je me dirigeai, à travers champs, vers le chemin suivi par le lion.

Quand j'arrivai, il m'avait dépassé en suivant une pente boisée où je ne pouvais le voir, et rugissait au-dessous de moi, marchant toujours à cinq cents pas en avance. En vain je pressais le pas pour le joindre.

A mesure que je marchais, chaque rugissement me semblait s'éloigner davantage.

J'arrivai ainsi sur le bord de l'Oued-el-Ghout auprès d'un gué que je traversai, ayant de l'eau jusqu'au-dessus de la ceinture.

Vers deux heures du matin, je me trouvai en vue du lac Fedzara, et le lion rugissait à l'ouest, à quatre kilomètres au moins. Il y avait six heures (j'étais parti à dix heures du douar) que je marchais sous une pluie battante qui, n'augmentant ni ne diminuant, menaçait de durer jusqu'au jour.

Mes deux burnous étaient traversés; je craignais que mon fusil, tout trempé lui-même, ne me fît défaut en cas de rencontre, et je cherchai un abri sous un banc de rochers qui dominait le chemin.

Là j'allumai, non sans peine, une espèce de feu de bivac assez difficile à entretenir faute d'aliments, et j'attendis patiemment le jour sans perdre un seul des rugissements lointains du lion, qui malheureusement ne revint point sur son contre.

J'abrégerai pour le lecteur le bulletin de cette rude campagne, qui ne dura pas moins de quarante nuits consécutives, sans repos ni trêve, quel que fût l'état du ciel et de l'atmosphère.

Qu'il suffise de savoir que, parti des montagnes qui avoisinent le camp de Nech-Meïa, au nord, ce lion me conduisit jusque dans les environs de Philippeville, en passant par la vallée de Jemmapes, en traversant l'Oued-Kebir, à onze heures du soir, le Safsaf à une heure du matin, mon fusil et mes munitions enveloppés dans mes burnous et attachés sur ma tête; que nous revînmes ensemble, l'un suivant l'autre, en rabattant exactement les mêmes voies, et que ce ne fut que le matin du quarante et unième jour que la fièvre, contre laquelle je luttais depuis une semaine, m'obligea de rentrer à Guelma.

Voilà, chers confrères en saint Hubert, ce qui peut s'appeler revenir bredouille; mais aussi je vous fais juges entre cette manière de chasser le lion face à face, sans affût, sans abri, et celle pratiquée par d'autres Européens qui ont montré la prétention de *se distinguer* aux yeux des Arabes, tandis que, à leur exemple, ils *se cachent* pour tuer.

J'abandonnai mon lion dans la même chaîne de montagnes où je l'avais entendu rugir pour la première fois, et cela sans avoir perdu ses traces.

Durant cette longue excursion, j'eus du reste occasion de m'applaudir de la conduite ferme mais humaine que j'avais tenue jusque-là à l'égard des maraudeurs nocturnes; car depuis je fis plusieurs autres rencontres du même genre en pleine forêt, et je dois à la vérité de déclarer ici que je ne remarquai plus en eux aucune intention malveillante ou hostile.

VI

LE LION DE KROU-NÉGA

De retour à Guelma, mon premier soin fut de chercher à couper la fièvre qui m'avait forcé de renoncer à mes recherches.

Mais j'avais beau faire, elle ne me quittait pas.

Ce fut au point que, vers la fin du mois de février 1845, je pris le parti d'aller à Bone pour changer d'air.

La première nouvelle que j'appris en mettant le pied dans cette ville, c'est que mon lion venait de faire une hécatombe de chevaux et de bœufs dans une ferme située au milieu de la plaine, près de la mosquée de Sidi-Dêndên.

Quoique malade encore, je fis venir mes armes de Guelma, et le 26 au soir je quittai Bone, armé de deux fusils, celui que m'avait donné S. A. R. le duc d'Aumale et celui qui avait tué mon second lion.

Je passai la première nuit à la ferme, et le 27, au coucher du soleil, je mettais pied à terre chez les Ouled-bou-Aziz, en vue de la montagne de Krou-Néga. Le lion, après avoir fait le déplacement au long cours dont j'ai parlé plus haut, était revenu à son repaire habituel.

Les Arabes m'ayant assuré que tous les soirs leurs douars étaient attaqués par lui, je m'empressai de charger mes armes.

Au moment où je plaçais la dernière capsule, le lion fit entendre son premier rugissement.

Comme c'était pour la première fois que je venais dans ce pays, je demandai un guide afin de me faire indiquer par lui le passage ordinaire de l'animal.

Ahmed-ben-Ali, mon hôte, s'étant offert, ce fut avec lui que je partis.

Bientôt la nuit devint tellement noire que je ne distinguais même plus mon guide, marchant tout au plus à deux pas devant moi.

Arrivé près d'un ruisseau couvert et encaissé, il me dit : « Voici le gué que le lion a l'habitude de traverser tous les soirs et où il sera dans une heure au plus. Mais si tu veux me croire, ajouta-t-il, nous rentrerons au douar jusqu'au lever de la lune, et nous viendrons l'attendre à son retour ; ou bien nous nous mettrons en quête demain, quand le soleil éclairera nos recherches. »

J'avais trop sur le cœur les quarante nuits passées précédemment pour laisser échapper une si belle occasion de rencontrer l'ennemi, et je déclarai à mon hôte que je restais, le laissant libre de regagner sa tente.

Je compris qu'il ne se souciait pas de s'en aller seul, et je lui indiquai alors un bouquet de bois assez touffu, où il alla se cacher le mieux qu'il put.

Après avoir reconnu ma position et cherché à me rendre compte du terrain, un peu par les yeux, beaucoup plus par les mains, je m'assis sur une pierre qui dominait le gué, dont le talus était d'un abord difficile.

Il était environ neuf heures quand le lion rugit de l'autre côté du ruisseau ; ce rugissement ne ressemblait en rien à ceux que j'avais entendus jusqu'alors.

C'était une véritable menace faite pour décontenancer l'homme le plus résolu.

Je pensai que le lion m'avait aperçu et qu'il allait m'attaquer.

Je sentis tout mon sang qui refluait vers le cœur.

Le site où je me trouvais, la voix formidable du monstre, l'obscurité profonde qui m'entourait, tout contribuait à m'impressionner malgré moi.

Mais cette émotion se dissipa aussi promptement qu'elle était venue.

et quand j'aperçus les yeux du lion, brillants comme deux charbons ardents, descendre vers le ruisseau, j'étais tout à fait impassible, quel que dût être le résultat de la lutte.

Quelques minutes après le lion était entré dans l'eau, que j'entendais clapoter sous ses pas lourds et réguliers. L'animal marchait *d'assurance*, mais il m'était impossible de le voir, et ce ne fut que lorsqu'il arriva à quatre ou cinq pas de moi que ses yeux m'apparurent de nouveau flamboyants.

Plusieurs fois j'avais épaulé mon fusil pour essayer le point de mire.

Je ne distinguais même pas les canons.

Cependant les yeux du lion, en ce moment arrêté, étaient immobiles et d'une fixité effrayante.

Je cherchai au juger la direction du corps, et la tête haute, les yeux tout grands ouverts, je pressai la détente.

La lueur de mon coup de feu me fit voir à qui j'avais affaire, en même temps qu'un rugissement qui exprimait une grande douleur me dit que ma balle avait frappé.

Il ne tenait qu'à moi d'envoyer mon second coup ; mais je préférai le garder, à tout hasard, afin de n'être pas tout à fait désarmé.

Ayant promptement retiré mes pieds, qui étaient appuyés sur une racine sortant de la berge du ruisseau, je me tins sur la défensive.

J'entendis le lion rugir et se débattre au-dessous de moi ; puis je n'entendis plus rien.

Un moment après, l'Arabe sortait de sa cachette et me disait que le lion, à en juger par les rugissements qui avaient suivi le coup, devait être mort ou hors de combat.

Ne voulant point nous aventurer imprudemment dans ces ténèbres, nous rentrâmes au douar pour y attendre le jour. Que l'on juge combien je le trouvai long à paraître !

La première chose que j'aperçus en revenant le lendemain matin sur le bord du ruisseau, fut la racine sur laquelle mes pieds étaient appuyés ; l'extrémité en avait été coupée par les dents du lion, et le talus labouré par ses griffes.

Au-dessous et sur le bord du ruisseau, nous trouvâmes une mare de sang et un fragment d'os à peu près de la grosseur du doigt.

Cet os et l'empreinte bien visible d'une seule patte, quand l'animal avait bondi contre le talus, me firent juger qu'il devait avoir une épaule cassée.

Comme après avoir été atteint il avait suivi le cours du ruisseau, sans doute pour laver sa blessure, il nous fut impossible ce jour-là de retrouver ses traces.

Le lendemain, un grand nombre d'Arabes se joignirent à moi pour commencer nos recherches.

Vers midi nous avions fouillé tous les bois des environs, et je me disposais à rentrer à Bone, avec la conviction que le lion était mort, quand j'entendis plusieurs coups de feu et des cris perçants du côté de la montagne.

En arrivant, j'aperçus soixante cavaliers fuyant à toute bride devant le lion. L'animal les chargeait à outrance.

Je mis pied à terre aussitôt, et malgré les Arabes, qui firent tous leurs efforts pour m'en empêcher, je me dirigeai vers lui, suivi d'Ahmed-ben-Ali, qui seul ne voulut point me quitter.

Pendant que je traversais un ravin qui nous séparait du lion, celui-ci rentrait sous bois.

Je fouillai un à un chaque arbre, sans parvenir à l'apercevoir.

Mon compagnon, qui l'avait vu entrer sous un énorme lentisque, m'assura qu'il n'en était point sorti.

En effet, à peine y jetait-il une pierre, que le lion apparaissait furieux et menaçant.

Il pouvait être à dix pas de moi.

Il fit, sur ses trois jambes valides, un bond de quatre ou cinq pas, et reçut, avant qu'il eût le temps d'en faire un second, une balle à un pouce au-dessus de l'œil droit, qui le renversa sur place.

Mais au même instant il se releva, comme mû par un ressort d'acier, et se redressa tout debout sur ses pieds de derrière. Je lâchai mon second coup, et cette fois, frappé au cœur, il tomba à mes pieds comme une masse, roide mort.

La première de mes balles, celle reçue par lui l'avant-dernière nuit, avait brisé l'épaule; la seconde s'était aplatie, sans percer, sur l'os frontal; la troisième seule avait été mortelle.

J'avais tiré le premier coup de feu à cinq pas environ, les deux autres à la même distance.

Je compris, par les résultats obtenus, que mes projectiles n'avaient pas assez de pénétration, et ce fut à partir de ce jour que je substituai le lingot en fer à la balle ordinaire.

A Hadamard del. et lith.

Imp Godard, Paris.

Je brulai la cervelle à ce jeune f…

VII

UNE NOUVELLE CAMPAGNE DANS LA MAHOUNA. — MON QUATRIÈME ET MON CINQUIÈME LION

Dans les premiers jours de juin de la même année, je fus appelé par les habitants de la Mahouna.

Le 18 de ce mois, à minuit, je rencontrai un lionceau de deux ans, qui se coucha en travers du chemin en me voyant venir à lui.

La lune était belle; je l'approchai à quinze pas sans qu'il daignât se déranger, tactique calculée qui me fit juger prudent de ne pas m'avancer davantage.

Après avoir mis un genou en terre, j'ajustai de mon mieux au défaut de l'épaule, et je tirai.

Je ne sais comment cela se fit ; mais, avant d'avoir rien pu voir, je fus culbuté, et ma main rencontra une des jambes du lion, qui me tenait renversé sous lui.

Heureusement pour moi que j'étais coiffé d'un turban dont les feutres superposés préservaient ma tête.

Je dégageai mon chef de sa coiffure, que le lion lacérait à pleines dents, et je glissai sous mes burnous, que j'abandonnai également à sa rage.

Me trouvant ainsi libre de ses étreintes, je brûlai la cervelle à ce jeune fou pendant qu'il s'acharnait sur mes vêtements.

Le premier lingot avait traversé le lion d'outre en outre, au défaut de l'épaule.

Le second était entré par l'oreille gauche et était venu sortir par l'oreille droite.

Le 26 juillet 1845, je fus appelé par un cheik qui est établi sur la rive droite de l'Oued-Cherf, toujours dans la Mahouna.

Une famille de lions habitait un repaire situé près de la rivière, et attaquait chaque jour les troupeaux de bœufs que les Arabes y menaient boire.

Ayant trouvé des traces nombreuses et de bon temps, à un gué connu sous le nom de Mejez-al-Boulcrbegh, je le gardai le soir même. J'étais assis à côté d'un laurier rose qui dominait le gué, attendant l'arrivée des lions et le lever de la lune.

Vers onze heures, il se fit un grand bruit sous la futaie. Peu de temps après, trois lions débouchèrent sur le sentier que j'occupais.

C'étaient trois bêtes d'égale taille et qui pouvaient avoir trois ou quatre ans. Le père et la mère n'étaient pas avec eux, ce dont, je l'avoue sans fausse honte, je ne fus pas médiocrement satisfait.

Le sentier qui aboutissait au gué était étroit, et les trois animaux marchaient à la file l'un de l'autre.

Le premier, m'ayant aperçu, s'arrêta, et ses deux frères s'arrêtèrent avec lui.

J'ajustai le premier en pleine épaule et je fis feu.

Un long rugissement répondit à mon coup de fusil, et quand la fumée se fut dissipée, je vis deux lions *rentrant doucement* sous bois, et le troisième qui, après avoir roulé dans la rivière, revenait sur moi en se traînant sur son ventre.

Avant que j'eusse chargé le coup que je venais de tirer, le lion blessé était à trois pas de moi me montrant toutes ses dents.

Une seconde balle l'envoya, comme la première, rouler dans le lit du ruisseau.

Trois fois il revint à la charge, et ce ne fut que la troisième balle qui, *placée à bout portant* dans l'œil, eut raison de mon adversaire.

Dès que le lion ne donna plus signe de vie, je me levai pour allumer un feu préparé par les Arabes et destiné à les prévenir qu'il y avait *mort de lion*.

Bientôt une détonation lointaine m'apprit que le signal avait été compris, et jusqu'au jour les gorges de la Mahouna retentirent des coups de feu tirés dans les douars voisins en signe de réjouissance. A la pointe du jour, les Arabes arrivaient par centaines, et, lorsque leur curiosité toujours plus empressée fut satisfaite, je rentrai à Guelma avec mon lion.

Je retournai le surlendemain à la Mahouna ; mais ce fut sans résultat que je passai plusieurs nuits à garder les gués et à suivre les sentiers de la montagne ; je n'eus aucune nouvelle, ni par moi ni par les rapports d'autrui, de ce qu'étaient devenus les deux frères de ma cinquième victime.

VIII

DEUX EXEMPLES QUI PROUVENT LA VITALITÉ PRODIGIEUSE DU LION

Le 2 août de la même année, je me trouvais de nouveau dans ce pays. Pendant que je dînais chez le cheik Ahmeh-ben-Amar, des Ouled-Amza, une lionne rugit au-dessous du douar; il pouvait être huit heures du soir.

Un quart d'heure après nous étions en présence, et elle tombait sous mon premier coup de feu, tiré à douze pas.

J'attendis un instant et, ne la voyant pas bouger, je lui jetai une pierre pour m'assurer qu'elle était bien morte. Comme la lionne ne fit aucun mouvement quand la pierre rebondit sur elle, je m'approchai alors franchement pour chercher mon lingot, que je trouvai entré à la tempe, mais non sorti.

Ne voyant point venir les Arabes, je m'avançai vers une hauteur d'où je pouvais découvrir les tentes du douar.

Le cheik et tous les siens y arrivaient en même temps que moi.

Je leur dis d'amener un mulet pour enlever le corps de la lionne, et je me dirigeai vers la place où je l'avais laissée.

Les Arabes, impatients de la voir, me précédaient en courant et criaient : « Où donc est-elle? nous ne la voyons pas.

— Mais devant vous, leur dis-je, là, à vos pieds, où vous êtes. »

Je ne saurais exprimer ce que j'éprouvai en apercevant les Arabes chercher des yeux la lionne, et en piétinant bientôt après moi-même la place où elle était tombée, où je l'avais vue morte, où je l'avais touchée.

Elle n'y était plus, et pourtant ce n'était pas un rêve ; ma main était encore toute rouge de son sang ; le sol lui-même en était imprégné.

Je passai une partie de la nuit à fouiller les environs, mais ce fut en vain.

Je comptais sur le jour pour suivre les traces de l'animal aux rougeurs ; mais un peu avant l'aurore le temps se couvrit et une pluie d'orage effaça toutes les voies de la nuit.

Quelques jours après, cette lionne fut retrouvée morte à une lieue du point ou je l'avais tirée. La longueur du trajet, après une blessure aussi grave, peut donner une idée au lecteur de la prodigieuse vitalité du lion.

Au mois de septembre 1845, les gens de la tribu de Meizia vinrent réclamer mon assistance contre un grand lion noir qui les décimait sans pitié.

Après l'avoir attendu inutilement pendant trois nuits auprès du douar qu'il visitait de préférence, j'étudiai ses manœuvres, et je découvris qu'en sortant de son repaire et en y rentrant, il suivait toujours le même sentier.

Le 19, à neuf heures du soir, je descendis dans le ravin appelé par les Arabes *le Jardin du lion*, et je me postai sur le sentier dont j'ai parlé, profitant d'une grosse pierre pour appuyer mon fusil.

Vers onze heures, je crus distinguer au loin le bruit des pas du lion.

Je ne me trompais pas, c'était bien lui...

Quand il ne fut plus qu'à une cinquantaine de pas de moi, il cessa de marcher et rugit.

Ce pays est tellement boisé et accidenté qu'il m'était impossible de voir l'animal ; mais, à la nature toute particulière de ses rugissements, je compris qu'il avait le sentiment de ma présence.

Lorsque je l'aperçus, nous n'étions plus qu'à huit ou dix pas l'un de l'autre, lui, arrêté comme moi, grondant avec une sourde colère et me regardant d'un fort mauvais œil.

La lune était bonne ; j'avais eu le temps de me préparer à le bien recevoir : aussi à peine l'animal m'avait-il entrevu qu'il recevait une balle en plein front.

Au coup de feu, je sentis un choc très-violent à l'épaule ; le lion venait de bondir sur moi en rugissant, et avant que j'eusse eu le temps de tirer ma seconde balle, son poitrail heurtait la pierre, qui me couvrit en se renversant sur moi.

Je me trouvais couché sur le côté et pris sous la pierre comme sous un assommoir, tandis que le lion, étourdi par le coup qui l'avait frappé, était là, à côté de moi, mais trop près pour qu'il me fût possible de me servir de mon fusil.

Je saisis alors mon poignard, placé d'avance sous ma main, hors du fourreau, et j'en frappai un coup violent juste à la tempe de l'animal.

Celui-ci se releva aussitôt, et, comme s'il ne m'eût pas aperçu, ce que, du reste, je suppose, il me passa sur le corps en trébuchant comme un homme ivre, et disparut sous bois, emportant avec lui deux pouces du fer de mon arme.

Je fus quitte de cette rencontre, l'une de celles où j'ai couru le plus grand danger, sans contredit, pour quelques contusions à l'épaule et aux jambes, et une blessure sans gravité à la tête.

C'est, ou jamais, le cas de dire que j'en sortis sain et sauf à bon compte.

En effet, si le lion n'avait pas été étourdi par cette balle qui l'avait frappé au milieu du front ; si je n'avais pas été préservé du premier choc par la pierre roulant sur moi ; si, enfin, après mon coup de poignard, il n'avait pas, n'ayant plus la tête à lui, perdu tout sentiment de la présence d'un homme, j'étais infailliblement, cette fois, mis à l'état de charpie.

Ce lion était l'un des plus beaux que j'eusse vus et tirés.

Sa dépouille n'est pas restée entre mes mains, grâce à l'oubli de mes lingots en fer, que j'avais laissés en chemin. Mais j'ai la certitude qu'il n'aura pas survécu à sa blessure, et je n'ai qu'un regret, c'est de ne l'avoir pas tué sur place, lui qui m'a fait voir la mort de si près.

Tous les Européens que j'ai entendus parler du lion et de la manière de le tuer, tous croient qu'il suffit, pour réussir dans une expédition de ce genre, d'être adroit, courageux et calme.

A les entendre, c'est une affaire d'habitude; comme si chaque rencontre n'apprenait pas le contraire par les incidents divers qui surgissent.

Il n'y a pas un seul officier de l'armée d'Afrique qui, aujourd'hui encore, ne pense ainsi.

Il ne s'agit que *d'être bien sûr de soi;* tel est, selon eux, le mot de l'énigme, le secret du procédé.

Être bien sûr de soi, c'est, si je ne me trompe, pouvoir attendre le lion quand on le voit ou quand on l'entend venir; aller à lui quand il ne vient pas assez vite; l'ajuster froidement et le toucher *où l'on a visé.*

Mais quand on a fait tout cela, quand on a, en outre, assez d'empire sur soi-même pour se dire : « Je vais m'asseoir sur cette pierre, sur cette touffe d'herbe, et je tuerai ou serai tué là, sans faire un pas en arrière, sans même me lever *quand le lion me chargera;* » quand on a fait tout cela, dis-je, et que l'on n'est parvenu à *tuer* huit fois sur dix qu'à la deuxième ou à la troisième balle, alors on arrive à se convaincre malgré soi que l'adresse, le courage et le sang-froid ne sont que des accessoires, et que, pour sortir intact de ces luttes trop inégales, il faut vraiment être *heureux*.

En effet, tout le monde comprendra, sans être chasseur, combien il est plus facile de bien placer la première balle, quand l'animal est immobile, que la seconde, au moment où il bondit.

Or, si ce premier coup ne tue pas, il est bien douteux encore que le second frappe mieux.

Donc, ce qu'il faut pour réussir dans ces rencontres, c'est *le bonheur*.

Déjà, à cette époque, je ne comptais vraiment sur moi que pour deux choses, chercher le lion et l'attaquer en face.

J'entrais en campagne avec le *doute* et la *confiance :* le doute, quant à l'effet produit par mes coups; la confiance dans la protection divine qu'accorde à sa créature l'Être suprême.

Longtemps j'ai cherché une comparaison qui pût donner une idée de la rencontre qui a lieu entre un homme sans abri, muni de la meilleure carabine, et un lion armé de ses dents, de ses griffes et de cette puissance vitale qui le rend si terrible pour tous ceux qui l'attaquent.

Je n'ai trouvé que celle-ci :

Supposez un duel *à mort*, *sans témoins, la nuit, en pleine forêt*, entre deux adversaires, l'un vêtu comme on se bat, *c'est-à-dire très-légèrement;* l'autre cuirassé des pieds à la tête, et néanmoins, comme le premier, parfaitement libre de ses mouvements, malgré son épaisse cuirasse.

Mettez une épée dans la main de chaque champion, et dites au premier que *peut-être* il ne sera point tué, s'il parvient à toucher chez son ennemi deux petits points vulnérables qu'il aperçoit plus ou moins bien au défaut de son armure.

Supposez une adresse, un courage et un sang-froid égaux entre les combattants; si l'homme à la cuirasse est tué, vous conviendrez avec moi que son rival a été *heureux*.

Que la chose se renouvelle plusieurs fois de suite, *toujours dans les mêmes conditions d'insuccès*, et vous finirez par être convaincu que ce n'est pas l'homme qui tue ainsi, mais bien la main invisible qui protége et guide la sienne.

En lisant ces lignes, on me dira peut-être, comme cela m'a déjà été dit bien des fois : « Mais comment font les Arabes quand il leur arrive de tuer des lions? » Les Arabes prennent les lions dans les fosses, et quand de loin en loin ils ont la chance d'en tuer un loyalement, *sans se percher sur les arbres, sans s'abriter dans des forts,* c'est une circonstance toute fortuite, tout exceptionnelle, une lutte dans laquelle ils font tuer et écharper bien du monde, sans rester toujours les maîtres du terrain.

Que ceux de mes lecteurs qui voudront des détails sur la manière dont les Arabes tuent le roi des animaux, consultent et lisent *la Chasse aux lions*, mon premier livre.

Que ceux qui désirent voir par eux-mêmes viennent ici, mes écrits à la main, et ils trouveront les mutilés et les blessés des Beni-Meloul, des Ouled-Cessi et des Chegatma, qui leur raconteront leurs aventures en leur montrant de glorieuses cicatrices, et pourront même leur offrir de tâter du métier, pour peu que le cœur leur en dise.

Mais revenons à notre sujet sans autre digression oiseuse.

IX

UNE LIONNE ASSASSINÉE AU GÎTE

Après la dernière rencontre que je viens de raconter plus haut, je passai encore quelques jours dans la Mahouna, attendant chaque matin sous la tente les rapports des Arabes qui exploraient le pays.

Aucun lion n'ayant reparu de ce côté, je rentrai à Guelma vers la fin de septembre.

Après deux mois de repos, je reçus une nouvelle députation des montagnards.

En arrivant sur les hauts plateaux, je trouvai près d'un pied de neige; le thermomètre descendait au-dessous de zéro, et il faisait un froid assez vif.

Malgré ce tapis incommode et cette température si peu faite pour ceux de son espèce, *s'il faut en croire du moins nos naturalistes savants*, une lionne s'était fixée dans le pays.

Le douar qui me reçut était visité par elle presque toutes les nuits.

Plusieurs sentiers aboutissaient aux tentes; mais la lionne en suivait un qu'elle avait adopté de préférence.

Ce fut sur celui-là que je m'établis, le soir de mon arrivée, à un quart de lieue environ en dehors du douar.

Il avait été convenu avec les Arabes que, si la lionne menaçait ou attaquait le parc pendant mon absence, on allumerait un feu pour me prévenir.

Vers dix heures, j'entendis les chiens donner l'alarme, et peu après j'aperçus le signal convenu.

J'arrivai à temps pour entendre les doléances d'une pauvre vieille, à laquelle la lionne avait enlevé la seule brebis qu'elle possédât.

Malgré les pleurs et les lamentations de cette femme, et le froid qui m'avait saisi, je ne pus m'empêcher de rire lorsque, après avoir traité d'enfant et de poltron son fils, un grand niais âgé d'au moins quarante ans, j'entendis la bonne vieille lui dire, en parlant de moi :

« A la bonne heure, voilà ce que j'appelle un homme! Heureuse celle qui l'aura pour mari, elle pourra compter sur un protecteur. »

Puis ajouter sérieusement :

« Oh! si je pouvais rajeunir, comme je l'épouserais, tout chrétien qu'il est!

— Demain, dis-je pour consoler la bonne femme, demain, s'il plaît à Dieu, la lionne aura vécu, et tu pourras manger de sa chair.

— Oh! oui, j'en mangerai, reprit-elle avec joie, et je la trouverai douce comme du miel, cette *sans-cœur* qui a dévoré ma pauvre brebis! »

Sur quoi, je laissai le grand niais aux prises avec sa maman, et me hâtai d'aller réchauffer mes membres à demi engourdis par le froid.

Le lendemain matin, au moment où je me préparais à quitter la tente, ma conquête de la veille vint m'apporter des gâteaux un peu rances, de sa façon, et ses vœux pour l'heureux succès de la journée.

Je partis, accompagné de plusieurs Arabes, prenant les traces de la lionne à sa sortie du douar.

Elle avait suivi un sentier parallèle à celui que j'occupais, marchant à une allure réglée; seulement, elle s'arrêtait de temps en temps pour secouer la neige qui, en se massant autour de ses pattes, finissait par la gêner dans sa marche.

Ce ne fut qu'à une demi-lieue du point de départ que je trouvai la place où elle avait dîné.

Il ne restait de la brebis que sa toison, parfaitement dépouillée et roulée en manchon, avec l'extrémité des quatre pieds.

Comme la lisière du bois était à une portée de pistolet de là, les Arabes jugèrent prudent de m'attendre en faisant du feu.

Je suivis la lionne sous bois, seul et armé du fusil que je tenais du duc d'Aumale et de mon poignard, auquel j'avais fait remettre une nouvelle lame.

A mesure que j'avançais à travers la futaie, la marche devenait plus difficile, et bientôt je fus obligé de me débarrasser de mes burnous, qui à chaque instant s'accrochaient aux branches.

A un quart de lieue de la lisière de la forêt, je trouvai l'entrée de la lionne dans son repaire.

C'était un massif d'oliviers sauvages, d'une circonférence de cent mètres au plus, formant une voûte tellement épaisse, que la neige n'avait pu la traverser.

Malgré cela, les empreintes des pas de la lionne étaient parfaitement marquées sur le sol.

Seulement les branches, qui poussaient au pied des arbres et s'entrelaçaient comme de la vigne vierge, m'empêchaient de marcher autrement que courbé en deux, et c'est tout au plus si je pouvais voir au delà de la longueur de mon arme.

Sachant combien le sommeil du lion repu est lourd, j'avais l'espoir de trouver ma bête endormie et de la faire passer de vie à trépas avant qu'elle n'eût entr'ouvert les yeux.

J'avançai donc pas à pas, très-lentement et avec le moins de bruit possible, marchant tantôt sur une main, tantôt sur l'autre, quelquefois même me traînant à genoux, mais toujours sur les voies de la lionne.

Je fis une halte devant un olivier plus épais que les autres, et sous lequel la lionne s'était glissée, sans doute en rampant comme moi.

En vain mon regard cherchait à plonger à travers ces branches: c'était un rideau impénétrable, derrière lequel il m'était impossible de rien voir.

Et cependant, à en juger par le peu d'étendue du repaire, dont j'avais fait le tour avant d'y pénétrer, afin de m'assurer qu'une fois entrée la lionne n'était point sortie, et en m'en rapportant à la position centrale où je me trouvais en ce moment, la lionne ne pouvait être que là, sous ce fourré.

A cette réflexion, je sentis mon cœur battre plus fort et plus vite qu'il ne le fallait, et j'attendis quelques minutes sans bouger, pour me remettre.

Quand je fus parfaitement maître de moi-même, j'écartai prudemment les branches de l'arbre avec le bout de mon fusil, et, voyez comme j'avais été bien inspiré! j'aperçus alors la lionne : elle était à cinq ou six pas de moi, étendue sur le côté, la tête appuyée sur une de ses pattes et dormant d'un profond sommeil.

Je m'apprêtai à faire feu.

Mais quand mon fusil fut à l'épaule et mon œil sur le guidon, je me trouvai dans un grand embarras.

La lionne était couchée de manière à me découvrir son corps tout entier.

Mais, forcé comme je l'étais de frapper à genoux, je craignis que la position horizontale de l'animal ne nuisît à mon coup, qui devait certainement traverser, mais pouvait ne pas tuer sur place la lionne, d'autant mieux que son front m'échappait entièrement.

S'il est vrai qu'en présence d'un péril imminent l'indécision et la précipitation soient également dangereuses, cette fois encore je fus bien inspiré.

Plutôt que d'envoyer un lingot douteux en plein corps, dans les mâchoires ou dans la région incertaine du cœur, je résolus d'éveiller la lionne pour la tirer à la tête au moment où elle se lèverait.

Afin que son réveil fût calme, naturel, je procédai avec la plus grande précaution.

Tandis que la main gauche maintenait mon fusil à l'épaule, avec la droite je cassai une petite branche.

La lionne ne fit aucun mouvement.

J'en cassai une deuxième un peu plus forte.

Ma main n'avait pas ressaisi la poignée de mon fusil, que déjà la lionne était sur le ventre, les yeux démesurément ouverts, les oreilles couchées en arrière, les lèvres plissées, et son regard pénétrant parcourait les abords de sa chambre avec une fixité et une lenteur effrayantes.

Avant qu'elle m'eût découvert, je l'ajustai à l'œil droit, et je pressai la détente.

La fumée de mon coup de feu m'empêcha de voir son effet; mais j'entendis un rugissement court, étranglé et de bon augure.

Bientôt je pus voir la lionne étendue à la place même où je l'avais tirée.

Les flancs battaient encore, et les jambes s'agitaient brusquement par un mouvement convulsif.

Je compris qu'elle n'était qu'étourdie, et qu'elle serait debout dans un instant.

J'enveloppai mon bras gauche avec mon turban, que je déroulai à la hâte; et, tenant mon fusil de la main droite, je pénétrai dans la chambre de la lionne.

Là, sans perdre une seconde, je mis le bout du canon dans son oreille et je fis feu.

La *sans-cœur* avait vécu, et la bonne vieille à la brebis était vengée.

Mon premier lingot en fer était entré au coin de l'œil et était sorti au sommet de la tête, labourant le crâne *sans le percer*.

Une heure après, cette partie de la forêt, naguère silencieuse et respectée, retentissait de mille cris confus, et la lionne, portée sur un brancard improvisé, arrivait au douar, au milieu d'un immense cortége d'ennemis.

Le soir venu, un taureau noir fut égorgé, en signe d'allégresse, sur la tombe de Sidi-Amar, personnage vénéré dans le pays, et la nuit entière fut consacrée au festin.

C'était un spectacle tout à fait fantastique et digne du pinceau d'un artiste, que celui des feux éclairant ces groupes, ces arbres, cette neige et ces tombeaux, au milieu desquels les femmes apprêtaient et distribuaient la chair du taureau et de la lionne.

Pendant qu'autour d'un vaste brasier à rôtir un éléphant, Abdallah le chanteur improvisait des couplets de circonstance, plus loin s'exerçait un joueur de flûte.

Ici babillaient les femmes, discutant entre elles sur leur thème favori; là-bas causaient les hommes, parlant, comme toujours, poudre, lion et carnage.

Puis tout ce monde, vrais fantômes drapés dans leurs blancs burnous, se levait à la fois, comme se lèveront un jour les morts dans la vallée de Josaphat. Les femmes poussaient leurs cris de guerre perçants et saccadés, tandis que les hommes leur répondaient par des coups de feu que répétaient au loin les échos de la montagne.

Pour moi, ce fut une belle nuit, je l'avoue, que celle du 15 décembre 1845; je me rappellerai longtemps le banquet mémorable qui me fut offert cette nuit-là, sur la neige et sous le ciel, par ces montagnards reconnaissants.

Quand les dernières étoiles eurent fait place aux premiers rayons du jour, les femmes se retirèrent sous leurs tentes, et les hommes, réunis autour de la tombe de Sidi-Amar, écoutèrent avec recueillement la prière du matin, récitée par un marabout.

Puis chacun me fit ses adieux, et je montai à cheval, le cœur content non-seulement de ce que j'avais fait, mais de ce que j'avais vu.

Malheureusement les forces physiques de l'homme ont leurs limites, et ce n'est pas impunément qu'il en mésuse.

Depuis ma première excursion jusqu'à cette époque, j'avais passé plus de cent cinquante nuits à la belle étoile, tantôt assis au coin d'un carrefour, tantôt battant les sentiers à travers la montagne, toujours à pied et passant ruisseaux, torrents et rivières, quand il s'en rencontrait sur mon chemin, absolument comme s'ils avaient été à sec.

D'un autre côté, j'étais assez mal nourri; car si les Arabes m'offraient, sous le rapport des vivres, une hospitalité large et généreuse, absorbé par une idée fixe, je ne pensais guère à mettre à profit ce con-ortable, et la galette nationale suffisait presque toujours à ma faim, comme l'eau de la source voisine à ma soif.

Enfin, depuis le moment où j'entrais en campagne jusqu'à mon retour au camp, j'étais continuellement, on en conviendra, sous le poids d'émotions dramatiques assez violentes.

J'ignore s'il y a des tempéraments capables de résister longtemps à de telles épreuves: toujours est-il que je rentrai cette fois à Guelma sérieusement malade.

X

ABDALLAH LE CHANTEUR

En attendant que ma santé, à peu près rétablie, me permette de reprendre le cours de mes expéditions, je vous demanderai, chers lecteurs, la permission de vous parler de deux personnages présents au banquet de la Mahouna.

Le premier est ce même Abdallah, le chanteur improvisateur que vous savez.

Un jour, ou plutôt un soir, en revenant d'une fête à laquelle il avait été convié, il aperçut une compagnie de sangliers mettant sens dessus dessous son champ de blé.

Courir au douar, quitter la flûte pour le fusil, lui prit moins de temps que je n'en mets à vous le dire.

Cinq ou six voisins se joignirent à lui, et on marcha contre les bêtes noires, qui, une fois bien repues, avaient disparu sans attendre qu'on leur présentât la carte à payer.

A la place des sangliers, Abdallah, qui marchait en tête de la colonne, aperçut une lionne couchée.

Elle le regardait tranquillement venir.

Il s'arrêta pour la montrer à ses compagnons, qui lui dirent en riant :

« Puisqu'elle te fait l'honneur de venir se reposer dans ton champ. sois bon prince et chante-lui quelque chose. »

Abdallah fut piqué de la plaisanterie, et, voyant qu'il n'avait affaire qu'à une bête à peine adulte, il s'avança vers elle, espérant sans doute qu'il ne serait pas attendu. Arrivé à cinquante pas, il entonna un couplet qui commençait par ces mots :

« O toi qui n'es rien sans ton mâle, pourquoi ton mâle n'est-il pas avec toi? »

Il n'avait pas achevé, que la lionne se leva et courut sus au chanteur, la tête basse et les oreilles couchées.

Abdallah n'est ni poltron ni maladroit.

Il mit un genou à terre, et, quand la lionne fut à dix pas, il lui envoya trois balles en pleine poitrine. Malheureusement, cela n'empêcha point l'animal d'aller droit son chemin, de terrasser le chasseur et de planter ses griffes sur ses épaules, tandis que ses quatre incisives ouvraient la gorge qui l'avait insulté.

Puis, comme l'homme ne donnait plus signe de vie, la lionne se retira tranquillement, s'arrêtant de temps en temps pour lécher le sang qui coulait de ses blessures. Quand elle eut disparu, les Arabes, qui jusqu'alors s'étaient tenus à distance, s'approchèrent d'Abdallah et l'emportèrent chez lui.

Ils croyaient ramener un cadavre; ils se trompaient. Grâce aux soins d'un docteur du pays, et plus encore à un tempérament solide, notre homme en fut quitte pour un traitement de quelques années.

A l'époque où je l'ai connu, ses blessures n'étaient pas encore tout à fait fermées, ce qui ne l'empêchait point de chanter, sinon agréablement, du moins très-haut et très-fort. Or, comme, chez les Arabes, celui qui fait le plus de vacarme est réputé le chanteur le plus brillant, il s'ensuit qu'Abdallah occupe encore aujourd'hui un rang très-distingué parmi ses émules dans l'art vocal.

Ayant au fond du cœur, et cela se conçoit après une aussi fâcheuse rencontre, une rancune toute particulière contre la famille des lions, gros ou petits, mâles ou femelles, Abdallah m'a pris en grande amitié, en raison de la guerre que j'ai déclarée à l'espèce, et, à chaque nouvelle victoire, il est toujours le premier à se réjouir, et il m'improvise de nouveaux couplets.

XI

MON AMI MOHAMMED-BEN-OUMBARK

Le second personnage que je désire vous faire connaître se nomme Mohammed-ben-Oumbark.

Ainsi qu'Abdallah, il habite le versant sud de la Mahouna.

Cet homme n'est ni plus ni moins qu'un voleur de profession *retiré des affaires...*

Mais un voleur célèbre par ses ruses et par son audace.

Voici dans quelles circonstances nous nous sommes trouvés en rapport tous les deux :

Lors de la deuxième excursion que je fis à la Mahouna, j'avais reconnu, pendant le jour, un ravin au fond duquel plusieurs sentiers aboutissaient à un seul et même gué, lequel gué me parut bien fréquenté par le lion qui était le but de mes recherches.

Le soir, un peu avant la nuit, je vins m'y installer à mon aise.

Vers onze heures, j'entendis un bruit d'abord vague, ensuite plus distinct, sur un des sentiers qui aboutissaient à mon poste.

Cet endroit est tellement encaissé et boisé, que jamais les rayons d'un astre quelconque n'y ont pénétré en plein jour, à plus forte raison la nuit.

Aussi ne comptais-je guère que sur mes oreilles pour me tirer d'affaire.

J'étais assis commodément contre le tronc d'un arbre planté sur le bord du ravin.

Masqué à droite et à gauche par deux broussailles naturelles, je ne pouvais ni voir ni être vu que lorsqu'on arriverait au bout de mon fusil.

Le bruit se rapprochait peu à peu; mais les pas me semblaient moins lourds que ceux d'un lion, dans ces chemins pierreux et difficiles, où il se fait entendre de si loin.

Au moment où je faisais cette réflexion à part moi, j'entendis tousser.

Le lion éternue souvent, mais je ne l'ai jamais entendu tousser.

Dans tous les cas, à en juger par le bruit qu'il fait en éternuant, cette toux était trop faible pour sortir de sa gorge ou de sa poitrine.

« Si ce n'est pas un lion, me dis-je, c'est un homme; or, quel est celui qui, à cette heure, oserait s'aventurer en pareil lieu ? »

J'en conclus que j'allais avoir à tenir tête à un maraudeur de la plus dangereuse espèce, et j'avoue que j'en fus contrarié.

Appelé à venir souvent dans ces parages, j'avais à cœur, politiquement parlant, de n'y verser le sang d'aucun indigène, et je me trouvais en quelque sorte obligé de le faire cette fois.

Je résolus, avant d'en venir à cette extrémité fâcheuse, d'essayer de la surprise que cause toujours une attaque imprévue.

Je plaçai à côté de moi mon fusil armé, à ma ceinture mon poignard hors du fourreau; puis j'ôtai mes burnous, que je gardai déployés en attendant l'arrivée du maraudeur.

Au moment où il se trouva nez à nez avec moi, je lui lançai mes burnous sur la tête et le saisis à bras-le-corps.

Le mot *traître* fut le premier qui sortit de sa bouche.

Mais il ne s'agissait pas de jouer avec les mots, et, profitant de mes avantages, — j'ai oublié de vous dire que la *boxe* a fait partie de mon éducation première, — je lui passai la jambe, et l'étreignant de mon mieux, une fois par terre, je lui dis :

« Ne crains rien, je suis Gérard : bas les armes ! »

A l'instant même, mon promeneur nocturne cessa de faire résistance.

Cinq minutes après, nous fumions à la même pipe, autour d'un feu qui me permit de voir ma nouvelle connaissance.

C'était un homme d'une taille ordinaire, sec, nerveux, et d'une figure expressive et distinguée.

Je fus frappé surtout de l'expression de ses yeux bleus lorsqu'il s'animait en parlant.

Au demeurant, une heure après cette rencontre, qui aurait pu devenir sérieuse pour l'un de nous, nous étions deux vieux camarades, sauf la supériorité qu'en ma qualité de *Français chassant le lion* je n'aurais point déclinée, et que, du reste, Mohammed *le Maraudeur* se plut à reconnaître de prime abord.

Nous passâmes ensemble le reste de la nuit, ce dont je profitai pour lui faire raconter quelques-unes de ses expéditions aventureuses.

Depuis l'origine de notre liaison, Mohammed-ben-Oumbark ne manque jamais de venir me voir quand il me sait dans son pays, et presque toujours c'est la nuit, en pleine forêt, qu'il se plaît à me rendre ses devoirs.

Il dit, du reste, à qui veut l'entendre, qu'il est mon meilleur ami, qu'il tuerait comme un chien quiconque oserait toucher un cheveu de ma tête ; et enfin son dernier mot est « qu'il n'y a que deux hommes sur la terre : moi et lui. »

Aujourd'hui que, subissant l'influence de la civilisation, mon ami a adopté un genre de vie plus régulier ; qu'il a fait amende honorable, renonçant à tout jamais à ses erreurs passées, et qu'il n'a plus maille à partir avec la justice, à laquelle ses habitudes vagabondes avaient donné quelque peu l'éveil ; aujourd'hui, en un mot, que le garnement s'est rangé, je puis confier au lecteur quelques-unes des histoires qu'il m'a racontées ; elles sont connues de tous les habitants de la Mahouna, dont notre héros a été la terreur, à la lettre, pendant une période de quinze années.

Mohammed-ben-Oumbark appartient à une famille aisée, qui fut dépouillée de ses biens par le chef du pays avant l'occupation française.

Après la mort de son père, il se trouva sans autre avoir qu'une jeune et jolie femme, une tente en très-mauvais état et un yatagan parfaitement affilé.

« *Avec ceci*, dit-il en le montrant à sa moitié, je te donnerai une belle tente, des troupeaux sans nombre, et je te ferai riche autant que ceux qui ont pris mon patrimoine. »

Et sans tarder il se mit à la besogne.

Les troupes françaises destinées à faire la première expédition de Constantine se réunissaient au camp de Mejez-Amar.

Toutes les tribus des environs étant encore insoumises, les officiers avaient grand'peine à se procurer des chevaux et des mulets.

Ce fut Mohammed-ben-Oumbark qui se chargea de les pourvoir.

Avec la hardiesse dont il ne s'est jamais départi, il se présenta aux avant-postes, fut arrêté et conduit devant qui de droit.

Là il déclara sans détour qu'il appartenait à une tribu insoumise, mais qu'il venait offrir ses services aux Français, et se faisait fort de leur fournir ce dont ils auraient besoin en fait de bêtes de selle ou de somme.

Sa franchise apparente plut; ses propositions furent acceptées.

Dès le lendemain il prouvait, par une première livraison, ce qu'il était capable de faire.

A partir de ce jour, on lui fit des commandes en règle, tout comme s'il avait eu des écuries à lui.

On lui désignait l'âge et la robe du cheval qu'on désirait avoir, et à jour et à heure fixes il arrivait avec l'animal !

Afin de faire face à toutes les demandes, Mohammed procédait tantôt chez les Arabes, tantôt chez les Kabyles.

Les premiers attachent leurs chevaux à une corde fixée en terre par deux piquets, en dedans ou en dehors des tentes, mais le plus souvent en dehors.

Pour réussir à voler un cheval, il ne s'agit que d'arriver sans être vu et de se retirer de même. On conçoit que la chose n'est pas facile, surtout dans un douar peuplé d'une multitude de chiens qui font bonne garde ; mais c'était là un jeu d'enfant pour notre voleur.

Le coup était encore plus scabreux à tenter chez les Kabyles, qui habitent des maisons ou des gourbis fermés par des portes et sans fenêtres.

Or, voici comment Mohammed s'y prenait chez ces derniers pour arriver heureusement à ses fins.

Avec l'agilité et la prudence d'un chat, il montait sur la toiture de la maison où se trouvait la bête qu'il convoitait. Après y avoir fait un trou assez large, il se laissait glisser dans la pièce commune, au risque de choir comme un mauvais rêve sur l'estomac du maître du logis.

Une fois introduit, il cherchait en tâtonnant le foyer, attisait un charbon mal éteint, afin de s'orienter, ouvrait discrètement la porte et partait avec l'animal de son choix.

Si l'un des habitants semblait s'éveiller à demi, Mohammed se couchait près de lui, ronflant comme s'il avait été un véritable membre de la famille. Si le dormeur ouvrait tout à fait les yeux, alors malheur à lui ! le yatagan jouait son rôle et les lui fermait pour toujours.

Un soir, pendant qu'il soufflait un tison dans l'âtre d'un de ses voisins, qui, à ses yeux, avait le tort impardonnable de posséder un cheval trop beau pour lui, un bruit de voix se fit entendre au dehors et on frappa à la porte.

En un clin d'œil les trois ou quatre hommes qui faisaient partie de la chambrée furent debout ; mais, tandis qu'ils se comptaient dans les ténèbres, Mohammed, déguisant sa voix, dit avec sang-froid :

« Ne vous dérangez pas, je vais voir qui vient. »

En même temps il ouvrait la porte, et apercevant deux cavaliers qui avaient mis pied à terre :

« Soyez les bienvenus, leur dit-il, et donnez-vous la peine d'entrer ; je vais m'occuper de vos bêtes. »

Les étrangers profitèrent de l'invitation, et le voleur ayant enfourché un des deux chevaux, prit l'autre en main; puis interpellant le maître du logis :

« Un tel, lui cria-t-il en piquant des deux, aie bien soin de tes hôtes, et dis-leur que c'est Mohammed-ben-Oumbark qui s'est chargé de leurs chevaux. »

Toutefois, les choses ne se passaient pas toujours aussi heureusement pour lui, et, dans le cours de sa carrière orageuse, mon honorable ami a reçu assez de coups de fer et de feu pour que la peau d'un honnête homme y restât.

Un jour je lui demandai comment les lions, qu'il devait nécessairement avoir plus d'une fois rencontrés la nuit, s'étaient comportés avec lui; il me répondit avec enthousiasme :

« Le lion est tout! l'homme n'est rien : le lion est fort, le lion est courageux; le lion seul sait tuer et imposer le respect et la crainte! Les hommes, ajouta-t-il, mériteraient d'être gouvernés par un lion.

— Tu n'as donc jamais eu à te plaindre de lui? demandai-je à Mohammed.

— Jamais, me dit-il; au contraire, très-souvent il m'a aidé dans mes expéditions nocturnes en portant le trouble et le désordre dans le douar que je m'apprêtais à piller.

» Pendant qu'il tuait d'un côté, moi, je volais de l'autre.

» Il est vrai que, toutes les fois que je l'ai rencontré à jeun, il m'a invité à partager avec lui, et que je n'ai jamais fait la sourde oreille.

» Une seule fois il n'a pas été tout à fait raisonnable.

» C'était la veille d'El-eid-Kebir.

» Chaque bon musulman devant égorger un mouton ce jour-là, moi qui n'aime pas à voir diminuer mon troupeau, j'allai emprunter le mien dans un douar du voisinage.

» Comme je revenais chez moi, mon butin sur l'épaule, je rencontrai le lion.

» Seigneur, lui dis-je, cette fois j'en suis au désespoir, mais vous n'au-» rez pas mon mouton; je le réserve pour demain, pour la grande fête. »

A. Hadamard del et lith. Imp. Godard Paris.

Le lion allongeant la patte comme un chat,
avait saisi le burnous de Mohammed...

» Le lion faisait mine de ne pas me comprendre, et il devenait de plus en plus pressant.

» Alors je quittai le sentier pour me réfugier dans une grotte que je connaissais tout près de là.

» Je pensais y attendre le jour, et alors continuer mon chemin sans encombre.

» Avant d'entrer dans la grotte, je regardai derrière moi, le lion avait disparu.

» Je connaissais trop bien mon gaillard pour croire qu'il pût être loin, et j'allai me blottir au fond de ma retraite.

» Au bout d'une heure, j'eus l'idée de sortir pour voir un peu ce qui se passait au dehors.

» Au moment où j'arrivais avec précaution à l'entrée de la grotte, me tenant des deux mains aux parois intérieures et penchant la tête en dehors, je me sentis tout à coup harponner violemment par le capuchon de mon burnous, et je n'eus que le temps bien juste de dégager ma tête pour ne pas être enlevé en l'air.

» Le lion, qui s'était tenu couché au-dessus du rocher, n'allongeant qu'une patte, comme un chat, avait saisi mon burnous, qu'il se mit à mordre à belles dents, en me témoignant toute sa colère.

» Je m'empressai de rentrer, et je lui jetai au dehors le mouton convoité, sur lequel il bondit à l'instant même, et cela sans le moindre scrupule.

» Il fit plus : il eut l'indélicatesse de le dévorer sous mes yeux.

» Et quand enfin il se décida à partir, le ventre plein, sans même avoir daigné se retourner pour me dire merci, laissant d'un côté les débris fumants de son souper, de l'autre les lambeaux de mon burnous déchiré, le jour commençait à paraître.

» Il ne m'avait pas donné le temps, le voleur ! de retourner chez le voisin pour y prendre un second mouton, et, en retournant chez moi, je fus forcé d'en choisir un dans mon propre troupeau pour l'égorger ce jour-là, comme tout bon musulman doit le faire.

» C'est la première fois, dit en terminant Mohammed avec un soupir de regret, que cela m'est arrivé depuis que je suis un homme, et le lion seul pouvait m'y contraindre. »

Tel est le second personnage dont je désirais tracer ici le portrait, comme une esquisse assez originale des mœurs arabes; et maintenant nous allons, si vous le voulez bien, reprendre nos excursions cynégétiques au point où nous en étions restés.

XII

HISTOIRE D'UN ENFANT TROUVÉ

Quelques semaines de repos devaient suffire pour me remettre en santé et en campagne.

Un jour du mois de février 1846, M. de Tourville, commandant supérieur du cercle de Guelma[1], me fit appeler pour me dire que la tribu des Beni-Foughal réclamait mon assistance afin de la délivrer d'une lionne et de ses lionceaux, cantonnés chez elle.

Une heure après, j'étais à cheval avec le cheik de la tribu, et le soir nous arrivions dans son douar, situé au pied du Jebel-Meziour.

Le lendemain, à la pointe du jour, je fouillais le buisson dans lequel la lionne cachait ses petits, et je trouvais, sous une bruyère touffue et sur un lit de feuilles disposées avec soin, une petite lionne d'un mois, grosse comme un angora.

Après avoir porté ma bête dans un douar établi sur le versant de la montagne, je revins au repaire pour attendre la lionne à son retour.

Au moment où je pénétrais dans la forêt, le soleil se couchait à l'horizon.

Je me hâtai de gagner la bruyère dont j'ai parlé plus haut, et j'allai m'asseoir auprès d'un chêne-liége qui s'élevait à côté.

1. Aujourd'hui chef de l'état-major général de l'armée d'Afrique.

Alors seulement je m'aperçus que l'épaisseur du bois était telle, qu'il me serait impossible de mettre en joue devant moi ou autour de moi.

A l'aide d'un poignard à deux tranchants, je coupai les branches qui faisaient obstacle, et me trouvai bientôt dans une espèce de clairière dont l'étendue était en rapport avec la longueur des canons de mon fusil.

Quand ce travail fut terminé, je m'assis auprès du chêne pour attendre l'arrivée de l'animal.

Mon plan d'attaque était tout simple.

Dès que la lionne me montrerait sa tête entre deux bruyères, je lui brûlerais la cervelle à bout portant.

La nuit venue, je portai toute mon attention aux divers bruits qui se faisaient sous bois.

Tantôt c'était un raton quittant sa reposée, et dont les premiers pas sur les feuilles me semblaient ceux de ma bête.

Tantôt c'était un chacal qui venait rôder autour de moi pour chercher les restes des provisions apportées aux lionceaux par la lionne.

Alors l'illusion n'était pas possible, car j'entendais distinctement l'animal rongeant les os épars çà et là.

Pendant plus de deux mortelles heures je fus sous le coup de ces émotions.

J'avais fini par en prendre mon parti, et, mon bras fatigué ne pouvant plus maintenir mon fusil à l'épaule, je m'adossai au chêne avec la ferme résolution d'attendre que les yeux de la lionne vinssent me prêter leur clarté en dissipant ces ténèbres.

Une digression est indispensable ici pour que le lecteur comprenne pourquoi, dans cette circonstance, la tribu des Beni-Foughal avait eu recours à mon assistance.

Pendant le mois de mars 1840, une lionne avait choisi ce même buisson où je me trouvais, à six années de distance, pour y déposer ses petits.

Le même cheik qui était venu me chercher à Guelma avait réuni une soixantaine de fusils, avec lesquels l'enceinte fut fouillée.

Deux lionceaux ayant été découverts, la bande joyeuse se retirait en chantant victoire, lorsque la lionne survint, bondit au milieu des ravisseurs, en écharpa un des plus braves, et, quoique mortellement blessée, en tua un second, sur le cadavre duquel elle mourut à son tour.

Or, à mon arrivée au douar du cheik, cette histoire m'avait été racontée longuement et dans ses moindres détails.

Je l'avais écoutée avec d'autant plus d'intérêt, que ceux qui parlaient étaient les acteurs de ce drame sanglant, et que celle des victimes qui avait survécu à la première attaque était là, triste et mutilée, me montrant, une à une, vingt blessures horribles à voir.

Le souvenir de cette malheureuse rencontre avait protégé cette fois et lionne et progéniture contre toute tentative du même genre, et, comme cependant ce voisinage coûtait fort cher à la tribu, elle avait jugé à propos de m'appeler à son aide.

Voilà comment les fusils des Beni-Foughal étaient restés dans leurs fourreaux, tandis que, pour justifier leur confiance, j'attendais seul, sans abri et par une nuit sombre et glaciale, c'est-à-dire dans les conditions d'un insuccès presque certain, la lionne à qui j'avais déjà ravi un de ses enfants le matin même.

Il pouvait être huit heures du soir lorsque j'entendis sous bois des pas qui me paraissaient lourds, accompagnés d'un grand bruit à travers les branches.

A mesure que l'animal se rapprochait, je le jugeai plus fort, et bientôt je ne doutai plus que ce ne fût la lionne.

Arrivée à une distance d'environ six pas, la bête cessa de marcher.

Craignant qu'elle ne m'eût aperçu ou flairé, et qu'elle ne franchît d'un bond la distance qui nous séparait, je me levai à la hâte, espérant voir au moins ses yeux.

J'étais debout, appuyé contre le tronc du chêne, le fusil à l'épaule, le doigt sur la détente, l'œil fixé sur un rideau de bruyères plus hautes que moi et épaisses comme un mur.

Je ne voyais rien, je n'entendais rien.

Mon imagination, aidée des souvenirs du passé, perçait les ténèbres et les obstacles qui m'empêchaient de voir, et me montrait la lionne le cou tendu, l'oreille couchée, le corps frémissant, et prête à s'élancer.

On a souvent de ces illusions-là au milieu des longues heures d'un affût quelconque.

L'attente me paraissait démesurément longue.

Malgré un froid très-vif, je sentais la sueur perler sur mon front, et déjà les nerfs commençaient à se révolter, lorsqu'une pensée rapide comme l'éclair vint rétablir le calme du corps et augmenter le sang-froid et la confiance de l'esprit.

« Pourquoi, pensai-je, ne suis-je point monté dans cet arbre, au lieu de rester au pied?

» Et, maintenant encore, qui m'empêche de m'élancer aux premières branches et d'aller m'établir à dix mètres du sol?

» Qui me verra?

» Qui le saura?

» Un autre, à ma place, ne le ferait-il pas en ce moment, s'il ne l'eût pas fait déjà? »

Je suis heureux, en relisant ces lignes aujourd'hui, après quinze années d'intervalle marquées par des émotions violentes et plus d'un drame terrible par son dénoûment, je suis heureux, dis-je, de retrouver mes impressions dans ce moment solennel.

C'est qu'alors, mieux que jamais, *je compris* la différence qui existe entre l'homme qui expose sa vie au grand jour et devant témoins, et celui *qui n'a pour l'éclairer que les étoiles du ciel, et pour le voir que lui-même.*

La satisfaction de n'avoir point songé à l'arbre pendant le jour et de regarder comme indigne l'action de m'y percher au moment le plus périlleux, fit naître en moi un calme et une assurance dignes d'être mis à une épreuve plus sérieuse.

Que le lecteur juge de mon désappointement, lorsque, au lieu du rugissement terrible d'une lionne me chargeant avec la rage d'une mère qui défend ses petits, j'entendis le cri plaintif et affamé d'un lionceau cherchant sa mère nourrice.

Aujourd'hui, comme alors, je ne puis m'empêcher de rire, en pensant aux émotions dont ce petit drôle me fit battre le cœur.

Faute de mieux, je m'emparai du lionceau, et, après l'avoir placé dans un pan de mon burnous, je m'orientai pour gagner le douar où 'avais déjà déposé sa sœur.

Après trois ou quatre heures de marche à travers bois et ravins, après bien des haltes motivées par des bruits que je ne m'expliquais pas d'abord et qui tous me semblaient être, tantôt le rugissement lointain, tantôt la course furieuse de la lionne, acharnée à ma poursuite, je fus enfin guidé par la voix des chiens, et j'arrivai au douar, où mon premier soin fut d'examiner ma bête et de la comparer à l'autre.

C'était un lionceau d'un tiers plus grand que sa sœur, et infiniment plus gentil.

Je lui donnai le nom d'Hubert, par reconnaissance pour le grand saint mon patron et le vôtre, chers lecteurs.

Tandis que ma petite lionne évitait les regards et recevait à coups de griffes ceux qui voulaient la toucher, Hubert se tenait tranquillement assis ou couché auprès du foyer, regardant tout le monde avec quelque étonnement, il est vrai, mais sans sauvagerie aucune.

Les femmes ne pouvaient se lasser de le caresser, et, pour le récompenser de sa douceur et de sa gentillesse, on lui amena, bon gré mal gré, une chèvre aux mamelles pleines de lait.

La pauvre bête ayant été couchée sur le côté et maintenue par deux Arabes qui l'empêchaient de se défendre, on présenta une mamelle à Hubert, qui d'abord parut ne point comprendre.

Mais, dès que les premières gouttes de lait eurent humecté ses lèvres, il s'attacha à sa nouvelle nourrice avec un acharnement sans égal.

Malgré l'exemple de son frère, la lionne refusa obstinément de faire comme lui, et ne se tint en repos que lorsqu'elle put se cacher.

Quant à Hubert, il passa le reste de la nuit sous mon burnous, aussi tranquille que s'il eût été avec sa mère.

Le lendemain, accompagné des hommes du pays, je parcourus en vain tous les repaires de la montagne, et le soir, après avoir partagé le dîner d'un pâtre qui se trouva sur mon chemin, j'allai reprendre mon poste de la veille.

J'attendis inutilement jusqu'au jour; la lionne ne revint pas.

J'ai su plus tard qu'elle avait quitté le pays après l'enlèvement du premier petit, en emportant avec elle un troisième.

La prise des deux lionceaux, et surtout la disparition de la mère, ayant complétement rassuré les Beni-Foughal, je les quittai pour regagner Guelma avec mes deux enfants d'adoption.

La sœur d'Hubert mourut quelque temps après mon retour, des suites d'une dentition trop laborieuse, époque très-critique et souvent mortelle chez les jeunes lionnes.

Quant à lui, il se portait à merveille, grandissait à vue d'œil, et bientôt le lait de plusieurs chèvres ne suffit plus à son appétit vorace.

J'ai pensé que les phases de cette éducation ne seraient pas sans intérêt, surtout pour les nombreuses personnes qui ont vécu dans l'intimité de ce charmant animal.

C'est pourquoi, anticipant un peu sur les dates et les événements, je rappellerai ses faits et gestes, depuis son installation au camp de Guelma, jusqu'à sa mort au jardin des Plantes, à Paris.

L'arrivée d'Hubert fut une bonne fortune pour tous mes camarades.

Parmi ses amis (et il en eut bientôt un grand nombre), Hubert comptait trois intimes; c'étaient : le trompette Lehman, le maréchal Bibart et le spahi Rostain, qui, un an plus tard, fut mutilé sous mes yeux, et malgré mes balles, par le lion de Mejez-Amar.

Hubert avait un livret sur lequel on l'avait d'abord inscrit comme cavalier de deuxième classe, attendant de l'avancement.

Chaque action d'éclat était fidèlement couchée sur le livret, ainsi que les services et campagnes.

Voici quelques-unes des mentions honorables inscrites sur le livret d'Hubert :

1° Le 20 avril 1846 (Hubert avait trois mois), l'escadron étant à cheval dans la cour du quartier pour se rendre sur le champ de manœuvre, les trompettes sonnent l'appel général.

Le cavalier Hubert, se trouvant renfermé dans sa chambre, *située au deuxième étage*, s'élance sur la fenêtre et s'écrie : *Présent !*

Mais on ne l'entend pas, et il est porté *manquant à l'appel.*

Le capitaine commande : *Par quatre, marche!* et les trompettes sonnent la marche.

Le cavalier Hubert ne fait *ni une ni deux* (style de troupier) et saute dans la cour, en présence de l'escadron.

Grâce à cet acte de bonne volonté, Hubert n'est point porté comme ayant manqué à l'appel.

2° Le 15 mai 1846, Hubert, ayant étranglé la chèvre sa nourrice, est nommé cavalier de première classe.

Le 8 septembre, même année, Hubert fait une sortie sur le marché ; il attaque les Arabes, les met en déroute, tue plusieurs moutons, un baudet, bouscule la garde, et ne se rend qu'à ses amis Lehman, Bibart et Rostain, accourus pour le mettre à la raison.

Pour ce fait, Hubert est nommé brigadier ; on lui met *une chaîne d'honneur* au cou, et on le nomme de garde en permanence à l'entrée des écuries.

3° Le 10 janvier 1847, un Bédouin étant venu rôder autour des chevaux de l'escadron, Hubert, qui flaire un maraudeur, rompt sa chaîne, le terrasse et l'emporte dans sa guérite, en attendant l'officier de ronde pour lui faire son rapport et lui livrer le prisonnier *en très-mauvais état.*

Cette action vaut à Hubert le grade de maréchal des logis et *deux chaînes d'honneur au lieu d'une.*

Enfin, au mois d'avril 1847, ayant étranglé un cheval et écharpé deux soldats, Hubert est nommé officier et mis en cage.

Pauvre Hubert ! et ce fut moi, son meilleur ami, qui fus chargé de cette mission pénible.

L'autorité, bonne et indulgente pour ses premières peccadilles, lui avait pardonné même quelques méfaits en raison de sa gentillesse; mais devant de tels actes elle ne pouvait plus fermer les yeux, et le devait condamner à la mort ou à la réclusion perpétuelle.

Ma première pensée fut de lui rendre la liberté; mais je craignais qu'accoutumé au contact des hommes, il ne revînt au camp ou dans les environs pour s'y faire tuer.

Dans les premiers temps, afin d'adoucir sa captivité, je venais la nuit près de sa cage, que j'ouvrais; aussitôt il s'élançait dehors tout joyeux: il m'embrassait avec effusion, puis nous jouions à cache-cache.

Un soir, dans un de ses moments de belle humeur, il m'embrassa si bel et si bien, qu'il m'eût étouffé sans l'intervention de fourreaux de sabre, arrivés juste à temps pour m'arracher à ses caresses.

Ce fut la dernière fois que nous nous amusâmes à ce jeu-là.

Et pourtant je dois lui rendre cette justice qu'il n'avait aucune mauvaise intention, puisque, dans nos ébats, il évitait de se servir de ses dents et de ses griffes, soit avec moi, soit avec les personnes qu'il avait l'habitude de voir, et pour lesquelles il était très-doux et très-affectueux.

Ennuyé de ne plus sortir que maintenu par une énorme chaîne fixée au fond de sa cage, le pauvre animal devenait triste et parfois impatient. Son caractère changeait.

Dès lors je pensai à m'en séparer.

Un officier m'offrit de me l'acheter trois mille francs au nom du roi de Sardaigne.

Je ne pouvais pas plus vendre Hubert, mon élève, que les dépouilles des lions tués par moi.

S. A. R. le duc d'Aumale m'avait honoré de ses bontés.

J'offris Hubert au duc d'Aumale, en priant le prince de permettre qu'Hubert habitât le jardin d'essai à Alger, et y fût placé dans de bonnes conditions d'existence.

XIII

MON ÉLÈVE QUITTE GUELMA POUR PARIS. — NOTRE RECONNAISSANCE AU JARDIN DES PLANTES

Ce fut au mois d'octobre 1847 qu'Hubert quitta Guelma, au grand regret des dames, pour lesquelles il avait toujours été très-galant, et des militaires de toutes les armes et de tous les grades, qui s'étaient attachés à lui presque autant que moi-même.

Lehman et Bibart s'étaient grisés pour mieux supporter la douleur de la séparation; mais ils n'en furent que plus émus, à ce point que l'on fut obligé de les mettre sous clef tous deux pour qu'il fût permis à Hubert de prendre sa feuille de route.

Arrivé à Alger, Hubert fut trouvé trop grand et trop beau pour rester au jardin d'essai, et je fus prié de l'accompagner en France.

Pauvre animal! En effet, il était trop grand, puisqu'un collier de cheval était trop étroit pour son encolure; il était surtout trop beau pour la vie misérable à laquelle il allait être condamné désormais!

Le commandant du navire sur lequel Hubert fut embarqué me permit de tenir sa cage ouverte pendant quelques heures, au moment où il prenait ses repas.

Des câbles tendus autour de la cage empêchaient les curieux de s'exposer.

Dès que la porte était ouverte, Hubert sortait, et, après m'avoir remercié à sa manière, il se promenait sur le pont, autant que le lui permettait la longueur de sa chaîne.

Ensuite on lui apportait un bifteck de huit à dix livres, qu'il mangeait bien proprement ; après quoi, il se couchait au soleil pour digérer à son aise.

Quand l'heure de la récréation était passée, il rentrait dans sa cellule en se faisant un peu tirer l'oreille, et attendait assez patiemment l'heure du dîner.

Ainsi s'écoulèrent ses derniers beaux jours.

Arrivés à Toulon, il fallut nous séparer, pour aller, lui, à Marseille, moi à Cuers, rendre visite à ma famille.

Au milieu du bonheur que j'éprouvais à revoir mes parents, je sentais cependant comme un vide; il me manquait quelque chose.

Je partis à mon tour pour Marseille; il n'y avait que quelques semaines à peine que j'avais vu mon élève, et déjà il n'était plus le même.

Après le premier éclair de joie qui anima un instant sa belle tête, il me parut triste, souffrant, abattu.

Son regard semblait me dire : « Pourquoi m'as-tu quitté? Où suis-je? Où me mène-t-on? Te voilà de retour, mais restes-tu avec moi? »

Je souffrais tellement de le voir si malheureux, que je n'eus pas la force de prolonger ma visite, et que je le quittai brusquement.

En m'éloignant, je l'entendis bondir dans sa cage et rugir avec fureur.

Je me hâtai de revenir sur mes pas.

En m'apercevant de nouveau, il devint plus calme et se coucha tout contre les barreaux, afin que je pusse le flatter avec la main.

Quelques minutes après, il était endormi, et je me retirai sur la pointe des pieds, de peur de troubler son repos. Le sommeil, souvent, c'est l'oubli, pour l'animal comme pour l'homme.

Trois mois après cette dernière entrevue, j'étais moi-même dans la capitale.

Le matin même de mon arrivée à Paris, le 31 décembre 1847, je me présentais chez M. Léon Bertrand, le directeur du *Journal des Chasseurs*.

A tout seigneur tout honneur.

Il me semblait que l'écrivain cynégétique dont le nom est connu aujourd'hui parmi tous ceux qui portent un fusil ou un couteau de chasse; que le fondateur et l'heureux propagateur d'une revue spéciale sans rivale, à coup sûr, parmi les recueils périodiques du même genre qui se publient en Europe, et dans laquelle tous les maîtres de la science, les Elzéar Blaze, les Deyeux, les Toussenel, les d'Houdetot, les Lavallée, les de Foudras et autres, ont tenu à honneur d'inscrire leurs noms à côté de ceux des premiers gentilshommes veneurs de l'époque; que le chasseur, en un mot, dont les relations s'étendent d'un hémisphère à l'autre (j'ai vu des lettres écrites du fond de la Sibérie, où on l'appelle *notre vivant saint Hubert*, rien que cela!), il me semblait, dis-je, que cet homme avait, sans conteste, et entre tous, des droits acquis à ma première visite.

Je n'avais pas encore l'avantage de le connaître personnellement, bien qu'une correspondance fréquente et aussi affectueuse de sa part que de la mienne m'eût déjà révélé l'homme et attaché à lui par une de ces amitiés sympathiques qui, une fois établies, ne se démentent jamais.

Nous n'avions pas causé une heure, que déjà nous étions deux amis, deux frères. N'est-il pas des natures exceptionnelles qui sont faites pour se comprendre et s'aimer de prime abord, à la première poignée de main qu'on échange?

Le lendemain, c'est-à-dire le 1er janvier, nous nous rendîmes ensemble au jardin des Plantes, accompagnés d'une dame et de sa fille, qui désiraient assister à ma première entrevue avec Hubert.

En entrant dans la galerie dite *des bêtes féroces*, je fus étonné de l'exiguïté des réduits où les animaux sont condamnés à vivre dans un repos mortel; je fus péniblement affecté surtout de l'odeur pestilentielle qu'ils exhalent, atmosphère viciée que les hyènes, bêtes sales et immondes s'il en fût, peuvent supporter peut-être, mais qui, à coup sûr, doit tuer les lions et les panthères, ces animaux à la robe nette et lisse, qui sont la propreté incarnée.

Je n'ai jamais pu m'expliquer, du reste, comment, dans un jardin zoologique comme le nôtre, qui devrait être le premier établissement du monde dans ce genre, les ours se prélassent en plein air, dans des fosses spacieuses et commodes, tandis que les lions s'étiolent dans des cellules étroites, privées des conditions d'air et d'espace sans lesquelles ils ne peuvent grandir, se développer et devenir adultes.

Ce contre-sens, qui frappe tous les visiteurs, me fournit l'occasion de soumettre à M. Geoffroy Saint-Hilaire quelques observations raisonnées qu'il accueillit avec une extrême brenveillance, et je m'empresse d'ajouter que, sans les événements de 1848, Hubert et ses pareils eussent obtenu ce que j'avais demandé pour eux.

Pendant que, sous le coup de l'impression fâcheuse qui m'avait saisi dès l'entrée, je m'acheminais lentement vers la cage de mon lion, celui-ci, couché et à moitié endormi, regardait avec indifférence les personnes qui m'avaient devancé.

Tout à coup il lève la tête ; ses yeux se dilatent ; un mouvement nerveux crispe les muscles de sa face, le bout de sa queue s'agite ; il a vu l'uniforme de spahi, mais il n'a pas encore reconnu son ancien maître.

Cependant son regard inquiet me parcourt des pieds à la tête, comme s'il cherchait à recueillir un souvenir.

Je m'approche, et, ne résistant plus à l'émotion qui me domine, je lui tends la main à travers les barreaux de sa loge.

Oh ! ce fut un moment vraiment touchant que celui-là, et pour moi et pour les personnes qui étaient présentes.

Sans cesser de me dévorer des yeux, Hubert appliqua son nez sur ma main et se mit à respirer longuement.

A chaque aspiration, son regard devenait plus clair, plus affectueux...

Sous l'uniforme, qu'il avait reconnu tout d'abord, il commençait à reconnaître l'ami.

Je compris qu'il suffisait d'un mot pour qu'il n'eût plus aucun doute.

« *Hubert !* lui dis-je en le caressant, *mon vieux soldat !* »

Et, en effet, il n'en fallut pas davantage.

D'un bond furieux il s'élança contre les barreaux de fer de sa prison, qui gémit, ébranlée sous cette commotion puissante.

Mes amis, un moment effrayés, s'étaient écartés à la hâte, en m'engageant à faire comme eux.

Noble animal, qui fais peur, même dans tes élans les plus affectueux !

Hubert était debout, collé contre la grille, cherchant à briser l'obstacle qui nous séparait tous les deux, et il était magnifique ainsi, rugissant de joie et de colère.

Sa langue rugueuse léchait avec bonheur la main que je lui avais abandonnée, tandis que ses énormes pattes cherchaient doucement à m'attirer à lui.

Quelqu'un faisait-il mine de s'avancer, Hubert entrait dans des accès de fureur terribles. S'écartait-on pour nous laisser seuls, il redevenait calme et caressant.

Je ne saurais dire combien, ce jour-là, notre séparation fut pénible.

Vingt fois je revins sur mes pas pour essayer de lui faire comprendre qu'il me reverrait, et chaque fois que je m'éloignais, il ébranlait la galerie par des bonds et des rugissements effroyables.

Pendant quelque temps, je fis de fréquentes visites au prisonnier, et souvent nous passions plusieurs heures en tête-à-tête.

Mais bientôt je remarquai qu'il devenait triste et qu'il dépérissait.

Les employés, que je consultai, attribuant son état de langueur à ma présence, je pris sur moi de venir moins fréquemment.

Un jour du mois de mai je me présentai comme d'habitude.

« Monsieur, me dit le gardien en me saluant avec tristesse, ne venez plus; *Hubert est mort.* »

Je me hâtai de sortir de ce jardin où j'avais éprouvé des émotions bien douces, et aujourd'hui, bien que plusieurs années se soient écoulées depuis, j'aime à y revenir de temps en temps, je l'avoue, en mémoire de ce pauvre ami.

Ainsi mourut Hubert, que j'avais enlevé à sa mère, à l'air pur des montagnes, à la liberté. Enfant de la nature, il vivrait encore; la civilisation l'a tué.

Aussi désormais vous pouvez croître et multiplier en paix, fiers sultans de l'Atlas, je n'irai plus vous enlever vos enfants. Mort pour mort, celle qui vous frappe comme la foudre, en plein bois, sous la voûte étoilée du ciel, vaut encore mieux qu'une lente agonie au milieu d'un espace de quelques mètres, et le lingot de fer du chasseur est préférable cent fois à la phthisie pulmonaire d'une prison.

XIV

COMME QUOI LE LION SERAIT UN EXCELLENT COMMISSAIRE AUX VIVRES

Dans les derniers jours du printemps de 1846, une expédition dont je faisais partie fut dirigée vers la frontière de Tunis.

Le 18 au matin, après une heure de marche en partant du bivac, la colonne rencontre un lion sur la rive droite de l'Oued-Meleh, dans le pays des Embeïls.

Les troupes marchaient à la file sur un sentier assez étroit. Le lion traversa ce sentier au petit pas, entre les clairons et la tête de la colonne.

Puis il s'assit sur un mamelon à portée de fusil, pour voir défiler tout le monde.

M. le colonel de Tourville, qui nous commandait, avait fait rester la cavalerie en arrière, attendant que l'infanterie et le convoi eussent traversé le défilé.

Ce ne fut que longtemps après qu'un cavalier vint me prévenir de la rencontre que la colonne avait faite.

Je me mis aussitôt sur les traces de l'animal, accompagné d'un spahi pour tenir mon cheval.

Une demi-heure après, j'apercevais le lion quittant le pays découvert pour entrer sous bois, et faisant marcher un bœuf devant lui.

Le cavalier qui m'accompagnait me dit que c'était à la suite de cette bête qu'il avait traversé les rangs de nos soldats.

Ce fait, insignifiant pour beaucoup de personnes, ne le sera point pour celles qui aiment à observer et à s'instruire.

Quant à moi, j'y vois deux enseignements :

Le premier, c'est que le lion est un bon père de famille, puisqu'il va chercher bien loin pour les siens des proies vivantes;

Le second, c'est qu'il a positivement le pouvoir de magnétiser ses victimes au point de les conduire là où il lui plaît de les mettre à mort.

Quand je découvris le lion, il venait de traverser un ravin nu, très-escarpé, et il arrivait, en gravissant l'autre pente, sur la lisière d'un bois assez fourré.

En nous voyant venir, il s'arrêta : le bœuf, qui était à dix pas devant lui, s'arrêta également.

Je m'avançai au galop jusqu'au bord du ravin, à environ soixante pas du lion en ligne droite.

La position qu'occupait l'animal était tout à son avantage.

Au-dessous de lui descendait une pente très-droite et d'un accès difficile, même à pied.

Aller au lion en gravissant à mon tour cette pente, et l'approcher à quinze pas, si toutefois il voulait bien m'attendre jusque-là, eût été de ma part une grande folie; car il suffisait qu'il lui restât quelques secondes de vie, après mon premier coup de feu, pour qu'il roulât sur moi et me culbutât avec lui, m'entraînant dans le fond du ravin.

De toute manière, il était en trop belle place pour attendre longtemps, et j'étais persuadé qu'en me voyant mettre pied à terre et descendre le versant situé de mon côté, il ferait du sien la moitié de la route, conservant toujours le dessus selon son habitude.

Ce que j'avais prévu ne manqua pas d'arriver.

Au moment où je mis pied à terre, le lion, qui s'était couché, se leva.

Quand j'eus donné mon cheval à tenir au spahi, qui s'éloigna, le lion me voyant seul, à pied et descendant ma pente, se mit à descendre la sienne.

Je demande à ceux qui croient ou qui veulent faire croire à la générosité du lion et à son humeur bénigne si c'était la faim qui amenait ainsi à ma rencontre le ravisseur qui, depuis je ne sais combien d'heures, tenait un bœuf vivant en sa puissance.

Mon fusil armé sous le bras, je descendais avec les plus grandes précautions.

Il agissait de même, sans avoir l'air de prendre garde à moi.

Bientôt nous ne fûmes plus qu'à une distance de vingt-cinq à trente pas l'un de l'autre.

Je m'arrêtai.

Le lion continua à marcher, tantôt à droite, tantôt à gauche, mais sans descendre davantage. Il avait l'air de parader devant moi.

Chaque fois qu'il arrivait en face, il me regardait en plissant le front, en couchant les oreilles et ramenant jusque sur les yeux sa longue crinière flottante.

Puis il murmurait des menaces en me montrant les dents; il jetait bien loin derrière lui des masses de terre et de pierres qu'il arrachait du sol avec ses griffes de devant, et il recommençait sa promenade.

Comme sa mauvaise humeur augmentait de minute en minute, et comme mon premier coup de feu, s'il ne le tuait pas, devait lui faire faire explosion, je me préparai à tirer sans descendre un pas de plus.

Après avoir trouvé, non sans peine, une place pour m'asseoir sans être exposé à rouler au fond du ravin, j'attendis que le lion se trouvât juste en face de moi, au milieu de ses allées et venues, et portai mon fusil à l'épaule.

A ce mouvement, il voulut se coucher; mais la pente sur laquelle il se trouvait ne le lui permettant point, il resta sur ses jambes, mais tellement ramassé sur lui-même, que son ventre touchait presque le sol.

J'étais au défaut de l'épaule, cherchant le cœur, et je fis feu.

Le lion mordit la terre, s'y cramponna en rugissant, puis, d'un bond immense, il vint tomber à dix pas au-dessous de moi.

Au moment où il s'affaissait en glissant vers le fond du ravin, je pus voir le sang jaillir des deux côtés; et, comme il profitait d'une racine d'arbre pour s'arrêter un instant dans sa chute, je lui tirai un second coup en plein poitrail.

Cette fois, ses griffes lâchèrent prise aussitôt, et il roula lourdement jusqu'au fond du ravin.

Je voulus charger mon arme; je n'avais pas ma cartouchière sur moi.

Je me souvins qu'en mettant pied à terre je l'avais laissée pendue au pommeau de ma selle.

Une contrariété n'arrive jamais sans l'autre, dit le proverbe.

Je fais le lecteur juge de la déception que je dus éprouver, lorsqu'en arrivant à l'endroit où j'avais laissé mon spahi, je ne trouvai ni homme ni chevaux.

J'eus beau crier et chercher pendant près d'une heure, impossible de découvrir âme qui vive.

Enfin, en gravissant une élévation, j'aperçus un Arabe monté sur son cheval et donnant la chasse au mien, qui ne paraissait pas se soucier de se laisser prendre.

Je me dirigeai de ce côté, et ce ne fut qu'au coucher du soleil que je pus me mettre en selle.

L'important pour moi était d'avoir retrouvé ma cartouchière, que je croyais à jamais perdue au milieu de cette course désordonnée.

Je franchis au galop la distance qui nous séparait du ravin, et avant la nuit j'arrivai sur le théâtre de l'action.

J'y trouvai beaucoup de sang, plus de lion.

Tant que je pus voir le bout de mon fusil, je ne quittai pas les traces de l'animal; mais, une fois la nuit venue, je gagnai un douar établi non loin de là.

Le lendemain, je repris la voie où je l'avais laissée. Elle était facile à suivre aux rougeurs.

Mais le lion avait remonté le ruisseau ; il s'y était baigné, et en sortant plus de trace.

Le sol était sec, rocailleux, le pays boisé ; force me fut de renoncer à mes recherches et de rejoindre la colonne expéditionnaire de Soukaras.

Heureusement que, peu de jours après, les Arabes qui vinrent au camp m'apprirent que ce lion avait été retrouvé mort et en partie dévoré par les vautours.

XV

UN INTERMÈDE QUI FAIT DIVERSION

Le 1er juin (même année), nous campions sous les murs de Tebessa.

Le 2, un convoi de malades évacué sur Guelma était massacré par les Arabes ainsi que son escorte.

Le 3, nos troupes, sous les ordres du général Randon, chargeant à la tête de la cavalerie, tiraient une vengeance exemplaire des coupables.

Le 19, à midi, tandis que nous étions au bivac chez les Hanenchah, un chérif, traînant à sa suite une multitude de fanatiques, marchait sur notre camp.

Pour lui, il ne s'agissait de rien moins que de nous surprendre endormis au plus fort de la chaleur du jour, et de nous égorger comme de *simples moutons*.

Mais avant que les Arabes fussent à portée de fusil de nos avant-postes, l'alerte était donnée et une sortie vigoureuse dispersait tout ce monde, non sans lui faire payer cher cette folle audace.

Pleins de confiance dans la parole du chérif, qui leur avait promis que notre poudre *se changerait en eau*, les Arabes nous attendirent à portée de pistolet.

Au moment où le général donna le signal de la charge, un gros de fantassins se tenait à cent pas sur notre droite, au pied d'un coteau boisé.

Le peloton dont je faisais partie fut dirigé vers ces groupes qui, après nous avoir fusillés, disparurent sous bois.

Tous les cavaliers, ayant mis pied à terre, poursuivirent les fuyards, et bientôt commença une battue des plus amusantes.

La chasse, tantôt à pied, tantôt à cheval, dura jusqu'à la nuit, et elle fut si heureuse que le chérif dut quitter le pays pour ne pas être massacré par ceux qu'il avait entraînés à sa suite.

Au bout de 40 jours les troupes rentraient dans leurs garnisons respectives, et le 3e spahis à Guelma.

XVI

LES INFORTUNES DE LAKDAR. — UN LION QUI DÉVORE SANS INDIGESTION TOUTE UNE ACADÉMIE DE SAVANTS. — MA DIXIÈME VICTIME

A peine arrivé, je reçus des plaintes nouvelles, motivées par la présence d'un grand lion fauve qui était venu se fixer depuis mon départ chez mes amis de la Mahouna.

J'avais toujours la fièvre, mais je savais combien l'air et les eaux de ces montagnes étaient salutaires, et je partis dans les premiers jours d'août.

De tous les indigènes du pays, celui qui avait le plus souffert était un nommé Lakdar, qui avait perdu pour sa part le chiffre énorme de vingt-neuf bœufs, quarante-cinq moutons et plusieurs mulets ou juments.

Il est vrai de dire que ce pauvre diable avait choisi pour domicile le point le moins habitable de ce pays, qui semble avoir été fait plutôt pour les lions que pour les hommes.

Qu'on se figure, sur le versant de la montagne la plus boisée, la plus ravinée, la plus sauvage, un coin de terre ignoré où le soleil ne pénètre jamais, et on aura une idée de la retraite où Lakdar avait installé ses pénates.

Je dois ajouter, par exemple, qu'il avait là, devant sa tente, un jardin planté d'arbres fruitiers, un champ qu'il avait défriché et une fontaine qui donnait une eau délicieuse, ressources naturelles que pour tout l'or du monde il n'aurait peut-être pas trouvées ailleurs.

Voilà pourquoi Lakdar supportait avec un courage vraiment stoïque les pertes que le lion lui faisait éprouver.

A mon arrivée chez mon hôte de la Mahouna, je fus accueilli comme un sauveur.

J'avais trouvé le parc entouré d'une haie haute de six pieds, épaisse d'un mètre, que le lion franchissait presque toutes les nuits pour venir prendre son souper.

Je passai plusieurs nuits de suite au milieu même du parc, sans voir le visiteur affamé.

Le jour, je fouillai avec soin tous les repaires voisins, et je ne fus pas plus heureux.

« Tu vois, me disait Lakdar, il a suffi que tu vinsses pour que l'ennemi disparût; mais dès que tu seras parti, il reviendra, et alors mes dernières bêtes, mon enfant, mon frère, ma femme et moi *nous y passerons tous;* c'est certain !

Il faut te marier parmi nous et ne plus nous quitter, me disait la femme de Lakdar. Nous te ferons voir les plus jolies filles de la montagne; tu en choisiras deux ou trois; la tribu te donnera une belle tente, un troupeau, et nous aurons ainsi la paix chez nous. »

Cet exemple de l'acharnement du lion contre un même douar et une même tente n'est point rare.

Tous les Arabes de Constantine se souviennent d'un fait analogue qui, il y a environ vingt ans, avait ému toute la province.

Sur l'ancienne route de Constantine à Batna, entre ces deux points, il existe une mosquée qui porte le nom de Jema-el-Bechira.

Les savants qui habitaient cette mosquée, au nombre de cinquante, avaient élevé un jeune lionceau apporté par les Arabes.

Au bout d'un an, cet animal disparut tout à coup.

Bientôt les douars établis dans le voisinage de la mosquée se trouvèrent en butte à ses attaques.

Un soir, le chef de la confrérie de Jema-el-Bechira ne se trouva point parmi les fidèles à l'heure de la prière.

Le lendemain, ce fut un de ses assesseurs qui disparut également.

Pendant quarante jours, on vit diminuer d'*un de ses membres* cette docte assemblée de savants.

Le lion, embusqué, les attendait chaque soir au moment où ils venaient faire leurs ablutions, un à un, près de la source de la mosquée.

Ce ne fut qu'après que le quarantième eut été dévoré (toute une académie dévorée par un lion !) que les dix survivants émigrèrent et que la mosquée demeura déserte.

Alors le gourmet, affriandé par cette chair humaine, se mit à couper la route et à attaquer les voyageurs à pied et à cheval, de telle façon que, pendant plusieurs années, aucun Arabe du pays n'osait la suivre, même pendant le jour.

Enfin ce lion disparut, ennuyé sans doute de l'isolement qui se faisait autour de lui; et, depuis cette époque, la route d'El-Bechira est fréquentée par tous avec une sécurité parfaite.

Depuis mon arrivée dans la Mahouna, je voyais chaque jour des compagnies de sangliers fouillant dans les clairières, signe infaillible de l'absence du lion.

Toutefois, au lieu de partager l'opinion de Lakdar et de sa femme sur la cause de son éloignement momentané, je l'attribuais à une simple fantaisie.

Cependant, je ne perdis pas l'espoir de le voir revenir, et j'attendis.

Le 26 août au soir, pendant qu'assis dans le jardin j'observais un vieux sanglier se souillant non loin de là, Lakdar vint me prévenir que son taureau noir n'était pas rentré avec le troupeau, qu'il avait dû être la proie du lion, et qu'à la pointe du jour il irait chercher ses restes.

Le lendemain, en m'éveillant, je trouvai mon homme accroupi près de moi. Sa figure était rayonnante de joie.

« Viens, me dit-il, je l'ai trouvé ! »

Un quart d'heure après, j'arrivais, à travers un bois inextricable, devant les débris du taureau : les cuisses et le poitrail avaient été dévorés, le reste était intact.

Dès que Lakdar m'eut apporté une galette et une cruche d'eau, je le renvoyai ; puis je m'installai au pied d'un olivier, à trois pas des restes du taureau.

Le bois au milieu duquel je me trouvais était tellement épais, qu'il m'était impossible de voir à cinq ou six mètres autour de moi.

J'eus soin de m'assurer, par les voies, de la direction que le lion avait prise en se retirant, afin de faire face de ce côté.

Ensuite je me débarrassai de mon turban, pour mieux percevoir le moindre bruit.

Au coucher du soleil, tout ce qui peuplait mon voisinage commença à se mouvoir, et je dus me tenir sur le qui-vive, tantôt pour un lynx, tantôt pour un chacal, quelquefois pour moins encore.

Autant de bruits, autant d'émotions diverses ; et je puis dire que dans l'espace d'une demi-heure j'en éprouvai assez pour satisfaire un coureur d'aventures.

Vers huit heures du soir, au moment où la nouvelle lune éclairait à demi le point où je me trouvais, j'entendis une branche craquer au loin.

Cette fois il n'y avait pas à s'y méprendre, le poids du lion pouvait seul occasionner ce bruit.

Peu après, un rugissement sourd, comprimé, retentit sous la futaie.

Enfin je pus distinguer son allure lourde et lente, comme toujours, lorsqu'il vient de quitter son repaire.

J'attendais, le fusil à l'épaule, le coude sur le genou et le doigt sur la détente, le moment où sa tête m'apparaîtrait.

Je ne l'aperçus que lorsqu'il arriva près du taureau, sur lequel il se mit incontinent à promener son énorme langue, sans me perdre un instant des yeux.

J'ajustai tant bien que mal au front, et je fis feu.

Le lion tomba en rugissant, et presque aussitôt se leva sur ses pieds de derrière, comme un cheval qui se cabre.

Je m'étais levé de mon côté, et faisant un pas en avant, je tirai mon second coup à bout portant.

Cette fois il culbuta, comme foudroyé.

Je me retirai de quelques pas pour recharger mon fusil; puis, voyant que l'animal remuait encore, je m'avançai, mon poignard à la main.

Après avoir bien cherché la place du cœur, je levai le bras et frappai.

Mais au même instant l'avant-bras du lion fit un mouvement en arrière, et la lame de mon poignard se brisa sur une côte.

Comme il relevait son énorme tête, je reculai de deux pas et lui donnai le coup de grâce.

Mon premier lingot, entré à un pouce au-dessus de l'œil gauche et sorti derrière la nuque, n'avait point suffi pour le tuer.

Pendant que j'examinais mes coups, en réfléchissant de nouveau à la difficulté de mettre un lion à mort *sur place*, j'entendis un grand bruit derrière moi.

C'était Lakdar qui perçait sous bois comme un sanglier dans son fort.

« C'est moi, cria-t-il hors d'haleine en s'efforçant de se frayer un chemin à travers le fourré. J'étais là, près d'ici, j'ai tout entendu. Il est mort, l'infidèle! il est mort, l'ogre! il est mort, le fléau, le mal incarné! »

Puis il riait et se parlait tout seul.

« Voilà un jour heureux! » disait-il en disputant un pan de son burnous aux épines qui le retenaient.

Puis il appelait son frère, son fils, sa femme, comme s'ils avaient pu l'entendre en criant à tue-tête : « Venez à moi! à moi! amenez les chiens! il est mort! il est mort!!! »

Enfin il vint trébucher auprès de la victime en disant : « Merci, frère, de ce que tu viens de faire aujourd'hui. Désormais je t'appartiens corps et biens; tu peux disposer de tout; tout est à toi.

A. Hadamard del. et lith

Imp. Godard, Paris

Lakdar insultant le lion.

— Regarde, lui dis-je, si c'est bien là ton ami. »

Il s'accroupit en silence auprès du lion, l'examina attentivement, puis, essayant de soulever sa tête :

« Tout ce que tu m'as pris, lui dit-il, tout le mal que tu m'as fait n'est rien, puisque tu as trouvé ton maître, puisque tu es mort, brigand, voleur, assassin! et que je puis te frapper de mon poing. »

Et joignant l'action aux paroles, il n'y allait pas de main morte.

Bientôt après, le frère et le fils de Lakdar, attirés par les coups de feu, arrivèrent de leur côté, et ce ne fut pas sans peine que je les décidai à venir avec moi sous la tente pour y attendre le jour.

Le lendemain, tout ce qu'il y avait d'hommes, de femmes, d'enfants et de chiens dans la montagne, s'acheminait vers la demeure de Lakdar.

Malgré ce renfort de bras, l'épaisseur du bois et le poids de ce lion étaient tels qu'il nous fut impossible de le sortir de l'endroit où il était tombé, et qu'il fallut le dépouiller sur place.

Lakdar me demanda comme une faveur de m'accompagner à Guelma, afin d'y faire son entrée avec moi, portant lui-même ces dépouilles opimes. J'y consentis, et, pour mieux goûter dans toute leur plénitude les jouissances du triomphe, il étendit la peau de l'animal sur le mulet qu'il montait, ayant bien soin que la tête fût en avant et *sous ses yeux*.

Il va sans dire que la bête chargée d'un pareil fardeau s'en souciait beaucoup moins que le maître, et qu'une fois en route mon compagnon faillit être démonté plus d'une fois.

Pour donner une idée de la taille que ce lion pouvait avoir, je citerai le fait suivant :

M. le général Bedeau, qui se trouvait de passage à Guelma au moment où j'y arrivais, témoigna le désir de voir sa dépouille.

Je m'empressai de choisir parmi les Français un des hommes les plus forts de l'escadron, afin de porter la peau de l'animal avec sa tête, que je n'en fais jamais séparer.

A peine cette peau fut-elle placée sur l'épaule du spahi qu'il plia sous le poids, et il fallut la transporter dans une brouette d'écurie, où elle avait peine à tenir.

Lakdar revint la voir dans la soirée, et le lendemain il était encore là au moment où on l'emportait chez l'apprêteur.

Ce lion était aux plus beaux lions que l'on nous montre dans les ménageries ou au Jardin des Plantes, *ce qu'un cheval est à un baudet.*

XVII

LA LIONNE DU RAVIN D'EL-ARCHIOUA

Depuis la mort du lion d'el-Archioua (en juillet 1844), sa veuve ayant émigré, les environs de Guelma étaient devenus tranquilles.

Dans le courant du mois de novembre 1846, cette lionne revint, suivie d'un nouvel époux et de deux lionceaux.

C'était chaque jour une hécatombe de bœufs et de chevaux pour l'alimentation des grands parents et l'instruction de leurs petits.

Après plusieurs plaintes de la part des gens du pays, je me rendis à el-Archioua le 24 novembre.

La lionne et sa suite avaient disparu depuis la veille.

Je rayonnai pendant plusieurs jours dans les environs sans rencontrer une seule trace, et revins le 3 décembre chez le cheik Seliman-ben-Saïd, dont le douar était situé au centre du pays.

J'appris en arrivant qu'un cavalier des Ouled-Neïl était venu me prévenir que la lionne avait tué un cheval dans ces parages.

Je me hâtai de rejoindre ce cavalier, qui m'indiqua de loin la place où le meurtre avait eu lieu.

Arrivé en cet endroit, je trouvai une mare de sang et les traces du cheval, que la lionne avait traîné sous bois après l'avoir abattu.

Je mis pied à terre, et, laissant ma monture entre les mains de l'Arabe afin qu'il la ramenât, je suivis la traînée jusqu'au fond du ravin, où je trouvai la victime encore intacte.

Après m'être établi à quatre ou cinq pas du cadavre, j'attendis.

La nuit du 3 au 4 fut sans résultat.

Le lendemain, vers les six heures du soir, l'approche de la lionne me fut annoncée par la fuite précipitée des petits animaux qui rôdaient autour de moi.

Le ravin étant très-encaissé et couvert, je ne vis la lionne que lorsqu'elle arriva près de sa proie.

Les lionceaux la suivaient à quelques pas.

L'un d'eux ayant passé devant sa mère et s'étant approché du cheval, celle-ci bondit sur lui, le terrassa d'un coup de patte et l'obligea à disparaître sous bois.

La lionne m'avait aperçu.

Disparaissant, de son côté, à la suite de ses lionceaux, elle se mit à tourner autour du lentisque contre lequel j'étais assis, montrant de temps en temps sa tête derrière une broussaille pour chercher à me surprendre, mais la retirant dès que j'ajustais.

Un instant elle disparut tout à fait.

N'entendant plus aucun bruit, je commençais à croire qu'elle avait pris le parti de s'éloigner, lorsque, jetant un coup d'œil sur ma gauche, je la vis à quelques pas derrière moi, allongée comme une couleuvre, la tête sur les deux pattes, les yeux fixés sur mes yeux.

Il n'y avait pas un instant à perdre.

Je l'ajustai au milieu du front et je pressai la détente.

La lionne fit en l'air un bond de quatre ou cinq pieds, et retomba morte sur le cheval.

J'attendis jusqu'à quatre heures du matin sans que les lionceaux reparussent.

Le lendemain, lorsque je revins, accompagné d'une foule d'Arabes, pour enlever le corps de la lionne, il nous fut impossible de détacher ses dents et ses griffes du cadavre de l'animal.

Il fallut couper les chairs et emporter la lionne avec ce qu'elle avait saisi en rendant le dernier soupir.

Que ceux qui désirent se vouer à la chasse du lion fassent leur profit de cette nouvelle observation.

Pour ce qui me concerne, j'avoue en toute humilité que ce fait, joint aux précédents, *me donna beaucoup à réfléchir.*

Après avoir accompagné cette lionne à Guelma, je revins à la montagne pour rechercher sa famille.

Mais le lion avait sans doute émigré, emmenant ses petits, car je dus rentrer au bout de quelques jours sans avoir pu les joindre.

XVIII

JE REÇOIS UN COUTEAU DE CHASSE ET UNE DÉDICACE. — LE LION DE MEJEZ-AMAR ET MON CAMARADE ROSTAIN

A mon retour au camp, je fus mandé par M. le général Bedeau, qui me fit l'honneur de me remettre un magnifique couteau de chasse qui m'était offert par M. Léon Bertrand et par Devisme, l'arquebusier.

Cette arme d'un goût parfait, et fabriquée dans les ateliers de ce dernier, était accompagnée d'une lettre d'envoi on ne peut plus gracieuse, que voici :

« Paris, 15 décembre 1846.

» Mon cher Gérard,

» Le *Journal des Chasseurs* vous a instruit par sa dernière livraison, de l'hommage que nous comptions vous faire, moi et Devisme.

» Depuis, la presse quotidienne, qui s'empare de tout, vous a confirmé notre envoi, avant même qu'il fût en route.

» Heureusement, cette fois, qu'il ne s'agit pas de *récompense officielle* (j'attendais alors la croix qui me fut donnée huit mois plus tard), mais bien d'un simple souvenir que nous avons grand plaisir à vous offrir tous les deux.

» Notre couteau de chasse, qui sera bientôt vôtre, part aujourd'hui seulement, 15 décembre.

» Il vous sera remis par les soins du lieutenant général Bedeau, mon parent, auquel je l'adresse pour qu'il vous le fasse tenir par une voie sûre.

» Les communications entre Constantine et Bone n'étant pas toujours faciles, le prochain numéro de notre journal vous présentera un spécimen exact de cette arme, si toutefois il vous parvient avant elle.

» Je ne doute point, mon cher Gérard, que vous ne fassiez à l'occasion bon usage de ce couteau de chasse. Il est aussi solidement trempé que vous : c'est vous dire qu'en cas de besoin vous pouvez compter sur lui.

» Continuez de servir à votre manière, qui en vaut bien une autre, le progrès de la colonisation en Algérie ; portez toujours dignement ce nom de *Tueur de lions*, dont le *Journal des Chasseurs*, votre parrain, vous a le premier baptisé en France.

» Mais n'oubliez pas non plus que la prudence doit toujours être la compagne du vrai courage, surtout en présence d'adversaires tels que ceux que vous avez mission de combattre.

» Sur ce, je vous serre cordialement la main, et puisse saint Hubert, notre commun patron, vous avoir toujours en sa sainte et digne garde !

» Léon Bertrand,

» Directeur du *Journal des Chasseurs*. »

Je reçus cet hommage flatteur avec non moins de gratitude que l'accueil plein de bienveillance de mon général.

Il paraîtrait, du reste, que toutes les bonnes fortunes m'étaient réservées à la fois, et que ma réputation de *tueur de lions* commençait à me concilier plus d'une sympathie, car c'est à peu près à la même époque que M. Adolphe d'Houdetot, frère du général, et chasseur émérite autant qu'écrivain distingué, daignait me dédier son *Chasseur rustique*.

Tout cela était beaucoup trop d'honneur pour un infime *maréchal des logis*, et j'aurais voulu faire des prodiges pour m'en rendre digne.

Faute de mieux, je continuai mes opérations contre le roi chevelu de l'Atlas.

Vers la fin de décembre 1846, une compagnie de la légion étrangère fut envoyée au camp de Mejez-Amar, à trois lieues environ de Guelma.

Peu de jours après, je fus prévenu qu'un lion venait presque toutes les nuits rôder en rugissant autour du mur d'enceinte.

Je partis immédiatement, emmenant un spahi français, nommé Rostain, qui depuis longtemps désirait m'accompagner pour voir un lion et, disait-il, *le prendre par sa barbe*.

Plusieurs jours se passèrent sans que le lion se fît voir ou entendre.

Le 2 janvier 1847, vers dix heures du soir, pendant que le capitaine de La Bédoyère, le cheik Mustapha et moi devisions tranquillement au coin du feu, les murs du bordj furent ébranlés par les rugissements du lion.

Le croyant à notre porte, je pris mon fusil et sortis aussitôt, en recommandant au capitaine d'empêcher Rostain de me suivre.

A peine dehors, j'entendis le lion rugir de nouveau, mais de l'autre côté de la rivière qui coule au pied du camp.

Comme je sortais de l'eau que je venais de passer, je fus rejoint par le spahi.

Je n'ai pas la moindre confiance dans les hommes qui semblent ne douter de rien et qui ont la prétention de faire mieux que les autres.

Aussi n'avais-je point pris au sérieux les paroles de Rostain.

Cependant j'avoue qu'en le voyant traverser résolûment à pied cette rivière, assez forte pour emporter un cavalier, j'avoue, dis-je, que j'eus de lui une meilleure opinion.

Quand il m'eut rejoint, je lui donnai l'assurance que bientôt nous serions en présence du lion, et qu'il ne tiendrait qu'à lui de l'approcher d'*assez près* pour le prendre par la barbe.

En effet, après un quart d'heure de marche sur la route de Constantine, j'aperçus le lion arrêté à cent pas de nous au milieu du chemin.

La lune était magnifique. Je m'arrêtai pour le montrer à Rostain.

« Cela un lion? me dit-il ; mais c'est un taureau égaré! »

Le lion ayant rugi en ce moment, je n'eus pas la peine de détromper mon compagnon, qui renonça, séance tenante, *à ses projets*, et me supplia de laisser le lion tranquille, puisqu'il *avait la bonté* de venir à nous.

Je connais bien des gens moins braves que ce spahi, connu au régiment comme un bon soldat, qui, à sa place, auraient feint de ne pas avoir peur, et, forts de mon assistance, auraient cherché à me donner le change, le tout par pure vanité et pour le qu'en dira-t-on, ce grand mobile des hommes pusillanimes.

Si j'avais eu affaire à un de ces fanfarons, je déclare ici que je lui eusse dit :

« Allez devant, le lion vous attendra; moi, je vous regarderai faire, pour ne rien ôter au mérite de votre victoire. »

Mais mon compagnon était un brave garçon, qui n'avait eu que le tort de juger les lions à l'état sauvage par ceux qu'il avait dû voir apprivoisés.

Je fus content de sa franchise, et je résolus de le préserver de tout accident au péril même de ma vie.

« Venez, lui dis-je, afin que vous puissiez le contempler de plus près. »

En nous voyant venir, le lion s'était couché en travers du chemin.

Je laissai Rostain à trente ou quarante pas de l'animal, et je continuai à marcher sur lui.

Je demanderai à ceux qui prétendent que le lion fuit en présence de l'homme ou ne lui fait aucun mal quand il le rencontre, *quelles pouvaient être les intentions de celui-ci*, qui, voyant venir à lui deux hommes dont les armes reluisaient au clair de la lune, s'était couché sur leur chemin et les attendait sans bouger, comme s'il eût voulu leur barrer le passage.

Quand je fus arrivé à vingt pas, je m'arrêtai pour le tirer en flanc.

Au moment où je portais mon fusil à l'épaule, le lion fit volte-face, se rasant à la manière du chat, et ne me présentant que le sommet du front.

L'attitude de mon adversaire ne me laissant aucun doute sur ses intentions, je jugeai prudent de ne point *hasarder* mon premier coup de feu, qui ne pouvait que labourer le crâne sans pénétrer.

Je me mis à le tourner en conservant toujours la même distance, et une fois en face de son épaule, j'ajustai de nouveau; mais, comme auparavant, il fit encore volte-face, calculant, je crois, s'il devait bondir ou non.

Comprenant tout le danger de cette manœuvre si elle se prolongeait quelques secondes, je fis lestement une ou deux enjambées de côté, le fusil à l'épaule, et, avant qu'il se fût tourné, je tirai au flanc.

Le lion bondit sur place et retomba sur le côté en se débattant.

Mon second coup de feu suivit le premier, et frappa l'animal un peu en arrière de l'épaule.

Rostain, voyant le lion par terre, s'empressa d'accourir; mais au moment où, malgré ma recommandation, il s'approchait de lui, celui-ci se releva et poussa un rugissement qui me fit tressaillir.

Mon fusil était vide, je saisis celui de Rostain, et, m'approchant de quelques pas, je fis feu une troisième fois, toujours au défaut de l'épaule, espérant enfin rencontrer le cœur.

Le lion tomba sur le coup, mais se releva presque aussitôt.

Il ne me restait plus que mon poignard, faible ressource contre un adversaire que trois balles bien placées ne tuent point.

J'ai vu la mort assez souvent et d'assez près, pour ne pas craindre de faire cet aveu; mais en ce moment, j'ai cru que c'en était fait de Rostain et de moi.

Les nuits où je suis seul, je n'ai jamais ressenti ce qui s'est passé en moi cette nuit-là.

D'habitude, plus le danger devenait imminent, plus la mort me paraissait probable, et plus je me sentais fort, maître de mes pensées, de mes actions, et enfin prêt à mourir sans même pousser une plainte.

C'est que, *seul,* je n'avais à craindre que pour moi, à ne m'occuper que de moi.

Tandis qu'ici, *à deux*, j'étais gêné, préoccupé par la présence d'un autre.

Ayant remarqué un énorme jujubier sauvage à quelques pas derrière nous, j'entraînai mon compagnon de ce côté.

Fort heureusement pour nous qu'atteint par trois blessures, le lion ne pouvait ni bondir ni courir; tout ce qu il pouvait faire, c'était de se traîner avec peine.

Le jujubier en question avait une circonférence de dix mètres environ, et ses branches, hérissées d'épines, étaient assez épaisses pour que le lion n'essayât point d'y pénétrer dans l'état déplorable où il se trouvait.

Il ne s'agissait donc que de tourner autour de cet obstacle sans se laisser atteindre et de recharger en marchant.

Le lion, après avoir fait un tour sur nos talons en trébuchant comme un homme aviné, finit par se coucher en exprimant d'une façon peu rassurante ses dispositions à notre égard.

Nous profitâmes de ce moment pour nous dérober à sa vue, et, pendant que Rostain faisait sentinelle à côté de moi, je commençai à charger mon fusil tout en faisant le moins de bruit possible.

Comme j'avais l'intention de marcher ensuite sur l'animal pour lui casser la tête à bout portant, je mis la plus grande attention en chargeant, afin d'éviter un raté.

Après avoir placé la dernière capsule, non sans éprouver un certain bien-être, je me levai, et en ayant soin de m'éloigner de quelques pas en dehors du jujubier, je m'approchai de la place où le lion s'était couché.

La place était vide ainsi que les environs.

L'animal, cessant de nous voir, de nous entendre, nous cherchait-il ailleurs?

Je ne fis rien pour m'en assurer, dans la crainte d'une surprise.

Du moment où il avait pu se relever et s'éloigner à une distance assez grande pour qu'il ne nous fût pas possible de le voir, c'est que, *malgré ses blessures*, il pouvait nous faire payer cher une rencontre imprévue. Je résolus donc d'attendre le jour avant de me mettre sur ses traces.

Après un court repos, pendant lequel je pus m'assurer que le lion avait laissé beaucoup de sang à l'endroit où il s'était couché, nous regagnâmes le camp en évitant les passages boisés.

Le lendemain, au point du jour, j'arrivais à ma brisée de la veille, suivi de Rostain, du cheik Mustapha et de quelques Arabes.

Ce que le lion avait laissé de sang en fuyant paraîtrait incroyable, si ce n'avait été un lion.

Pendant une demi-heure, je pus suivre les voies aux rougeurs sans les perdre un seul instant de vue.

A chaque passage un peu couvert, l'animal avait ensanglanté les branches des deux côtés; signe certain qu'il était traversé d'outre en outre.

Il me fut même facile de m'assurer, par la hauteur où le sang avait rougi les branches, qu'il était bien effectivement, ainsi que je le jugeais, touché au défaut de l'épaule.

Arrivé à l'entrée d'un bois d'oliviers très-épais dans lequel le blessé s'était engagé, je pensai qu'il devait être là mort ou vivant, et donnai mes instructions en conséquence.

Rostain et les Arabes devaient se tenir en amont, en dehors du bois, et attendre que je fusse positivement sûr de la présence du lion dans ce buisson.

Ensuite ils devaient, sur un signe convenu, et toujours sans s'engager sous bois, lancer de grosses pierres dans les massifs.

Si le lion ne se faisait voir ni entendre, c'est qu'il était mort; et, dans ce cas, reprenant ses traces au point où il était entré, nous arrivions sans crainte jusqu'au cadavre.

S'il vivait encore, il était dans les probabilités qu'il descendrait plutôt vers un homme isolé qu'il ne monterait vers un groupe.

Quand je me fus bien convaincu que le lion était resté dans ce massif, j'en avertis Rostain avec le pan de mon burnous, et aussitôt il se mit, ainsi que les Arabes, à lancer des pierres sous bois.

Ne voyant et n'entendant rien, je fis signe à mes hommes de cesser et de se tenir tranquilles.

Au bout d'un moment de silence, je vis le lion sortir lentement dans une clairière, regardant de tous côtés.

Au moment où je prévenais Rostain, les chiens de Mustapha s'étant trouvés nez à nez avec le lion, celui-ci les chargea.

Les chiens ayant pris la fuite du côté des Arabes, ces derniers, en les voyant sortir du bois, le poil hérissé et la queue basse, lâchèrent pied tout comme eux, et c'est alors que le lion vint débucher à dix pas de Rostain, qui, perdant la tête, se laissa à son tour entraîner par l'exemple des Arabes.

Seulement, au lieu de courir en montant comme ceux-ci, il eut la fatale inspiration de descendre le versant de la montagne, à travers bois.

Le lion, dès qu'il avait aperçu le spahi, s'était attaché à lui et l'avait chargé en rugissant à pleins poumons, la crinière hérissée et la queue au vent.

A chaque bond, le lion trébuchait; mais il se relevait aussitôt et reprenait sa course avec un acharnement plus terrible. A première vue, j'avais compris que c'en était fait de l'infortuné Rostain; aussi fis-je tous mes efforts pour intervenir à temps.

Saisissant un moment où l'homme et le lion traversaient une clairière à quarante pas de moi, j'envoyai un quatrième coup de feu dans le flanc de l'animal, qui tomba de nouveau.

Si Rostain avait profité de ce laps de temps pour continuer sa course, il était sauvé.

Malheureusement, il se retourna pour voir l'effet de mon coup.

En apercevant le lion se relever furieux et le charger de nouveau, il voulut fuir; mais, au même instant, il fit un faux pas, puis une chute, et, comme il se relevait, le lion le prit dans sa gueule, le secoua deux ou trois fois à droite et à gauche, puis le lança les pieds en l'air au milieu d'un gros lentisque.

Malgré l'épaisseur du fort, je fus auprès de Rostain en moins d'une minute.

Je le trouvai couché au milieu d'une mare de sang.

Croyant l'avoir tué, le lion avait disparu.

Cependant le pauvre diable n'était pas mort.

Je m'empressai de visiter le haut du corps, qui était intact.

Les quatre incisives avaient percé la cuisse comme autant de coups de feu, et *seize coups de griffes*, dont quelques-uns effrayants de profondeur, avaient labouré les chairs du malheureux.

J'eus beau appeler les Arabes pour m'aider à le sortir du bois, aucun ne se soucia de descendre.

Je chargeai Rostain sur mes épaules et le portai jusqu'au bord de la plaine.

Le reste de cette journée fut employé par moi à soigner le blessé, en attendant l'arrivée du docteur Gresloy, qui, mandé à Guelma, s'empressa d'accourir aussitôt.

Le lendemain, je retournai au bois, accompagné d'un grand nombre d'Arabes, qui devaient le fouiller avec moi.

Je ne supposais pas que le lion pût vivre encore ; mais il me fallait beaucoup de monde pour le trouver mort.

Après avoir repris ses traces à l'endroit où la veille il avait atteint le spahi, nous le suivîmes environ trois cents mètres, toujours au sang.

Là il entrait dans un buisson formant une presqu'île et séparé par la rivière de Bou-Hemdem du grand massif appelé El-Bhar par les Arabes.

Quand je me fus assuré par moi-même que le lion n'était point sorti du premier buisson, je laissai le gros des Arabes sur ses dernières traces, en leur donnant pour instruction de faire, comme la veille, le plus de bruit possible, afin de l'obliger à se faire voir ou entendre, s'il vivait encore.

Persuadé que, s'il n'était pas mort, il irait se rembûcher dans le massif d'El-Bhar, qu'il fréquentait d'habitude et où il pourrait nous faire beaucoup de mal, j'avais fait occuper un des deux passages qui y menaient, par cinq Arabes bien armés, et je gardai l'autre, celui que je supposais la meilleure refuite.

Bientôt il se fit un bruit capable d'éveiller les morts.

Le lion ne bougeait pas.

Et les Arabes de s'écrier :

« Il est mort, le coquin! Il est mort, le juif! Il est mort, le kafer ! »

Tout à coup, un de ces braillards aperçoit le lion couché sous un lentisque.

Il a le courage de lui tirer un coup de fusil.

Le lion s'élance sur l'homme; mais il ne peut fournir un bond assez vigoureux, et l'Arabe en est quitte pour quelques coups de griffes sans gravité.

Un moment après, un autre, qui ne se doutait pas que le lion fût si près de lui, le rencontre *nez à nez*.

D'abord il ne perd point la tête, et le couche en joue résolûment.

De son côté, le lion se rase et attend.

Jusque-là, c'était bien joué; mais par malheur l'homme hésite, a peur, et, au moment où il détourne la tête pour voir s'il n'y a pas derrière lui quelqu'un capable de le soutenir, le lion, moins indécis, fond sur lui comme la foudre.

D'un seul coup de griffe il lui fend la joue du haut en bas, brise la crosse de son fusil, et partage la main qui tenait la crosse. L'homme tombe, culbuté par ce simple choc; le lion le prend par les reins, le secoue deux ou trois fois dans sa gueule et l'envoie, la tête la première, plonger à dix pas de là dans une broussaille.

Un autre Arabe, armé d'un fusil à baïonnette, se rencontre alors à son tour sur son passage au moment où il se dirigeait vers nous, et le salue d'un second coup de feu.

Le lion, sans s'arrêter cette fois, fait un *crochet* de cette baïonnette, et jette l'Arabe hors de son chemin, comme l'homme fait d'un petit caillou, qu'il pousse du pied quand il le gêne sur sa route.

Et alors, la voie libre, il arrive enfin jusqu'au bord du ruisseau, en face du gué qu'occupaient mes cinq hommes.

Tant que le lion se tint immobile sur la berge, les Arabes restèrent vis-à-vis à leur poste, coude à coude, le fusil à l'épaule, et en apparence décidés à vaincre ou à mourir.

Mais dès que le lion, se jetant à l'eau, la crinière hérissée et la voix menaçante, marcha droit à eux, ils prirent la fuite *avec un ensemble admirable.*

Ce que voyant, le lion passa tranquillement, abordant à la place même qu'ils défendaient, et disparut sous bois.

Le gué que je gardais seul se trouvant à trois cents mètres plus haut, je n'avais pu ni faire feu ni arriver en temps utile.

Quand je survins, tout courant, le lion entrait dans le massif; il était couvert de sang et marchait sur trois pieds, l'allure mal réglée et chancelante.

J'allais renvoyer tous les Arabes et me mettre sur la voie de l'animal, lorsqu'on vint m'avertir que la litière destinée à transporter Rostain à Guelma était arrivée, et que, souffrant beaucoup, il désirait que je l'accompagnasse jusque-là.

Je m'empressai de me rendre à son désir et l'escortai jusqu'au camp, ainsi que les deux Arabes dont j'ai parlé plus haut, plus ou moins maltraités par le lion.

Le lendemain je retournai à Mejez-Amar, et pendant dix jours consécutifs je fis le bois d'El-Bhar pour m'assurer que le lion n'en était point sorti, et le fouillai dans tous les sens sans résultat.

Enfin les vautours commencèrent à planer au-dessus du massif, puis à descendre au milieu du bois.

J'étais désormais suffisamment éclairé sur ce que je désirais apprendre.

Pour moi, le lion était mort, et mon but atteint; aussi laissai-je aux Arabes le soin de rechercher les restes de l'animal, et j'eus la satisfaction, peu de jours après, de les voir m'apporter la tête, qui, bien que fort endommagée, a été cependant conservée par M. le docteur Gresloy.

Les deux indigènes atteints par ce lion se rétablirent assez vite, leurs blessures n'étant pas très-graves, grâce à l'état de faiblesse de l'animal et à l'épaisseur de leurs burnous ; j'ai appris depuis que l'un de ces deux hommes avait dû subir une amputation après laquelle il était mort.

Il n'en fut pas de même de Rostain, qui, après huit mois d'hôpital et une saison passée aux eaux d'Aman-Scoutin, en a été pour la perte d'une jambe.

XIX

MON SÉJOUR A PARIS EN 1848. — PROJET D'ORGANISATION D'UNE LIONNERIE

Ma santé, déjà fort compromise par les épreuves sans nombre de cette vie toute de fatigues et d'émotions, fut encore et plus rudement éprouvée par les suites regrettables de cette dernière chasse.

Dans le courant de l'hiver de 1847, je reçus un congé pour la France.

Après un mois de séjour dans ma famille, je vins à Paris à la fin de décembre. J'ai raconté plus haut, en traçant l'histoire d'Hubert, pour qui fut ma première visite.

Je fus sensible à l'accueil distingué et sympathique qui me fut fait partout.

Je fus surtout heureux de rencontrer des amis plus dévoués que, selon ma croyance, ne devait le comporter la vie factice que l'on mène dans la capitale.

Impressionné comme je l'étais journellement, dans le cours de mes chasses, par les pertes énormes que les lions font éprouver aux tribus et par la reconnaissance vraiment sincère que chaque nouveau succès m'attirait, j'avais longtemps cherché un moyen de protection plus efficace que mon individualité, et qui profitât à la fois aux deux pays, à l'Algérie et à la France.

Quelque chose d'analogue au service organisé dans nos départements pour la destruction des loups, me paraissait applicable là-bas;

et ce fut sur cette institution si utile de la louveterie que je préparai à mon tour un projet sur l'organisation spéciale d'une *lionnerie*.

Mon idée était simple et d'une exécution facile.

Enrôler des volontaires pris dans nos régiments d'infanterie, en Afrique; leur adjoindre quelques indigènes, choisis également dans nos rangs; mettre ces corps de *chasseurs francs* à la disposition des commandants de provinces, de subdivisions et de cercles, pour rechercher et tuer le lion : tels étaient, à peu près, et le fond du projet et le choix du personnel.

J'avais calculé que cette organisation aurait coûté vingt mille francs par an à la province de Constantine, qui en perd deux cent mille à peu près par le seul fait des lions. Depuis lors, la défense d'incendier les forêts a considérablement augmenté et le nombre des lions et les pertes qu'ils font subir.

Les tribus chez lesquelles ces animaux dévastateurs prélèvent particulièrement leurs ruineux tributs, auraient fait de grand cœur non-seulement les premiers frais d'établissement, mais ceux nécessités par l'entretien de la lionnerie, et je ne crains pas de dire que jamais institution n'eût été accueillie avec autant de gratitude et de faveur par les populations indigènes.

Il va sans dire que je comptais sur l'honneur de commander à ces braves gens et de diriger leurs premiers pas dans cette carrière toute nouvelle pour eux.

Après avoir reçu du roi, de madame la duchesse d'Orléans et des princes un accueil auquel l'obscurité de ma condition et l'infériorité de mon grade ne me donnaient aucun droit, assurément, j'eus occasion de remettre en bonnes mains le travail que j'avais préparé.

Il fut compris, approuvé, et allait être mis à exécution, quand survinrent les événements de Février.

Je restai Gros-Jean comme devant, avec le souvenir du bien qu'on avait voulu me faire tout en me mettant à même de mieux servir mon pays, et avec les armes que j'avais eu l'honneur de recevoir, peu de jours auparavant, des mains du jeune comte de Paris, pour continuer la mission que je m'étais tracée.

Il est des cadeaux dont la manière de les offrir double le prix.

Je serais vraiment un ingrat, et je ne le suis pas, Dieu merci! si je ne racontais ici avec quel à-propos et quelle grâce touchante ces armes, qui consistaient en une boîte de pistolets magnifiques, me furent offertes par le jeune prince.

Le jour de ma présentation aux Tuileries, madame la duchesse d'Orléans, son auguste mère, devant laquelle j'avais trois fois le désir de m'incliner respectueusement, comme femme, comme princesse et comme veuve d'un prince chéri de tous les Français, daigna me recevoir dans ses appartements particuliers.

Son accueil, plein de bonté et dont je garde précieusement le souvenir, me toucha et m'émut jusqu'aux larmes.

Après m'avoir un instant entretenu sur l'Algérie et sur la vocation périlleuse qui m'y faisait rechercher ces terribles duels au récit desquels elle avait plus d'une fois tremblé pour le vainqueur, ajouta-t-elle gracieusement, la duchesse me conduisit auprès des deux jeunes princes, ses fils, le comte de Paris et le duc de Chartres, et me pria de vouloir bien raconter de point en point devant eux, sans en omettre le plus petit détail, les divers incidents de la mort d'un lion dont j'avais eu l'honneur de lui offrir la dépouille, et que je reconnus alors parfaitement pour mon grand lion fauve de la Mahounah.

J'obéis au désir de la princesse.

Quand j'eus terminé mon récit, que je ne reprendrai pas, pour cause, et qui parut, du reste, vivement impressionner mon jeune auditoire, à en juger par les émotions diverses que trahissaient tour à tour leurs visages intelligents, surtout à ce moment critique où le lion, déjà frappé de deux coups de feu tirés à bout portant, brise encore mon poignard dans la lutte, le comte de Paris sortit un instant sans rien dire.

Mais cinq minutes ne s'étaient pas écoulées, qu'il rentrait, un nécessaire à la main, et que, venant à moi, il me dit :

« Vous courez souvent de bien grands dangers, monsieur Gérard, et ces vilaines bêtes-là (il poussait du pied la peau du lion), finiront par vous jouer quelque mauvais tour.

» Un bon chasseur comme vous doit être un bon soldat : il faut vous conserver à l'armée.

» Vous avez un fusil, vous avez un poignard; mais il vous manque encore quelque chose, ce sont des pistolets : acceptez ceux-ci, que je vous offre, et servez-vous-en bien à l'occasion. »

J'oubliai l'enfant, et je serrai avec effusion la main que me tendait le prince.

Muette pendant toute cette scène, madame la duchesse d'Orléans prit son fils, et l'attirant vivement à elle, le couvrit de baisers.

Depuis cette époque, j'ai eu l'honneur de revoir l'auguste famille; j'ai retrouvé le comte de Paris et le duc de Chartres, non plus des enfants de douze ans, mais bien des hommes ayant reçu la meilleure et la plus complète éducation, et doués de qualités vraiment remarquables, parmi lesquelles brillent le caractère et l'esprit français. Dans cette circonstance, toute récente, j'ai eu l'honneur de recevoir des mains du comte de Paris un magnifique poignard, qui a d'autant plus de prix à mes yeux, qu'il a appartenu au duc d'Orléans, son auguste père, que la France a tant regretté et regrette encore.

XX

JE RETOURNE EN AFRIQUE : J'EMPORTE UN ARSENAL COMPLET

Avant de quitter la capitale, je reçus de M. Adolphe d'Houdetot, qui ne trouvait pas assez de m'avoir dédié l'un de ses plus charmants livres, une carabine superbe commandée par lui à Devisme et fabriquée tout exprès pour la chasse au lion.

Cette arme remarquable, à deux coups, canons parallèles, d'un calibre de dix-sept millimètres de diamètre et de soixante-cinq centimètres de long, est à la fois à tige et à chambre.

La rayure des canons est progressive, selon les principes admis pour la carabine des chasseurs de Vincennes.

Le mode de forcement est le même.

La balle, du poids de cinquante-cinq grammes, est conique et armée d'une pointe d'acier qui tient la partie supérieure du cône dans la moitié de sa longueur.

Cette pointe donne une pénétration beaucoup supérieure à celle des balles ordinaires, et perce les corps les plus durs.

La carabine pèse en tout trois kilogrammes et demi.

A cette arme à feu était joint un fort beau poignard sortant également des ateliers de Devisme et offert par lui.

La lame de ce poignard est en acier pur; longue d'un pied, large comme la main, elle est évidée et à deux tranchants.

Mon arsenal se montait, comme on voit, et, mon beau rêve de *lionnerie* envolé, il me restait au moins de quoi m'équiper convenablement avant de rentrer en campagne.

A son tour, Moutier-Lepage, l'ex-arquebusier des princes, avait voulu que des armes de sa maison eussent l'honneur de contribuer à la mort d'un lion, et il m'offait une carabine non moins soignée que la première et fabriquée tout exprès pour moi.

Les canons parallèles de cette arme, à deux coups également, ont cinquante-cinq centimètres de longueur sur un calibre de onze millimètres.

Les neuf rayures en spirale font un tour sur soixante-dix centimètres; la balle cylindro-conique pèse quinze grammes.

Le poids total de l'arme est de trois kilogrammes.

Lorsque j'essayai pour la première fois ces armes avec MM. Devisme et Lepage, soit dans leurs tirs, soit à Vincennes, je fus étonné des effets de pénétration qu'elles nous donnèrent.

La balle, armée de sa pointe d'acier, perçait à jour une plaque en fonte d'un centimètre d'épaisseur : celle en plomb traversait un madrier de chêne épais de vingt-cinq centimètres.

Ce fut avec ces deux carabines, sans contredit les meilleures armes que l'on puisse établir pour chasser le lion, que je retournai en Afrique dans le courant de l'été de 1848.

XXI

DE LA CHASSE AU LION PAR LES INDIGÈNES DANS LES ENVIRONS DE CONSTANTINE

A mon retour, ayant été attaché aux affaires arabes, ma nouvelle position m'obligea de quitter Guelma pour venir me fixer à Constantine.

Dans cette partie de la province, et avant mon arrivée, quelques fractions de tribus chassaient le lion *à l'assaut.*

Je vous assure que c'est une manière qui en vaut bien une autre, et que ceux qui la pratiquent jouent gros jeu.

Il s'agit d'aller pendant le jour, au nombre de trente à quarante hommes, trouver le lion à son repaire, qu'il quitte alors, non pour fuir, mais pour charger ses visiteurs.

Les Arabes, formés sur un seul rang et coude à coude, l'attendent à bout portant et font feu tous en même temps.

Huit fois sur dix, le lion, malgré cette fusillade et les balles qui l'ont frappé, arrive sur la ligne des tireurs.

Quand il n'a reçu que des blessures légères, il se contente de prendre un des hommes placés aux ailes et l'emporte dans une bonne position où il pourra charger avec avantage les assaillants.

Dans le cas contraire, c'est-à-dire si la première décharge l'a blessé mortellement, il s'acharne sur les hommes qu'il a pu saisir, et se fait tuer sans lâcher prise.

Ces sortes de chasse, assez rares du reste, coûtent très-cher à ceux qui les font ; et, depuis que j'ai vu de près les hommes dont je parle, j'en ai compté parmi eux plus de cinquante blessés plus ou moins grièvement.

Dans le Sud, lorsqu'un lion a prélevé sur une tribu un impôt de 20 à 30,000 francs, et qu'il s'est fixé dans une montagne peu boisée et d'un accès facile, on lui livre quelquefois bataille.

L'expédition ayant été décidée par les grands, on convient du jour et du rendez-vous.

Les cavaliers prennent position au pied de la montagne ; les hommes à pied se dirigent par groupes de trente à quarante vers le repaire du lion, en poussant des hourras bruyants.

Au premier cri, le lion, s'il n'est pas adulte, quitte son repaire.

La lionne (à moins qu'elle n'ait des petits) se comporte comme le jeune lion.

Mais, comme l'animal ne fuit pas et que les montagnes du Sud sont peu recouvertes, il ne tarde pas à être aperçu, et il suffit alors de quelques coups de feu pour l'arrêter et engager l'action.

Si le lion est adulte, comprenant par expérience ce que signifie ce tapage, il se lève en bâillant, en se détirant les membres comme un paresseux que l'on éveille trop tôt.

Il s'allonge, se frotte les flancs contre les buissons qui couvrent sa demeure et secoue sa royale crinière, en se redressant d'un air majestueux et fier.

Il écoute un instant les cris qui se rapprochent, et se met à aiguiser ses griffes en murmurant.

Ensuite il se dirige à pas comptés vers le premier rocher ou plateau qui domine le pays.

Arrivé là, il promène ses regards de tout côté, et, dès qu'il a aperçu *son monde*, il se couche et attend.

L'Arabe qui le premier a vu le lion crie : « Le voilà ! »

Ce cri, poussé par un seul homme au milieu des hourras qui remplissent la montagne, a été entendu et compris de tous.

On n'entend plus une seule voix.

Les groupes qui peuvent voir le lion s'arrêtent et le contemplent en silence.

Ceux qui sont plus éloignés accourent pour l'examiner à leur tour.

Après une longue contemplation pendant laquelle, d'un côté, les Arabes visitent leurs armes, de l'autre, le lion lèche sa crinière et ses pattes pour faire sa toilette de combat, un Arabe sort du groupe, s'avance et dit au lion :

« Tu ne nous connais donc pas, pour rester ainsi devant nous?

» Lève-toi et fuis ; car nous sommes de telle tribu, et moi je suis un tel ! »

Le lion, qui a déjà décousu la peau de plus d'un indigène l'apostrophant exactement dans les mêmes termes, continue à promener ses larges pattes sur sa figure pour se faire beau.

Un autre orateur prend la parole.

Mais son éloquence s'étant perdue dans les échos comme celle de son camarade, viennent alors les épithètes de juif! de chrétien! d'infidèle! qui, passant par toutes les bouches et hurlées sur tous les tons, finissent par faire un tel vacarme que le lion, ennuyé, se lève, frappe deux ou trois fois ses flancs de sa queue qu'il fait tournoyer, et marche droit à l'ennemi.

L'affaire est désormais engagée; il faut du sang : plus d'un rocher, plus d'un buisson en sera couvert dans quelques minutes, et c'est celui des plus braves qui coulera seul.

Déjà les plus timides sont en fuite, et cependant le lion est encore hors de la portée des balles, et il marche lentement, à pas comptés.

Les plus hardis battent en retraite, mais avec ordre, sans tourner casaque, et ils se dirigent vers la plaine où les attendent les cavaliers.

Ceux qui ne sont venus que pour dire : « Nous y étions, » sont perchés, les uns sur des arbres, les autres sur des rochers inaccessibles.

La cavalerie, prévenue de l'approche du lion, s'ébranle pour se mettre en mouvement.

Les chevaux sont lancés au galop; les cavaliers simulent des charges à fond de train; les fusils tournent sur leurs têtes et les yatagans sifflent dans l'air. C'est une espèce de fantasia préliminaire.

On se heurte, on se provoque; des défis sont lancés par les plus intrépides. Ils ont commencé par crier, maintenant ils poussent des hourras diaboliques.

Cependant tous les chevaux, lancés comme des balles, s'arrêtent tout à coup, et, dressant les oreilles, ouvrant les naseaux, ils écoutent et flairent bruyamment.

C'est qu'un coup de feu s'est fait entendre.

Le lion, voyant les cavaliers manœuvrer dans la plaine, s'est arrêté pour conserver l'avantage de sa position.

Les cris, les provocations ne lui font plus rien; il faut de la poudre.

On se consulte, on hésite.

Enfin, un ancien, qui, s'il n'a pas été écharpé lui-même, a du moins à venger la mort de quelqu'un des siens, prend la parole :

« Jeunes gens, dit-il, que tous ceux qui tiennent à leur famille, à leurs biens, à leur tête, se retirent. »

Quoique beaucoup tiennent à tout cela, au dernier article surtout, personne ne bouge.

L'Arabe qui se retirerait dans un pareil moment serait à tout jamais déshonoré dans l'esprit des siens.

Celui qui a parlé fait quelques pas en avant, il rejette fièrement son burnous sur l'épaule; puis, après avoir ajusté pendant cinq minutes, il fait feu.

La balle est allée se loger ailleurs qu'à son adresse; mais le lion, qui n'attendait que la démonstration, s'est levé furieux, et, cette fois, il ne s'avance plus au pas, c'est à fond de train qu'il charge.

Il n'y a plus de honte pour les fuyards : la déroute est générale; seulement, quelques-uns ont pris de bonnes positions et envoyé leurs balles au passage.

Les cavaliers avancent alors au pas et le fusil haut.

Si un retardataire a été pris par l'ennemi (et cela arrive presque toujours), il suffit qu'un homme à cheval marche vers le ravisseur et fasse feu à bonne distance : le lion quitte son premier prisonnier pour charger le nouveau provocateur.

Bientôt, fatigué de ces courses impuissantes, il se rase à la manière du chat et attend la mort sur place.

C'est le moment solennel.

Les cavaliers éparpillés se rapprochent ; un feu roulant est ouvert.

Le lion reçoit toutes les balles à distance sans bouger.

Mais qu'un cheval passe au galop assez près de lui pour qu'il puisse l'atteindre en quelques bonds, et si le cavalier n'est pas arraché de sa selle et broyé avant qu'il ait touché terre, le cheval est arrêté sur place, et l'un et l'autre n'en reviendront point.

J'ai vu des Arabes qui ont survécu aux blessures du lion au commencement d'une attaque ; mais tous ceux qui sont pris par lui quand il a plusieurs balles dans le corps sont sûrs de leur affaire : ils ne reverront jamais le douar natal. Quand le lion tient une de ces dernières victimes, on peut alors l'approcher d'assez près pour lui mettre le bout du fusil dans l'oreille ; il meurt sans lâcher sa proie.

Je renvoie du reste le lecteur, pour tous ces détails que j'ai déjà décrits fort au long, à mon premier ouvrage : *la Chasse aux lions*. Ils trouveront là, rassemblé dans un seul volume, dont je remercie en passant mes éditeurs d'avoir fait une édition de luxe et une édition populaire à la fois, tout ce que l'on peut dire sur la théorie d'une chasse exceptionnelle, jusqu'à ce jour trop peu connue, et que n'a donnée aucun écrivain cynégétique.

Ce nouveau livre n'étant, pour ainsi dire, que des mémoires au jour le jour, où figure la mise en pratique, pendant dix années consécutives, des préceptes que j'ai tracés ailleurs, je n'ai pas besoin de m'étendre davantage sur un sujet déjà traité par moi, et qui ne serait conséquemment qu'une répétition sans intérêt.

XXII

UNE EXCURSION CHEZ LES ZMOULS, LES OULED-SASSI ET LES OULED-ACHOUR.
— LES LIONS DU ZÉRAZER

Ayant été envoyé en mission dans le sud du cercle de Constantine vers la fin de janvier 1848, j'eus occasion d'entendre chaque soir, sous la tente, les récits de ces chasses.

Le bruit de mes tueries dans les cercles de la Guelma et de Bone était arrivé jusqu'ici, et les plus francs m'avouèrent qu'ils n'y croyaient pas.

« Comment, me disaient-ils, est-il possible que seul, la nuit, sans abri, tu aies pu tuer des lions et être de ce monde, quand nous avons tant de peine à en venir à bout après lui avoir mis vingt-cinq balles dans le corps, en plein soleil et à cheval, et que nous avons presque toujours perdu un contingent respectable d'hommes et de chevaux ? »

J'avais beau leur dire que c'était tout simple ; que, quand le lion venait à moi, je l'attendais, et que, quand il ne venait pas, j'allais à lui ; ils me répondaient à cela que « les lions de Guelma étaient en ce cas *de bons enfants.* »

Il fallait une preuve ; je cherchai l'occasion de la leur donner éclatante et sans réplique.

La tâche, du reste, était facile, comparée aux épreuves passées.

Là-bas j'avais contre moi la nuit, souvent l'obscurité la plus complète, quelquefois la pluie, la neige, et toujours l'isolement;

Pour arme, un fusil, excellent, il est vrai, mais toujours un fusil.

Ici j'avais pour moi le grand jour, un pays peu couvert, deux bonnes carabines (sans pour cela renoncer à l'arme illustrée par mes précédentes victoires), et pour témoins les Arabes, des incrédules pour tout ce qui les fait paraître petits auprès de nous.

Dès que mes armes, que j'avais laissées à Guelma, me furent parvenues, je quittai Constantine et me rendis chez les Zmouls, sur un simple renseignement.

C'était le 28 janvier 1849. J'appris en arrivant qu'il y avait du lion dans la montagne appelée le Zérazer.

Le temps ayant été très-mauvais jusqu'au 1er février, je me contentai d'envoyer des Arabes se renseigner dans les douars, et m'occupai, en attendant le soleil, d'affaires arabes.

Le 1er février, deux fractions de Segnia vinrent se mettre à ma disposition.

Le sol étant couvert de quelques pouces de neige, je leur ordonnai d'aller faire le bois le lendemain de bonne heure, et d'allumer un feu dès qu'ils auraient rencontré les traces du lion à son retour vers la montagne.

Le feu devait servir à tous de point de ralliement.

J'employai le reste de la journée à parcourir les points les plus élevés du Zérazer, afin de prendre connaissance du pays.

Cette montagne, longue de trois lieues environ, est taillée à pic vers l'est, et offre quelques vallées couvertes à l'ouest.

Je jugeai que le lion devait être là, et que, s'il ne prenait pas immédiatement l'offensive, il suivrait les crêtes pour gagner les repaires du Bou-Arif.

Le 3, à huit heures du matin, je montai à cheval, accompagné d'Amar-ben-Taïeb, cheik des Ouled-Sassi, et de Mohammed-ben-Ghenem, cheik des Ouled-Achour, qui devaient prendre le commandement de leur fraction.

XXIII

UN COUP DOUBLE COMME J'EN SOUHAITE UN AU LECTEUR. — ENCORE LE ZÉRAZER

Après avoir suivi pendant une heure le pied de la montagne en marchant vers le sud, nous aperçûmes une colonne de fumée sur un rocher placé là comme une vedette.

Les burnous s'agitèrent en nous voyant : c'était ma brisée, c'étaient les Arabes qui venaient de faire leur quête.

En approchant du rendez-vous, je vis un Arabe isolé de ses compagnons, debout au pied d'une rampe qui menait sur les crêtes.

Laissant le feu à droite, je me dirigeai vers lui, et suivant du regard la direction de sa main, j'aperçus des empreintes de lion, nombreuses et de bon temps.

On dit que *péché avoué est à moitié pardonné.*

Ma foi, tant mieux ; car je péchai d'orgueil en ce moment, en voyant, d'un côté, les pas de trois lions, et de l'autre, quarante Arabes armés jusqu'aux dents.

Puisque je l'ai pensé, pourquoi ne le dirai-je pas? je fus heureux, en me passant en revue des pieds à la tête, de voir qu'il n'y avait dans mon costume de chasse rien qui pût me faire ressembler à ces gens-là.

Le costume de spahi, tel que le portent les Français seuls, le caban de rigueur pour amortir un peu l'effet des griffes, en cas de lutte corps à corps, et le poignard Devisme par-dessus, voilà quelle était ma tenue de combat.

Mon limier, car c'était cet Arabe qui le premier avait rencontré les voies, m'avait suivi en silence, quand, après avoir laissé là mon cheval, je m'étais mis sur la trace des lions, pour bien en revoir.

En me retournant, je vis sur sa figure un petit air narquois qui semblait dire : « *Ils sont trois,* maître....

— Ils sont jeunes, lui dis-je, ils n'ont pas plus de trois ans : j'eusse préféré un vieux lion à tous crins. »

Il fit la grimace et s'en alla conter cela à l'assemblée, que je rejoignis presque aussitôt que lui.

« Que deux hommes prennent nos chevaux, dis-je aux cheiks, pour aller nous attendre au pied de la montagne; que deux autres ne me quittent pas avec mes armes; et vous tous suivez-moi en silence. »

Arrivé sur un plateau qui dominait le rendez-vous, je trouvai l'empreinte d'une reposée toute fraîche; puis les lions s'étaient dirigés vers une vallée, qui me parut propre à les couvrir.

J'ordonnai aux deux fractions de suivre sans bruit la cime des rochers qui forment une corniche sur tout le prolongement du Zérazer, et de s'avancer ainsi jusqu'au dernier piton qui domine la plaine.

Arrivés à l'extrémité nord, ils devaient embrasser, savoir : la fraction des Ouled-Sassi (la plus aguerrie), le versant ouest, repaire présumé; les Ouled-Achour, l'autre versant.

Chaque fraction devait fournir, pour suivre les crêtes, deux hommes réglant la marche de tous, et quelques vedettes pour communiquer avec moi.

Ils devaient marcher vers le sud en faisant grand vacarme, mais sans tirer un coup de fusil.

Dans le cas où les lions prendraient l'offensive, les cris devaient cesser et les vedettes agiter leurs burnous pour me prévenir.

Le plateau sur lequel les lions s'étaient reposés m'ayant paru leur passage habituel par des traces surneigées et nombreuses, je débarrassai mes deux hommes de leurs carabines, et après les avoir placés moi-même dans une anfractuosité de rocher d'où ils pouvaient tout voir sans rien craindre, je vins m'asseoir sur une pierre au milieu du plateau.

Le vent qui soufflait du nord m'apporta bientôt un long hurra.

Dès lors je concentrai toute mon attention sur les vedettes espacées sur les hauteurs qu'embrassaient mes regards.

Il y avait environ une heure que j'avais entendu crier *la vue*, lorsqu'une gazelle m'apparut sur la crête qui dominait le plateau vers le nord.

Elle s'arrêta un instant, et après avoir jeté un regard en arrière, elle descendit vers moi, courant à toute vitesse.

Elle passait à quinze pas sur ma gauche, quand j'entendis rouler quelques grosses pierres sur le versant opposé.

Un lion, séparé de ses compagnons, arrivait droit sur moi.

Assis près d'un buisson auprès duquel venait aboutir le sentier suivi par l'animal, je ne bougeai pas de place, espérant le tirer ainsi à dix pas et entre les deux yeux.

Il y avait un moment qu'il avait disparu dans les sinuosités du sentier, assez couvert en cet endroit.

La carabine à l'épaule, le doigt sur la détente, j'attendais avec impatience son apparition, lorsqu'un cri poussé par les Arabes cachés derrière moi me fit comprendre que le lion avait passé à gauche sous bois.

En me levant, je l'aperçus debout sur le rocher même qui servait d'abri à mes deux hommes.

Une balle au défaut de l'épaule l'abattit sur place; et, comme il se relevait, une deuxième balle suivit la première.

A ce second coup de feu, il rugit à faire mourir de peur les deux Arabes, puis s'élança du haut du rocher vers un précipice qui n'a pas moins de cinquante pieds de profondeur.

Il croyait tomber sur les Arabes, il tomba dans un massif de ronces et de pierres qui reçurent ses dernières convulsions.

Au même instant, la fraction des Ouled-Sassi se montra sur la crête par laquelle était venu le lion.

Ils étaient arrivés au moment où j'avais fait feu pour la première fois.

J'eus toutes les peines du monde à les empêcher d'aller au bas du rocher franchi par le lion, de peur qu'il ne fût pas tout à fait mort.

Je tenais à y aller seul.

A peine avais-je chargé ma carabine, que les vedettes se mirent à crier à tue-tête :

« Deux lions font tête aux Ouled-Achour ! »

Il n'y avait pas à hésiter.

Sûr, du reste, de retrouver mon lion mort, je suivis les Ouled-Sassi, qui, ne doutant plus désormais, avaient pris les devants, sautant sur les rochers comme des chamois.

La fraction des Ouled-Achour avait gagné le large, et les lions furent invisibles le reste de la journée.

Le lendemain, 3, le temps ne nous permit pas de retourner à la montagne.

Le 4 à midi, j'étais à mon poste du premier jour, et vers les trois heures il m'arrivait une lionne par le même sentier qu'avait suivi le lion.

J'avais pris position sur le haut du rocher.

Comme je restais assis jusqu'à ce qu'elle fût à bonne portée, elle venait sans me voir.

Dès que je me levai, elle s'arrêta, et, après avoir regardé derrière elle avec inquiétude, elle me montra, en soufflant à la manière du chat, de fort belles dents, ma foi ! Elle était à trente pas, je l'ajustai à l'épaule.

Au coup de feu, elle se plia en deux comme un serpent, tournant la tête du côté où elle avait été frappée, puis, ayant réuni tout ce qui lui restait de forces, elle fit un bond de dix pas à peine et resta sur place, frappée à la tête d'un second coup.

Les Arabes, accourus à ma double détonation, vinrent un à un faire amende honorable et baiser la main qui leur donnait ainsi, en deux points, une leçon qu'ils n'oublieront jamais, j'espère.

J'envoyai cette lionne à Constantine. Nous trouvâmes le lendemain seulement le lion que j'avais tué le premier jour; tandis que nous le cherchions bien loin, il était tombé au pied même du rocher, dans les broussailles.

Il fallait pourtant savoir ce qu'était devenu le troisième animal; les Arabes, du reste, étaient disposés à marcher avec moi tant qu'il y aurait du lion dans le pays.

Suivant la même tactique, nous rencontrâmes une lionne de l'âge de celle tuée la veille dans la même vallée.

Quelques Arabes, occupés à couper du bois près du plateau que j'occupais, ayant poussé des cris en l'apercevant, celle-ci se mit à les charger avec une fureur telle, que, sans l'épaisseur du taillis en cet endroit, c'était fait de l'un d'eux.

Après qu'elle eut perdu de vue les fuyards, elle s'engagea dans le fond d'une vallée si couverte, qu'il nous fut impossible de la revoir. Les gens de Bou-Arif nous accusèrent l'avoir vue le soir du même jour, se dirigeant vers cette montagne. Pensant dès lors qu'après un aussi grand parti elle ne reviendrait pas de sitôt dans le Zérazer, je regagnai moi-même Constantine.

Le 29 janvier 1850, j'étais appelé dans le même pays et par les mêmes gens, qu'inquiétait la présence de deux lions venus de l'Aurès.

Le lendemain, de bonne heure, je gagnai un des hauts plateaux du Zérazer.

Dix Arabes faisaient le bois du nord au sud; dix autres venaient du sud au nord.

Le rendez-vous était sur une crête qui dominait tout le pays.

Les quêteurs du nord n'avaient rencontré que des voies surneigées; ceux du sud, plus heureux, tombèrent sur la demeure des lions, étonnés qu'on les éveillât d'aussi bonne heure.

Ils allèrent se rembucher non loin de là, en témoignant leur mauvaise humeur à leur manière.

Le cheik des Seigna, qui vint au rapport, me dit que l'un des lions paraissait protéger l'autre et ne refuserait pas le combat.

J'arrivai près du repaire vers les deux heures de l'après-midi : les lions ne l'avaient pas quitté.

Plusieurs Arabes restés en observation me dirent que l'un d'eux s'était montré deux ou trois fois hors du massif, et qu'il avait témoigné de la colère.

Après avoir fait placer en sûreté un officier du bureau arabe qui m'accompagnait, j'ordonnai à tous les indigènes de s'éloigner, ne gardant près de moi que celui qui portait mes armes.

Cette manœuvre réussit à merveille.

Au moment où les Arabes disparaissaient sous bois, un lion se montrait à nous, regardant de tous côtés, et ne voyant que deux hommes, il marchait à eux.

Son compagnon, moins pressé, venait derrière lui.

J'occupais, avec l'Arabe, un rocher élevé de trois ou quatre pieds au-dessus du sol.

Le lion qui marchait en avant s'étant arrêté à quinze pas, je profitai du moment où il me présentait le flanc pour lui briser les deux épaules.

Au coup de feu, son frère s'avança en rugissant jusqu'auprès du blessé, où il s'arrêta à son tour.

Une première balle, bien placée mais malheureuse, le rendit furieux, et d'un seul bond il vint tomber au pied du rocher.

Mon voisin, quoiqu'à demi mort de peur, n'avait pas bronché.

Il me tendit la carabine qu'il tenait prête, et avant que le lion nous eût atteints, une seconde balle l'étendit roide mort.

Les Arabes que j'avais renvoyés étant accourus au bruit des coups de feu et des rugissements, le lion blessé et hors d'état de se relever reçut le dernier coup en leur présence.

Ces deux lions étaient de magnifiques bêtes de quatre à cinq ans.

Je les envoyai à Constantine pour régaler les officiers de la garnison.

XXIV

LA VALLÉE D'OURTEN. — UN APPAT VIVANT D'UNE NOUVELLE ESPÈCE

Au mois d'août (même année 1850), j'eus connaissance d'un grand vieux lion dans le pays des Smouls.

J'appris, en arrivant, qu'il était dans le Bou-Arif, près Batna.

Ma tente n'était pas dressée au pied de cette montagne, que je savais mon lion au Fedj-Jouj, où j'arrivai pour apprendre qu'il avait gagné l'Aurès.

Après avoir fait cent lieues sur les traces de ma bête, sans en revoir autrement que par le pied, je pus, dans la nuit du 22 août, entendre ses rugissements.

J'avais établi ma tente dans la vallée d'Ourten, à moins d'une lieue de Krenchela.

Un seul sentier traversant cette vallée bien couverte, il me fut facile de rencontrer les pas de l'animal et de les suivre jusqu'à son repaire.

A six heures du soir, je mettais pied à terre sur un mamelon qui dominait la contrée.

J'étais accompagné de mon spahi et d'un homme du pays, portant, l'un ma seconde carabine, l'autre mon ancien fusil.

Ainsi que je l'espérais, le lion rugit sous bois au crépuscule; mais, au lieu de se diriger vers moi, il prit parti vers l'ouest, à une allure telle qu'il me fut impossible de le joindre.

Je revins sur mes pas à minuit, et m'établis au pied d'un arbre planté sur le sentier qu'avait parcouru le lion.

Le pays, en cet endroit, était déboisé et cultivé.

La lune étant bonne et le ciel serein, on pouvait de là voir venir de tous côtés.

Je m'installai et j'attendis.

Fatigué d'une course de plusieurs heures à travers bois, et, du reste, espérant peu cette nuit, je recommandai à mon spahi de faire bonne garde, et me couchai.

J'allais m'endormir, lorsque je me sentis doucement tirer par mon burnous.

Je pus voir, en levant la tête, deux lions assis côte à côte, à une centaine de pas environ, sur le sentier que j'occupais.

Je jugeai tout d'abord que nous avions été aperçus et suivis, et me préparai à tirer un bon parti de la situation.

La lune éclairait tout le chemin que devaient parcourir les lions pour arriver au pied de l'arbre.

Là, tout était noir dans une circonférence de trois ou quatre mètres, à cause de l'ombre projetée par le feuillage.

Mon spahi était, ainsi que moi, depuis notre arrivée, placé dans la partie qui n'était pas éclairée, tandis que l'Arabe ronflait comme un bienheureux à dix pas de nous, *en pleine lune*.

Il n'y avait pas à en douter, c'était cet homme qui attirait sur lui les regards des lions.

Je défendis expressément à mon spahi d'éveiller l'Arabe, persuadé qu'après l'action il serait fier d'avoir servi d'appât, même à son insu.

Ensuite je préparai et plaçai mes armes contre l'arbre, et me levai pour mieux observer les mouvements de l'ennemi.

Il ne lui fallut pas moins d'une demi-heure pour parcourir la distance de cent pas qui le séparait de nous.

Quoique le terrain fût découvert, je ne voyais les lions que lorsqu'ils levaient la tête pour s'assurer si l'Arabe était toujours à la même place.

A. Hadamard del. et lith.

Imp. Godard, Paris

Ils profitaient d'une pierre, d'une touffe d'herbes, pour se rendre presque invisibles.

Enfin le plus hardi arriva rampant sur le ventre à dix pas de moi et à quinze pas de l'Arabe.

Son regard était attaché sur ce dernier avec une expression telle, que j'eus peur d'avoir attendu trop longtemps.

Le second, qui était rasé à quelques pas en arrière, vint se placer à hauteur et à quatre ou cinq pas du premier. Je reconnus seulement alors que ces deux bêtes étaient des lionnes adultes.

J'ajustai la première : elle vint rouler en rugissant au pied de l'arbre. L'Arabe était à peine éveillé, qu'un second coup abattait l'animal sur place.

La première balle, entrée par la gueule, était sortie près de la queue; la seconde avait traversé le cœur.

Rassuré sur le compte de mes hommes, je cherchai des yeux la seconde lionne.

Elle était debout, à quinze pas, regardant ce qui se passait autour d'elle.

Je pris mon fusil et l'ajustai.

Elle s'assit.

Au coup de feu, elle tomba en rugissant et disparut dans un champ de maïs qui bordait le sentier. En m'approchant, je fus averti par ses plaintes qu'elle vivait encore, et ne me hasardai point à entrer pendant la nuit dans cette plantation fourrée qui la protégeait.

Dès qu'il fit jour, je me portai au coup de feu et ne trouvai que des voies sanglantes qui gagnaient le bois.

Après avoir envoyé la lionne morte à la garnison voisine, qui lui fit les honneurs d'un festin, je revins à mon poste d'observation de la veille.

Peu après le coucher du soleil, le lion rugit pour la première fois, et, au lieu de quitter son repaire, il y fit toute sa nuit, criant comme un possédé.

Convaincu que la lionne blessée était là, j'envoyai, dès le matin du 24, deux Arabes du pays pour sonder le repaire. Ils revinrent sans avoir osé s'en approcher.

La nuit du 24 au 25 fut, comme la précédente, remplie par les rugissements et les plaintes du lion dans la montagne et sous bois.

Le 25, à cinq heures du soir, je fis prendre et museler une jeune chèvre, et je m'acheminai vers la montagne.

Le repaire était d'un accès très-difficile. Je finis, néanmoins, en marchant un peu sur les mains, un peu sur le ventre, par y pénétrer.

Ayant rencontré des indices certains de la présence des habitants de ces lieux, je fis démuseler et attacher la chèvre au pied d'un arbre.

Ce fut alors une panique des plus amusantes chez les Arabes qui portaient mes armes.

Se voir en plein repaire de lions dont ils flairaient les émanations, et entendre cette maudite chèvre qui les appelait de toutes ses forces, c'était pour eux une position insoutenable.

Après s'être consultés pour savoir s'il valait mieux se mettre sur un rocher, ils me demandèrent la permission de rester près de la chèvre.

Cette confiance me fit plaisir, et elle leur valut une place auprès de moi. Il n'y avait pas un quart d'heure que j'étais là, lorsque la lionne parut : elle se trouva tout à coup à côté de la chèvre, regardant autour d'elle d'un air très-étonné. A mon coup de fusil, elle tomba sans mouvement.

Déjà les Arabes me baisaient les mains, et, pour mon compte, je la croyais bien morte, lorsqu'elle se releva comme si de rien n'était, et nous fit voir toutes ses dents.

Un des Arabes qui avaient couru sur le coup de feu, se trouvait à six pas d'elle.

En la voyant se relever brusquement, il s'accrocha aux premières branches de l'arbre au pied duquel était la chèvre, et disparut comme un écureuil.

La lionne vint expirer au pied de l'arbre, frappée d'une seconde balle au cœur. La première balle était sortie à la nuque sans briser l'os du crâne.

Cette bête alla, comme l'autre, augmenter l'ordinaire de nos soldats, et je passai la nuit à attendre les rugissements du lion.

Au bout de quelques jours, la disparition de ses deux compagnes, qu'il avait en vain cherchées, ayant fait quitter le pays à ce lion, je jugeai à propos d'en faire autant de mon côté, me réservant toutefois de revenir tous les ans dans cette belle vallée d'Ourten, où j'avais rencontré les plus magnifiques repaires.

XXV

OU JE REVIENS A MES MOUTONS EN TUANT LE LION NOIR DE KRENCHÉLA

Après la rentrée de la colonne expéditionnaire de la Kabylie (fin juillet 1851), je demandai à M. le général de Saint-Arnaud, alors commandant supérieur de la province, la permission d'aller parcourir les environs de Krenchéla, pour rechercher le lion que j'y avais laissé.

Au lieu d'un congé, je reçus une mission pour ce pays ; je fus donc contraint, pendant plus d'un mois, de fermer les oreilles aux rapports journaliers qui m'étaient faits par les Arabes sur les méfaits du solitaire.

Dans les premiers jours de septembre, alors que ma mission était terminée, j'allai planter ma tente au milieu du pays parcouru par le lion, et je procédai à des recherches autour des douars qu'il visitait le plus fréquemment.

J'avais passé ainsi plus d'une nuit à la belle étoile, sans résultat aucun, lorsque le 13 mai au matin, après une forte pluie qui avait duré jusqu'à minuit, des indigènes qui avaient fait le bois vinrent me dire que le lion était rembuché à une demi-lieue de ma tente.

Je partis à trois heures, emmenant avec moi trois Arabes, l'un pour garder mon cheval, l'autre pour tenir mes armes, et le troisième porteur d'une chèvre, qui, certes, ne se doutait guère de l'importance du rôle qu'elle allait jouer dans cette expédition.

Ayant mis pied à terre sur la lisière du bois, je me portai vers une clairière située au milieu du repaire, où je trouvai un arbrisseau pour attacher la chèvre et quelques herbes pour m'asseoir.

Les Arabes allèrent se blottir à cent pas sous bois.

Il y avait environ un quart d'heure que j'étais là, et la chèvre criait de toutes ses forces, lorsqu'une compagnie de perdreaux rouges s'envola derrière moi, poussant le cri qui leur est habituel lorsqu'ils sont surpris.

J'eus beau regarder de tous côtés, je n'aperçus rien.

Cependant la chèvre s'était tue, et ses yeux inquiets étaient fixés sur les miens : elle fit un effort pour briser le lien qui la retenait, puis se mit à trembler de tous ses membres.

A ce symptôme de frayeur, je me retournai de nouveau et j'aperçus alors derrière moi, à quinze pas environ, le lion couché au pied d'un genévrier, à travers les branches duquel il nous examinait en grimaçant.

Dans ma position, il m'était impossible de tirer sans faire volte-face.

J'essayai d'épauler à gauche et me trouvai maladroit. Je me retournai doucement sans me lever.

Lorsque j'eus pris une bonne position, et au moment où je l'ajustais, le lion se leva et se mit à me montrer toutes ses dents, en secouant la tête d'un air qui voulait dire :

« Que diable fais-tu là ? »

Je n'hésitai pas un instant et tirai dans la gueule. L'animal tomba sur place sans faire un pas.

Mes hommes accoururent au coup de feu, et, comme ils étaient impatients de toucher le lion, je lui envoyai un second coup entre les deux yeux, afin de le rendre tout à fait immobile.

La première balle, entrée par la gueule, avait suivi l'épine dorsale dans toute sa longueur à travers la moelle, et elle était sortie près de la queue.

Je n'ai pas encore obtenu une pénétration aussi grande, et cependant je n'avais chargé qu'à soixante grains.

Il est vrai que c'était la carabine Devisme et les fameuses balles cylindro-coniques à pointe d'acier.

Ce lion, qui était noir et l'un des plus vieux que j'aie tués, a fait bouillir les marmites de quatre compagnies d'infanterie et de deux escadrons de cavalerie qui se trouvaient à Krenchéla.

XXVI

UN SECOND DÉPLACEMENT A OURTEN. — RENDEZ-VOUS, QUÊTES, RAPPORTS ET CHASSES, DU 19 JUILLET AU 1er AOUT. — FIN TRAGIQUE D'AMAR-BEN-SIGHA

Pendant l'été de 1853, je reçus à Constantine une députation des Amamera de l'Aurès, sur lesquels un grand lion de l'espèce grise prélevait un impôt écrasant.

La narration d'une rencontre sanglante dans laquelle le roi de la montagne avait battu et mis en fuite des guerriers du pays me décida à partir sur-le-champ.

Le lendemain, je mettais pied à terre dans le jardin aimé des lions, après avoir franchi, sans débrider, une distance de quarante-cinq lieues.

Une heure après mon arrivée, j'écoutais le récit des ravages causés par le lion et celui des visions heureuses du sorcier de l'endroit, *Sidi-Amar*, qui condamnait l'animal à une mort certaine.

Exaspérés par leur défaite récente, les indigènes avaient d'abord voulu se joindre à moi ; mais, après le jugement du devin, auquel du reste mes balles avaient jusqu'alors donné raison, je restai seul chargé de l'exécution suprême.

Afin que le lecteur comprenne mieux et suive avec plus d'intérêt les divers épisodes de cette campagne mémorable, je vais lui faire connaître les deux hommes qui m'assistaient d'habitude dans mes recherches pour rencontrer le lion.

Le premier, auquel je dois une mention honorable pour la mort glorieuse qu'il trouva dans cette expédition, se nommait *Amar* et appartenait à la tribu des Ouled-Yacoub.

Comme les Arabes n'ont qu'un très-petit nombre de noms propres à l'usage des hommes, Amar avait été surnommé par les siens l'*Enfant de Jacob.*

C'était un homme d'environ trente-cinq ans, d'une taille élevée, d'une figure énergique, mais sec, nerveux et d'une force prodigieuse. Le moral répondait en tous points au physique.

Audacieux comme un lion quand la poudre parlait, modeste et bon avec ceux qui n'étaient point ses ennemis, Amar était un homme remarquable et digne des sympathies et des regrets qui l'ont accompagné dans la mort.

Le lieutenant d'Amar se nomme *Bil-Kacem* et ne lui ressemble en aucune manière.

D'une taille ordinaire, d'une figure ordinaire, d'un courage ordinaire, il n'a pour lui que son nez, ses yeux et ses oreilles.

Mais quelle vue, quelle ouïe et quel odorat!

Ce montagnard peut défier n'importe quelle bête pour *entendre*, *voir* et *sentir.*

Aussi son maintien, sa démarche, ses gestes et toutes ses allures se ressentent-ils des qualités dont il est doué.

Pendant leur travail du matin pour trouver la rentrée du lion dans son repaire, ces deux hommes avaient chacun leur manière d'agir.

Tandis que l'Enfant de Jacob quittait sa tente la tête haute, l'air décidé, et s'acheminait sans crainte vers la montagne, son compagnon marchait sur la pointe des pieds, ne faisant pas plus de bruit qu'un chat qui chasse, et ne levant la tête que pour flairer les ravins boisés où devait le mener sa quête.

Le premier marquait chaque empreinte des pas du lion par une grosse branche coupée bruyamment sur le bord du sentier.

Le second superposait silencieusement trois petits cailloux gros comme des noisettes.

A son retour, Amar racontait à haute voix et avec force gestes ce qu'il avait fait et vu.

Bil-Kacem entrait sous ma tente comme un renard ; il en fermait soigneusement la porte, puis il me disait *à l'oreille* ce qu'il avait remarqué.

Amar avait-il du lion dans sa quête et un rapport satisfaisant, on le voyait joyeux et alerte.

La fortune avait-elle favorisé son lieutenant, celui-ci arrivait l'air moitié triste, moitié effaré, et semblait venir de commettre un crime.

Cependant j'estime autant la manière du second que celle du premier, surtout par les temps secs, où sur les chemins pierreux *le revoir* est quelquefois difficile.

Ce fut donc avec ces deux hommes, suffisamment connus maintenant, que je réglai la marche à suivre pour me trouver en présence du lion.

Parcourir, dès l'aube du jour, les sentiers qui mènent à la montagne, afin de rencontrer le passage de l'animal à son retour; suivre ses pas jusqu'au moment où, quittant le sentier, il s'est engagé sous bois pour gagner sa demeure; marquer ses empreintes de loin en loin, pour bien juger son âge et son sexe, et enfin indiquer sûrement sa rentrée au repaire, telle était la tâche peu facile des quêteurs.

Le 19, mes hommes ne rencontrèrent aucune voie du lion; mais en revanche il purent rembucher une lionne à une demi-lieue de mon campement.

Le soir du même jour, je l'attendis à sa sortie, assis à quelques pas de la dernière brisée des quêteurs.

Au moment où les premières étoiles se montraient au ciel, j'entendis marcher sous bois; bientôt des branches craquèrent près de moi, et peu après la lionne m'apparut sur le bord du sentier.

Une première balle, tirée en plein front, l'abattit sur place.

Comme au bout d'un instant elle semblait vouloir se relever, une deuxième balle suivit la première.

Remarquant que, malgré ces deux coups, l'animal se débattait encore, je me levai pour lui donner le coup de grâce.

Les journées suivantes ne furent marquées par aucun incident heureux, si ce n'est par l'arrivée de M. de Rodemburgh, capitaine au service de S. M. le roi des Pays-Bas.

Cet officier, fidèle au rendez-vous que je lui avais donné, venait, comme on voit, de fort loin pour faire connaissance avec un vrai lion à l'état sauvage.

Quant au lion, malgré les ravages qu'il continuait à exercer dans le pays, et les plaintes qui m'arrivaient chaque jour, il avait été jusque-là impossible à mes quêteurs de le rembucher.

De mon côté, je passai plusieurs nuits sur les chemins fréquentés par lui sans le rencontrer.

Le 25, je fis lever les tentes, afin de me rendre dans le canton où l'animal semblait s'être fixé.

Pendant la nuit, il rugit dans la montagne, et, tandis que je le cherchais, il vint prendre son souper dans un douar établi à côté de mes tentes.

Cette bonne nouvelle me fut donnée à mon retour, vers trois heures du matin.

Le 26, de bonne heure, mes hommes étaient au bois. A dix heures, le lieutenant d'Amar entrait sous ma tente. Après avoir pris toutes ses précautions, il commença ainsi le récit de sa quête : « Si mes yeux ne mentent point, aujourd'hui sera un grand jour.

— Au fait, lui dis-je, impatient de savoir à quoi m'en tenir ; sais-tu où le lion dort en ce moment ?

— Je ne saurais vous affirmer que ce que j'ai vu ; or, voici ce que j'ai vu :

« A l'aurore, plusieurs Arabes du douar où le lion a fait sa nuit sont venus nous chercher, Amar et moi.

» Suivant vos instructions, Amar est allé droit au ravin qui partage les deux repaires, tandis que je me dirigeais vers le douar.

» J'ai pris la voie du lion à l'endroit où il a franchi la haie qui entoure le parc.

» Ma main ouverte ne couvrant que la moitié de ses pas, je l'ai jugé *grand vieux lion.*

» A une portée de fusil des tentes, j'ai rencontré la dépouille de la brebis qu'il a enlevée cette nuit.

» Il ne restait aucun débris, aucun os, rien que la laine. Après son repas, le lion est allé boire dans la vallée des Sangliers.

» Là, ayant remarqué le passage récent d'Amar, je me suis retiré, de peur de le gêner dans sa quête. »

Au même instant, le retour de l'Enfant de Jacob me fut annoncé par la rumeur des montagnards, qui attendaient au dehors les nouvelles.

En ouvrant ma tente, je le vis traverser fièrement les groupes, passant sur le corps de ceux qui étaient assis ou couchés sur son chemin, coudoyant, sans les regarder, ceux qui voulaient l'interroger.

Amar portait autour de sa tête, serrée par la corde nationale en poil de chameau, une branche de chêne, à laquelle pendait une longue mèche de la crinière du lion.

Il commença par me présenter cet indice certain de la présence de l'ennemi; puis il me fit son rapport en ces termes :

« Je rencontre le lion se désaltérant au ravin que vous m'aviez recommandé d'explorer.

» Je remarque la place où il s'est reposé, et, partant de cet endroit, je marche sur ses empreintes à travers la forêt incendiée l'an dernier.

» Au milieu d'une clairière bordant ce bois est un fourré épargné par le feu; je trouve un chêne sur lequel il a aiguisé ses griffes.

» Voici l'écorce détachée tout fraîchement du tronc, des laissées du matin non moins fraîches, et une poignée de poils de sa crinière.

» En sortant de la clairière, le lion descend dans un ravin profond et escarpé; il en suit le lit quelque temps, puis il le traverse pour s'engager dans un bois inextricable, où je le crois endormi au pied d'un rocher. »

Je passai le reste de la journée occupé à préparer mes armes et à désirer que M. de Rodemburgh, absent, ne revînt pas. Je pressentais que l'affaire serait chaude, et la présence de cet officier m'eût beaucoup inquiété.

Un peu avant le coucher du soleil, je m'acheminai vers la demeure du lion, en compagnie de mon finèle Hamida, d'Amar et de Bil-Kacem, chargés, les deux premiers, de mes carabines, et le dernier, d'un jeune chevreau bâillonné avec soin et destiné à servir d'appât.

Je visitai, en passant, l'entrée du lion dans son repaire, afin de voir l'empreinte de ses pas.

Satisfait de ce que je venais de voir, quant à l'âge et à la taille de l'animal, je cherchai une place convenable pour m'établir et l'attirer.

Ayant rencontré un espace vide d'environ quinze pas dans le voisinage du rocher au pied duquel le lion devait être, je pensai que je ne trouverais pas mieux.

Au moment où le chevreau était garrotté au pied d'un arbuste, et pendant que je prenais mes armes des mains de ceux qui les portaient, Amar se serra brusquement près de moi, et, le visage contracté par la peur, il me montra du doigt une tête énorme et à tous crins qui nous observait à cent pas à peine.

Je m'empressai de renvoyer les Arabes et me plaçai sur le bord de la clairière de façon à voir le lion quand il viendrait au chevreau, que j'eus soin de démuseler.

La pauvre bête, ne se croyant pas en sûreté sous les canons de ma carabine, se mit à jeter les hauts cris et à tirer sur la corde qui la retenait de manière à la rompre.

Au bout de quelques minutes, elle cessa de crier et fit face au repaire du lion, tremblante comme la feuille et osant à peine me regarder de temps en temps, comme pour me supplier d'être prêt à la défendre.

A ces symptômes de frayeur, je compris que le lion s'avançait vers nous.

Sondant du regard l'épaisseur du bois qui bordait la route, j'aperçus une masse de couleur fauve, immobile et d'une forme que les branches et le feuillage empêchaient de juger sûrement.

Bientôt les arbres s'agitèrent, et le lion, sortant du massif, fit deux pas dans la clairière, où il s'arrêta pour nous regarder.

Ah! le bel animal, cher lecteur, et combien il ressemblait peu à ceux de sa race que vous avez pu voir dans les ménageries!

Je le trouvai si beau, si noble, si majestueux, moi qui cependant en avais déjà tant vu, de ces rois de la beauté et de la noblesse, qu'après l'avoir ajusté entre les deux yeux ma carabine s'abaissa.

De son côté, le lion s'étendit doucement sur l'herbe, sans doute pour attendre l'heure du dîner.

A mon grand regret, l'appétit lui vint en regardant sa proie.

Il se leva comme un ressort et se prépara à l'attaque.

Comme il se trouvait de côté, j'ajustai au défaut de l'épaule et lui envoyai deux balles, *pan! pan!* coup sur coup.

Traversé de part en part, le lion tomba en poussant des rugissements déchirés; puis, en se tordant furieux sur la pente du ravin, il se précipita sans le savoir, sans le voir, dans un torrent, d'une hauteur de vingt pieds.

Mes Arabes, avertis par les deux coups de feu et les rugissements du lion, s'empressèrent d'accourir.

Le sang que l'animal avait laissé en abondance leur fit croire que tout était fini, et ils allèrent pousser sur les pitons avoisinant la clairière le cri de circonstance : *Des mulets! des mulets!*

Tandis que ces braves gens demandaient à l'avance des moyens de transport, je m'avançais sur la voie de l'animal, qui, m'entendant lancer une pierre sous bois, me répondit par une menace terrible.

Le massif d'où partaient les rugissements du lion était si épais, qu'il m'était impossible de voir le pied des arbres à deux pas devant moi.

Au moment où je marquais l'entrée sanglante de l'animal, mes hommes revenaient avec quatre montagnards en armes.

Mon intention était d'attendre au lendemain pour trouver le lion mort ou vivant.

J'espérais beaucoup qu'il succomberait à ses blessures pendant la nuit, et, dans tous les cas, je comptais sur le sang qu'il perdrait pour le retrouver moins fort le jour suivant.

Enfin, je regardais à bon droit comme une folie d'aller à lui à travers ce massif où l'œil le plus perçant ne pouvait pénétrer, surtout au moment où la nuit allait se faire.

Je représentai toutes ces choses aux Arabes qui m'entouraient; mais ce fut en vain.

Ils me répondirent qu'ils iraient au lion sans moi, avec la certitude que le lion était mort.

Que de gens ont passé pour courageux en faisant comme ces Arabes! Et cela, parce qu'ils bravaient un danger *inconnu.*

En effet, si, au moment où le lion se montrait à nous, quand nous étions tous réunis dans la clairière, je leur avais dit : « Restez ici, je vais revenir dans un quart d'heure. »

Si j'avais fait cela, ils m'auraient cru fou et se seraient sauvés à toutes jambes, de peur de se trouver sans moi en présence du lion.

Maintenant ils voulaient y aller seuls.

Quand je vis qu'il m'était impossible de persuader aux Arabes que le lion n'était pas mort, je marchai à leur tête, en leur assurant que bientôt ils sauraient à quoi s'en tenir.

M. de Rodemburgh, de retour de son excursion, arriva au moment où j'allais procéder à l'attaque.

J'eus beau le prier de se retirer, en l'assurant qu'il y aurait mort d'homme, tout ce que je pus obtenir de lui fut qu'il marcherait derrière moi et ne s'éloignerait pas un instant.

En arrivant à l'entrée du lion dans le massif, un coup de feu partit derrière moi.

Le lion rugit sous bois et se précipite vers nous, brisant tout ce qui lui faisait obstacle avec un bruit peu rassurant.

« Vous voyez comme il est mort, dis-je aux Arabes, qui se serraient autour de moi ; maintenant je vais voir ceux qui sont des hommes. »

Comme je finissais de parler, le lion débouchait furieux et s'arrêtait magnifique entre Amar, mon quêteur, et le groupe que nous formions.

Au moment où j'allais lui mettre une balle dans la tête, je fus aveuglé par la fusillade des Arabes qui m'entouraient.

Ce fut à peine si, à travers la fumée, je pus voir Amar faire feu, le lion bondir sur lui, briser, d'un coup de gueule, la carabine qu'il lui présentait pour se garantir, puis l'atteindre et le terrasser comme un brin de paille.

En deux sauts, je fus sur le lion, qui, occupé à déchirer le pauvre homme, ne fit aucune attention à moi.

Ne pouvant frapper la tête du lion sans atteindre Amar, je cherchai le cœur et je fis feu.

Le lion lâcha instantanément sa victime, mais sans tomber sous le coup qui l'avait frappé.

Je visai le second coup à la tête : la capsule seule partit. Le lion, séparé de moi par la longueur de ma carabine, luttait de toute sa force contre la mort.

Les Arabes, comprenant tout le danger de ma situation, vinrent tous avec un élan superbe, quoique leurs armes fussent vides, se grouper autour de moi.

Hamida se trouvant le plus rapproché, je lui jetai ma carabine vide et lui demandai le fusil qu'il avait mission de garder chargé.

Le malheureux avait fait feu avec les autres, nous livrant à la merci du lion. M. de Rodemburgh se trouvait à quelques pas de là.

Il me restait, pour toute défense, un poignard bon, il est vrai, pour tuer un sanglier ou un ours, mais insuffisant pour le lion, qui porte tant de balles.

Heureusement pour moi et mes compagnons, le lion n'avait plus le sentiment de notre présence, et bientôt il mourut sous nos yeux, au moment où M. Rodemburgh nous apportait le secours de ses armes.

Le spectacle dont cet officier fut témoin est de ceux que non-seulement on n'oublie jamais, mais qui sont forcément toujours présents à la mémoire.

Aussi M. de Rodemburgh me disait-il le soir de ce jour, dans la tente, et un an plus tard à Paris, où je le rencontrai : « *Assez*, monsieur Gérard, *assez* de ces duels à mort, dont nul, à moins de vous avoir servi de témoin, ne peut comprendre toutes les mauvaises chances. »

Mon pauvre Amar n'était pas mort ; mais il était couvert de blessures dont une seule eût suffi pour le tuer.

Un brancard fut fait sur-le-champ, et après deux ou trois heures de souffrances atroces. le blessé put recevoir les premiers soins.

Le 27, je me rendis au bois pour faire enlever la dépouille du lion.

Ensuite je fis mes adieux à Amar, que je laissai entre les mains d'un docteur arabe. Le même jour je retournai au jardin des lions.

Le surlendemain, une lionne massacrait un troupeau de bœufs à deux portées de ma carabine.

Les plaintes entendues, justice ne se fit pas attendre.

Le 30, j'étais, à neuf heures du soir, en face de la lionne, à une distance de huit à dix pas.

L'obscurité de la nuit et l'épaisseur de la forêt m'empêchant de viser juste, je tirai en pleine épaule, afin de mettre, du premier coup, l'animal hors d'état de revenir sur moi.

La chute de la lionne et la hauteur du bois ne m'ayant point permis d'envoyer une seconde balle, je me retirai prudemment, le bruit de ses rugissements couvrant le bruit de mes pas.

Le lendemain, à la pointe du jour, nous étions de nouveau en présence.

Malgré une épaule cassée et la poitrine percée d'outre en outre, la lionne fit bonne contenance.

Elle ne tomba qu'à la troisième balle, au moment où elle me chargeait. Ainsi finit cette campagne.

A peine arrivé à Constantine, j'appris la mort de mon brave Amar.

XXVII

UNE NOUVELLE DÉMARCHE POUR MON PROJET DE LIONNERIE

Un mois après, je partais en congé de convalescence.

Mon premier soin, en arrivant à Paris, fut de m'occuper de nouveau et très-sérieusement de mon ancien projet de lionnerie. Cette fois, M. le comte Edgar Ney, premier veneur, auquel j'en parlai, l'accueillit favorablement.

Un travail spécial m'ayant été demandé à ce sujet, j'eus l'honneur de le présenter moi-même à Sa Majesté l'Empereur.

Une difficulté que je n'avais point pressentie surgit aux yeux du ministre, et arrêta malheureusement la réalisation de mon rêve.

Afin d'assurer l'existence des chasseurs qui, par suite des blessures graves, seraient mis *hors de service,* je demandais pour eux, soit une place aux Invalides, soit une pension.

Ce cas n'ayant été prévu par aucune loi, ma demande fut rejetée.

J'employai les loisirs que me laissait mon congé à écrire *la Chasse au lion.*

Puis, à défaut de l'assistance que je ne pouvais définitivement obtenir et du successeur qui de son côté s'obstinait à rester sourd à mon appel réitéré, je retournai à mon ancien poste.

XXVIII

RETOUR A CONSTANTINE. — QUAND LES CHATS N'Y SONT PAS, ETC.

A mon arrivée à Constantine, je fus accablé de toutes parts des plaintes que soulevait la gent léonine, qui s'était effectivement assez mal comportée pendant mon année d'absence. Voici l'état sommaire des méfaits que l'on m'exposa.

Je passe sous silence les pertes en nature éprouvées par les tribus, et ne consigne ici que les victimes appartenant à l'espèce humaine.

Au commencement de l'hiver, un marchand tunisien arrivait, en compagnie de sa moitié, à un endroit appelé Tifech, sur le territoire des Souderata (cercle de Constantine).

Il venait de s'engager dans le défilé qui aboutit à une ancienne ville romaine connue dans le pays sous le nom de *Kremissa*, lorsque la femme resta un peu en arrière de son mari. Celui-ci arriva à la sortie du défilé, poussant devant lui les bêtes de somme chargées des marchandises, puis il s'aperçut que son épouse avait disparu.

S'étant empressé de revenir sur ses pas, il ne tarda point à se trouver en présence d'un lion à tous crins dévorant la pauvre femme.

Le lion ne fit aucune attention à lui, et il put se retirer en paix dans un douar voisin avec ses bêtes.

Il eut beau faire pour engager les Souderata à venir avec lui sauver les restes de sa femme, ils prirent pour prétexte que la nuit les surprendrait dans le défilé ; et l'engagèrent à attendre le lendemain, lui promettant leur concours pour venger la mort de l'infortunée.

A la pointe du jour, le marchand, armé de pied en cap, s'acheminait vers l'endroit où sa femme était tombée sous la dent du lion.

Derrière lui venaient trente ou quarante hommes de la tribu.

Il ne restait de la femme que sa chevelure et ses vêtements en lambeaux.

Le marchand, désolé, pria les Souderata de lui indiquer le repaire du lion et de l'assister dans sa vengeance.

Une heure après, on arrivait aux abords du repaire, où le lion dormait en digérant son dîner de la veille.

Au premier hourra, il parut sur un rocher, s'étirant et bâillant à la barbe de tout le monde.

« Allons, à toi l'honneur du premier coup, » dirent les Souderata au Tunisien ; « avance encore un peu, et mets-lui une balle dans la tête ; nous sommes là pour te secourir. »

Le pauvre homme fit quelques pas, puis il abaissa son fusil vers le lion, et fit feu.

En un clin d'œil, il fut atteint, terrassé et écharpé au milieu des plaisanteries des Souderata, qui se hâtèrent de regagner le douar pour partager la succession.

Un mois après, les Chegatma, dont il est parlé dans *la Chasse au Lion,* chassaient à leur manière ce même lion.

L'un d'eux, le voyant au pied de l'arbre sur lequel il était lui-même perché, lui envoya une balle.

Le lion mesura la hauteur, et, la trouvant à sa convenance, il bondit contre le tronc de l'arbre, saisit le chasseur par le pan de son burnous, l'entraîna avec lui et le mit à l'état de charpie.

Dans les premiers jours du printemps, trois hommes de la même tribu attendaient, sur des rochers inaccessibles, le lion, qui venait boire le matin à une source connue sous le nom d'*Aïn-Seïd,* la source du lion.

A la pointe du jour, le lion vint, portant dans sa gueule une femme morte. Après l'avoir déposée près de la source, il lécha le sang qui coulait sur les pieds et les mains de la femme; puis il retourna sur ses pas. Une demi-heure après, il revint portant un Arabe qui donnait encore signe de vie; au moment où le lion déposait le cadavre de l'homme à côté de celui de la femme, les Chegatma firent feu et le tuèrent sur place.

Quelques moments après, l'homme rendit le dernier soupir.

Au mois de juin dernier, les Ouled-Mehloul, de la tribu des Segnia, rencontrèrent un lion dans la montagne de Ounk-Chérit; le lion les ayant chargés, ils se couchèrent par terre coude à coude, et l'attendirent à bout portant. Malgré six coups de feu, dont plusieurs l'atteignirent, le lion fondit sur eux, blessa grièvement deux hommes et en saisit avec sa gueule un troisième, qu'il emporta en le secouant, à une distance de mille mètres, où il fut trouvé mort.

Au mois de juillet, on a découvert les restes des cadavres d'un homme et d'une femme à un endroit appelé Foum-el-Hamia entre Constantine et Krenchela.

Le lion, les ayant surpris la nuit, les avait dévorés tous les deux.

Pendant les derniers jours du même mois, des Arabes de la tribu des Ouled-Mehloul, ayant rencontré dans le Zerazer une lionne accompagnée de deux lionceaux, se firent charger par elle, pendant que leurs compagnons enlevaient ses petits.

La lionne, étant revenue sur ses pas, s'attacha à ceux qui portaient sa progéniture, et les poursuivit en plein midi jusque dans la plaine et sous leurs tentes.

Deux hommes furent saisis par elle : le premier en fut quitte pour un bras broyé et quelques coups de griffes; le second fut tué.

La lionne ayant mis en fuite tous les habitants du douar en s'établissant devant la tente où étaient les lionceaux, on appela les Ouled-Sassi pour la tuer.

Le cheik Amar-ben-Taïeb accourut avec une quinzaine des siens.

Après avoir mis pied à terre, ils s'avancèrent de front et coude à coude vers la lionne, qui les chargea en les apercevant.

Malgré la fusillade qui la reçut à bout portant, elle tomba sur ces braves gens et mourut au milieu d'eux, non sans avoir blessé encore trois hommes.

Il y a quelques jours seulement, un homme, je devrais dire une femme, attendait, à dix heures du soir, une jeune fille à laquelle il avait donné rendez-vous au pied du Jebel-Hanout pour l'enlever à ses parents.

En arrivant, elle dit à ce malheureux :

« Regarde ce qui me suit. »

Celui-ci, sans daigner s'occuper du sort de la jeune fille, l'abandonna lâchement, et elle fut dévorée par une lionne qui l'avait vue au sortir du douar et l'avait suivie jusque-là.

XXIX

UNE DERNIÈRE CAMPAGNE CHEZ LES OULED-SASSI. — UN LION BLESSÉ DANS SON AMOUR-PROPRE, LÉGENDE A L'USAGE DES JEUNES FILLES COQUETTES. — LE LIONCEAU ET LE BUCHERON, FABLE

Enfin j'entrai en campagne le 20 du mois d'octobre; le 23, je fouillais la montagne de Ounk-Jemel, et, le soir du même jour, je campais chez les Ouled-Sassi, entre El-Hanout et le Zerazer.

Accueilli comme d'habitude par mes hôtes, c'est-à-dire avec l'empressement le plus cordial, nous passâmes une partie de la nuit, Hamida et moi, sous la tente du cheik, entourés d'une douzaine d'Arabes du douar, et causant lion, bien entendu, ce fonds inépuisable de toute conversation entre hommes; ce qui du reste me parut assez appétissant, je l'avoue, sevré que j'avais été, pendant douze mois de séjour en France, des histoires et des traditions pleines d'intérêt qu'a recueillies ici la crédulité populaire sur le compte du seigneur à la grosse tête, ce monarque mystérieux et terrible, ce bizarre assemblage de cruauté, de magnanimité, de fantaisies capricieuses et d'audace.

Parmi les récits plus ou moins authentiques qui se succédèrent sans interruption ce soir-là, j'en citerai un qu'Alexandre Dumas a consigné lui-même, il y a deux ans, dans son *Mousquetaire*, sous la dictée d'Hamida, mon spahi, la mémoire la plus fidèle que je sache, du moment qu'il s'agit de tradition de ce genre, et interprété par moi. C'est une espèce de légende philosophique que je recommande aux méditations des jeunes filles coquettes. Comme Alexandre Dumas a le talent d'embellir tout ce qu'on lui dicte, il me pardonnera de ne rien changer à un texte que, suivant sa louable habitude, et ainsi que vous allez être à même d'en juger, il a coloré d'un vernis tout à fait poétique.

« Il y avait, » nous dit le conteur, « quelque cent années avant que je vinsse dans la tribu, il y avait, dans cette même tribu, une jeune fille fort dédaigneuse; non pas qu'elle fût plus riche que les autres : son père n'avait que sa tente, son cheval et son fusil; mais elle était fort belle, et de sa beauté venait son dédain.

» Un jour qu'elle allait couper du bois dans la forêt voisine, elle rencontra un lion. Elle n'avait pour toute arme qu'une petite hache, et elle eût eu, avec la hache, poignard, fusil et carabine, qu'elle n'eût pas été tentée de s'en servir, tant le lion était puissant, fier et majestueux. Elle se mit à trembler de tous ses membres, essayant de crier à l'aide, mais cherchant vainement la voix, et croyant que le lion allait lui faire signe de le suivre, pour la dévorer à son aise et dans quelque endroit de prédilection; car les lions sont non-seulement gastronomes, mais gourmets. Il ne leur suffit pas de se repaître, mais encore ils aiment à se repaître dans des conditions de sensualité qui satisfassent toutes les finesses de leur organisation.

» La jeune fille demeura donc tremblante, s'attendant à ce que le lion allait lui faire signe de le suivre, quand tout au contraire, à son grand étonnement, elle le vit s'approcher d'elle, lui sourire à sa façon, et lui faire la révérence à sa manière.

» Elle croisa les mains sur sa poitrine et lui dit :

« — Seigneur, que demandes-tu de ton humble servante? »

» Le lion lui répondit :

« — Quand on est belle comme toi, Aïcha, on n'est point servante, » on est reine. »

» Aïcha fut à la fois réjouie de la douceur étrange qu'avait prise, en lui parlant, la voix de son interlocuteur, et étonnée en même temps que ce beau lion, qu'elle ne connaissait point et qu'elle croyait voir pour la première fois, sût son nom.

« — Qui donc vous a appris comment je me nomme, mon seigneur? » demanda la jeune fille.

« — L'air, qui, après avoir passé dans tes cheveux, en porte le par-
» fum aux roses, en disant : *Aïcha!* l'eau, qui, après avoir baigné tes
» beaux pieds, va arroser la mousse de ma caverne en disant : *Aïcha!*
» l'oiseau, qui est jaloux de toi, et qui, depuis qu'il t'a entendue
» chanter, ne chante plus, et meurt de dépit en disant : *Aïcha!* »

» La jeune fille rougit de plaisir, fit semblant de tirer son haïk sur son visage, et, en faisant semblant de le tirer, l'écarta, pour que le lion la vît mieux.

» Celui-ci, qui avait jusque-là hésité à s'approcher d'Aïcha, fit alors quelques pas vers elle ; puis, comme il la voyait pâlir à son terrible voisinage :

« — Qu'avez-vous, Aïcha? » demanda-t-il de sa voix à la fois la plus inquiète et la plus caressante.

» La jeune fille avait bien envie de répondre :

« — J'ai peur de vous, mon seigneur. »

» Mais elle n'osa point, et dit :

« — Les Touaregs ne sont pas loin, et j'ai peur des Touaregs. »

» Le lion sourit à la manière des lions.

« — Quand Aïcha est avec moi, » dit-il, « Aïcha ne doit avoir peur
» de rien.

» — Mais, » dit Aïcha, « je n'aurai pas toujours l'honneur de votre
» compagnie. Il se fait tard, et il y a loin d'ici à la tente de mon père.

» — Je vous reconduirai, » dit le lion.

» Ainsi prise au dépourvu, Aïcha accepta l'offre qui lui était faite.

» Le lion s'approcha d'elle, lui tendit sa crinière ; la jeune fille y appuya sa main, et tous deux se mirent en route côte à côte, se dirigeant vers la tente du père d'Aïcha.

» En chemin, ils rencontrèrent des gazelles qui s'effarouchèrent, des hyènes qui se couchèrent, des hommes et des femmes qui se mirent à genoux.

» Mais le lion dit aux gazelles : « Ne fuyez pas ; » aux hyènes : « N'ayez pas peur ; » aux hommes et aux femmes : « Relevez-vous ;

» en faveur de cette jeune fille, qui est ma bien-aimée, je ne vous ferai » aucun mal. »

» Et les gazelles cessèrent de fuir, les hyènes n'eurent plus peur, les hommes et les femmes se relevèrent, regardant avec étonnement ce lion et cette jeune fille, et se demandant dans leur idiome de gazelles, dans leur langage d'hyènes, avec leur voix d'hommes et de femmes, si ce lion et cette jeune fille n'allaient point en pèlerinage adorer à la Mecque le tombeau de Mahomet.

» Ils arrivèrent ainsi jusqu'au douar; puis, quand ils ne furent plus qu'à quelques pas de la tente du père d'Aïcha, qui était la première en entrant dans le village, le lion s'arrêta et demanda à la jeune fille, comme aurait pu le faire le galant le mieux élevé, la permission de l'embrasser.

» La jeune fille tendit son visage, et le lion effleura de ses lèvres sanglantes les joues roses d'Aïcha.

» Puis il fit un signe d'adieu et s'assit, comme s'il voulait être sûr qu'il ne lui arriverait aucun accident en franchissant le court espace qui lui restait à parcourir.

» Pendant ce court trajet, la jeune fille se retourna deux ou trois fois et vit toujours le lion à la même place.

» Puis elle entra dans la tente de son père.

« — Ah ! te voilà ! » s'écria celui-ci; « j'étais bien inquiet. »

» La jeune fille sourit.

« — Je craignais que tu n'eusses fait quelque mauvaise rencontre. »

» La jeune fille sourit encore.

« — Mais te voilà, c'est une preuve que je me trompais.

» — En effet, mon père, » dit la jeune fille; « car, au lieu d'une mau- » vaise rencontre, j'en ai fait une bonne.

» — Laquelle ?

» — J'ai rencontré un lion. »

» Malgré l'impassibilité ordinaire aux Arabes, le père d'Aïcha pâlit.

« — Un lion ! » s'écria-t-il; « et il ne t'a point dévorée?

» — Au contraire, il m'a fait des compliments sur ma beauté, m'a » offert de me reconduire et m'a ramenée jusqu'ici. »

» L'Arabe crut que sa fille devenait folle.

« — Impossible ! » dit-il.

« — Comment, impossible ?

» — Sans doute. Comment veux-tu me faire croire qu'un lion soit » capable d'une pareille galanterie ?

» — Voulez-vous vous en assurer ?

» — De quelle façon ?

» — Venez jusqu'à la porte de votre tente, et vous le verrez soit » assis où je l'ai quitté, soit retournant chez lui.

» — Attends, que je prenne mon fusil.

» — Pourquoi faire ? » demanda l'orgueilleuse jeune fille ; « n'êtes- » vous pas avec moi ? »

» Et, tirant son père par son burnous, elle le conduisit à la porte de sa tente.

» Mais le lion n'était plus à l'endroit où elle l'avait quitté. Elle regarda dans la direction par laquelle elle était venue : elle ne vit rien.

« — Bon ! tu as fait un rêve, » dit l'Arabe en rentrant dans sa tente.

« — Mon père, je vous jure que je le vois encore, » dit la jeune fille.

« — Comment était-il ?

» — Il pouvait avoir quatre pieds de haut et sept de long.

» — Après ?

» — Une crinière magnifique.

» — Après ?

» — Des yeux jaunes et brillants comme de l'or.

» — Après ?

» — Des dents d'ivoire. Seulement... »

» La jeune fille hésita.

« — Seulement ?... » répéta l'Arabe.

» La jeune fille baissa la voix.

« — Seulement, » dit-elle, « il sent mauvais. »

» Elle n'eut pas plutôt achevé ces mots, qu'un rugissement terrible se fit entendre derrière la tente, puis un second à cinq cents pas à peu près, puis un troisième à un quart de lieue.

» Puis on n'entendit plus rien.

» Il n'y avait pas plus d'une minute d'intervalle entre chaque rugissement.

» Il était évident que le lion, qui avait, sans doute, désiré savoir ce que la jeune fille pensait de lui, avait fait un demi-cercle, était venu écouter derrière la tente, et s'éloignait, horriblement mortifié d'avoir été éclairé sur un inconvénient d'autant plus grave qu'on assure que ceux qui en sont atteints ne peuvent pas s'en apercevoir eux-mêmes.

» Un mois s'écoula sans que la jeune fille repensât au lion autrement que pour raconter son aventure à ses compagnes. Puis, au bout d'un mois, un jour, pour couper un fagot, elle retourna avec sa hache au même endroit.

» Le fagot coupé, mis en faisceau, lié, elle entendit un léger bruit derrière elle et se retourna.

» Le lion la regardait, assis à quatre pas d'elle.

« — Bonjour, Aïcha, » lui dit-il d'un ton sec.

« — Bonjour, mon seigneur, » lui répondit Aïcha d'une voix un peu tremblante ; car elle se rappelait ce qu'elle avait dit de la fétidité de l'haleine de son protecteur, et il lui semblait encore entendre le triple rugissement qui avait suivi cette disgracieuse révélation. « Bonjour, mon seigneu ; puis-je faire quelque chose qui vous soit » agréable ?

» — Tu peux me rendre un service.

» — Lequel ?

» — Approche-toi de moi. »

» Aïcha s'approcha, assez peu rassurée.

« — Me voici.

» — Bien ; maintenant, lève ta hache. »

» La jeune fille obéit.

« — La hache est levée, » dit-elle.

« — Bien, donne-m'en un coup sur la tête.

» — Mais, mon seigneur, vous n'y pensez pas...

» — Au contraire, j'y pense, et beaucoup même.

» — Mais, mon seigneur...

» — Frappe.

» — Cependant, mon seigneur...

» — Frappe, je t'en prie.

» — Fort ou doucement ?

» — Le plus fort que tu pourras.

» — Mais je vais vous faire mal...

» — Que t'importe ?

» — Vous le voulez ?

» — Je le veux. »

» La jeune fille frappa en conscience, et la hache traça entre les yeux du lion une ligne sanglante.

» C'est depuis ce temps que les lions ont cette ride verticale, visible surtout quand ils froncent les sourcils.

« — Merci, Aïcha, » dit le lion ; et en trois bonds il disparut à travers bois.

« — Tiens ! » dit la jeune coquette un peu contrariée à son tour, « il » ne me reconduit pas aujourd'hui. »

» Et elle reprit le chemin du douar, où elle arriva sans accident.

» Il va sans dire que cette seconde histoire fit le pendant de la première ; mais si savants que fussent les commentaires des plus habiles docteurs du douar, l'intention du lion resta mystérieuse et cachée aux esprits les plus pénétrants.

» Un mois s'écoula encore.

» La jeune fille retourna au bois.

» Au moment où elle abattait les premières branches destinées à faire son fagot, un buisson s'ouvrit devant elle, et le lion en sortit, non plus gracieux comme la première fois, non plus mélancolique comme la seconde, mais sombre et presque menaçant.

» La jeune fille fut tentée de fuir, mais le regard du lion cloua ses pieds à la terre.

» Ce fut lui qui s'approcha d'Aïcha ; elle se fût laissée tomber si elle avait tenté de faire un pas.

« — Regarde mon front, » dit le lion.

« — Que mon seigneur se rappelle que c'est lui qui m'a ordonné » de lui donner un coup de hache.

» — Oui, et je t'en ai remerciée. Ce n'est donc point cela que je » veux demander.

» — Que veut demander mon seigneur ?

» — De regarder ma blessure.

» — Je la regarde.

» — Comment va-t-elle ?

» — A merveille, mon seigneur, et elle est presque guérie.

» — Cela prouve, Aïcha, » dit le lion, « que les blessures que l'on fait » au corps sont bien différentes de celles que l'on fait à l'orgueil : les » unes se cicatrisent au bout d'un temps plus ou moins long ; les » autres, jamais. »

» Cet axiome philosophique fut suivi d'un cri aigu et douloureux, puis on n'entendit plus rien.

» Trois jours après, le père d'Aïcha, battant les environs pour tâcher de rencontrer quelque trace de sa fille, retrouva, près d'une large tache de sang, la hache dont elle se servait pour couper le bois.

» Mais d'Aïcha, ni lui ni personne n'en entendit plus jamais parler. »

A la suite de cette légende un peu lugubre, vint une fable non moins instructive, intitulée *le Lionceau et le Bûcheron*, que nous récita le plus jeune de nos hôtes, jaloux de payer son tribut à la conversation générale et d'abréger à son tour les longues heures de cette nuit d'attente.

« Parmi les hôtes des monts Aurès, » nous dit-il, « vivait une lionne qui n'avait jamais eu de petits. La première fois qu'elle mit bas, elle donna le jour à un lionceau. Elle lui prodigua force caresses et cajoleries, et laissa à la nature le soin de développer en lui les qualités de sa race. S'il sortait de son repaire pour faire de courtes promenades dans la montagne, elle le rappelait aussitôt pour le combler de nouvelles caresses et lui répéter sans cesse cette recommandation : « Mon » enfant, crains le fils de la femme. »

» Peu à peu cependant notre enfant gâté prit des forces ; ses membres grossirent, et sa crinière commença à poindre. « Maintenant, » dit-il un jour à sa mère, « je me sens fort, je suis courageux, et

» le fils de la femme ne m'inspire aucune crainte. Je veux aller le » chercher et me mesurer avec lui. »

» La mère, effrayée, essaya d'abord de le détourner de ce projet; mais rien n'y put faire. Ne pouvant vaincre l'obstination de son fils, elle se contenta de lui renouveler ses recommandations de prudence, et elle le confia à la garde de Dieu.

» Notre lionceau s'élança aussitôt hors du repaire et gagna résolûment la cime des montagnes.

» Il marcha assez longtemps sans rien rencontrer qui fût digne d'attirer son attention. Tout à coup, dans une forêt éloignée, il aperçut un taureau. Ses cornes menaçaient le ciel; de ses yeux jaillissaient des étincelles; avec sa queue il fouettait ses flancs, et ses pieds arrachaient la terre pour la rejeter au loin. Le lionceau s'arrêta. « Voilà, » se dit-il, « un animal dont l'extérieur menaçant correspond au signa» lement que l'on m'a donné du fils de la femme; c'est bien là mon » ennemi, allons le trouver. »

» Il assura sa démarche le mieux qu'il put et s'avança vers le taureau. « C'est bien toi, » lui dit-il avec emphase, » qui es le fils de la » femme ?

» — Mon ami, tu es fou, » lui répondit le taureau : « le courage dont » est doué le fils de la femme, Dieu ne l'a donné qu'à lui seul. Sais-tu » comment il nous traite, moi et ceux de ma race ? Il nous prend, » nous passe un joug sur la tête et nous utilise à ses besoins. Si » nous essayons d'être paresseux ou récalcitrants, l'aiguillon est là » pour nous stimuler et nous corriger. Enfin, lorsque nous sommes » harassés de fatigue et que nous ne pouvons plus lui fournir de » travail, comme récompense de nos services, la hache nous attend. » Le fils de la femme nous égorge; il dépèce notre viande et en fait sa » nourriture. »

» Le lionceau écouta en silence les paroles du taureau; il réfléchit un instant puis il reprit sa route. Il avait bien l'âme un peu bouleversée, mais néanmoins il se proposait toujours d'aller trouver son ennemi, fallût-il pour cela remuer ciel et terre.

» Il marcha quelque temps, et se trouva tout à coup en face d'un chameau qui se délectait à paître du chih. « Pour le coup, » se dit le lionceau, « voilà bien le fils de la femme ; c'est ma bonne étoile qui » me l'amène... Eh ! mon brave, » lui dit-il en s'avançant vers lui, « n'est-ce pas toi qui es le fils de la femme ? »

» Le chameau fut pris d'un accès de fou rire : « Tu n'y es pas, mon » ami, » lui dit-il, « tu n'y es pas ; mais, au fait, que lui veux-tu donc. » au fils de la femme ? Fais-y bien attention, quelle que soit ta valeur. » tu ne peux pas approcher de lui. Es-tu capable de me lier les ge- » noux, de me faire coucher pour mieux me mettre à ta portée, d'as- » sujettir un bât sur mon dos, et, après y avoir entassé fardeau sur » fardeau, de te placer toi-même par-dessus le tout ? Non, n'est-ce » pas ? Eh bien ! c'est là ce que fait tous les jours le fils de la femme. » S'il lui prenait, en outre, envie de m'égorger, je serais sans défense » aucune. Voilà, mon cher, les procédés du fils de la femme. Si tu es » encore désireux de faire sa connaissance, tu n'as qu'à continuer ta » route.

» — Tu es un poltron, mon ami, » lui répondit le lionceau d'un ton qu'il essayait de rendre dédaigneux, « tes paroles et celles de ce » taureau que j'ai rencontré là-bas me sont entrées par une oreille et » elles sont sorties par l'autre. Elles ne diminuent en rien mon désir » de me trouver face à face avec mon ennemi : donc je continue ma » route. »

» Il cheminait depuis un instant, lorsqu'il aperçut un cheval qui bondissait dans une prairie. » Cette fois, « se dit notre évaporé, « c'est » bien là celui que je cherche. Ho ! hé ! » cria-t-il d'assez loin, « c'est » bien toi, n'est-ce pas, qui es le fils de la femme ?

» — C'est à moi que tu t'adresses ? » demanda le cheval.

« — A qui veux-tu donc que ce soit ?

» — Dans ce cas, porte ailleurs tes plaisanteries ; laisse-moi me » rouler tranquillement sur l'herbe, et ne viens pas troubler ma » gaieté... Moi, le fils de la femme ! » continua-t-il... « allons donc ! Il » viendra bien assez tôt pour me saisir, me mettre une selle sur le » dos et un mors de fer dans la bouche.

» — Vraiment ? » dit le lionceau.

« — Cela t'étonne? » reprend le cheval; « ce serait peu, mon ami, » si, montant ensuite sur mon dos, il ne me labourait les chairs avec de » longs éperons et ne faisait ruisseler le sang sur mes côtes. »

» Le lionceau fut atterré et une sueur froide parcourut tous ses membres. Il craignait, cette fois, de s'être trop avancé; mais il ne lui semblait pas possible de reculer. Il reprit donc sa route, en proie à ses réflexions.

» Il se trouva tout à coup dans une forêt, et il aperçut devant lui un bûcheron. « Il est impossible, » pensa-t-il, « que ce soit là le fils de la » femme, qui, d'après ce qu'on m'en a dit, doit être un véritable phé- » nomène. C'est égal, j'interrogerai cet être chétif et mesquin; il pour- » rait bien m'aider à découvrir celui que je cherche... Dieu t'assiste, » mon ami, » dit-il au bûcheron en s'approchant de lui; « depuis long- » temps déjà je suis à la recherche du fils de la femme; est-ce que tu » ne pourrais pas m'aider à le découvrir?

» — Mon Dieu, monseigneur, c'est chose facile, » lui répondit le bûcheron; « je vais aller vous le chercher; mais auparavant, ayez la » bonté de me donner un coup de main; vous me paraissez assez ro- » buste : mettez, s'il vous plaît, votre patte dans la fente de ce tronc » d'arbre, pour qu'il ne se referme pas pendant mon absence. »

» Le lion fait ce qu'on lui demande; le bûcheron retire le coin qui tenait écartées les deux moitiés du tronc; celui-ci se resserre subitement et étreint notre animal mieux que n'eût fait un étau de forgeron. Il essaye de retirer sa patte, mais tous ses efforts restent vains. Le bûcheron part aussitôt, coupe une dizaine de triques bien noueuses, et revient en courant : il empoigne notre lionceau par la queue et lui administre une bastonnade telle, qu'il lui broie les os et lui rend le dos aussi mou que le ventre. Il le lâche enfin et le laisse partir, en l'engageant à donner à ses connaissances des nouvelles du fils de la femme.

» Notre lionceau, à moitié mort, reprit clopin-clopant le chemin de son antre. Lorsque sa mère le vit dans ce piteux état, elle se reprocha amèrement sa faiblesse; elle le fit placer dans le fond de sa chambre et se mit à le lécher et à le soigner de son mieux. « Tu le vois,

» mon fils, » lui dit-elle, « mes recommandations n'étaient pas inu-
» tiles; tu as certainement rencontré aujourd'hui le fils de la femme. »

» Le lionceau raconta à sa mère ce qui lui était arrivé.

« Reste ici tranquille et console-toi, » lui dit sa mère. « Je vais réunir
» les contingents de nos montagnes; je les conduirai à la forêt, et nous
» te vengerons, sois-en certain. »

» Elle partit, en effet, et réunit tous les lions de la montagne; puis elle revint vers sa demeure, et montrant à son fils ce formidable escadron :

« Penses-tu, » lui dit-elle, « que ceux-ci soient capables de te
» venger?

» — Oui, certes, » répondit le lionceau; « mais j'aurais beaucoup
» plus de plaisir à me venger moi-même.

» — Lève-toi, dans ce cas, » lui dit la lionne exaltée, « et pré-
» cède-nous. »

» Cette bande terrible se mit en marche et arriva en rugissant près du bûcheron.

« Je suis perdu, » se dit celui-ci en voyant les lions; « c'est au-
» jourd'hui mon dernier jour. »

» Il regarde autour de lui, se cramponne à l'arbre le plus élevé, et grimpe au sommet.

» Arrivés au pied de l'arbre, les lions ne savaient comment déloger notre homme. « Je vais vous indiquer un moyen, » leur dit le lionceau : « je resterai au pied de l'arbre et vous ferai la courte échelle;
» vous vous échafauderez sur mon dos jusqu'à ce que vous ayez at-
» teint notre ennemi; puis vous me le livrerez : c'est moi qui en aurai
» soin. »

» L'avis fut trouvé bon, et une pyramide de lions se forma le long de l'arbre. Le dernier allait atteindre le bûcheron, lorsque celui-ci s'écria :

« De grâce, passez-moi donc un bâton pour caresser les côtes de
» celui qui est en bas. »

» Le son de cette voix et l'idée du bâton effrayent à un tel point notre lionceau, qu'il se dérobe brusquement de dessous la pyramide pour se sauver à toutes jambes. Tous les lions dégringolent avec une telle rapidité, que ceux qui ne se tuent pas se meurtrissent au moins considérablement. Le bûcheron descend précipitamment, achève les blessés et leur enlève la peau ; puis, chargé de ces superbes trophées, il rentre à son douar en chantant victoire. »

XXX

LA LIONNE D'EL-HANOUT ET LA MOUCHE DU COCHE

Cependant l'Arabe avait fini de parler, et les premières lueurs du jour naissant pénétraient déjà sous la tente.

Je pris mes armes, et, serrant la main à mon hôte, qui me souhaita bonne chance, je me dirigeai, accompagné d'Hamida, sur le sommet du Zérazer, où il avait été convenu, la veille au soir, que j'attendrais le signal convenu.

Ce signal était un feu.

A midi, une fumée blanche m'apparut sur la crête d'El-Hanout; à une heure, je mettais pied à terre au bas de cette montagne, où m'attendaient trente hommes des Ouled-Sassi.

Après avoir escaladé huit cents mètres de rochers à pic, j'arrivai au point culminant, et l'homme qui avait aperçu la lionne me montra son repaire à deux cents pas au-dessous de moi.

Un défilé large de quatre à cinq mètres aboutissait du repaire au col où je me trouvais.

Des deux côtés c'étaient des rochers taillés à pic et infranchissables.

En se levant, la lionne devait charger ceux qui l'éveilleraient, ou suivre ce défilé et venir passer à mes pieds.

Avec d'autres hommes que les Ouled-Sassi, et même avec eux, s'il s'était agi d'un lion, j'aurais préféré marcher droit au repaire.

Mais je connaissais mes gens et ma bête, et j'étais sûr qu'en marchant sur elle à rangs serrés, le fusil à l'épaule, sans faire feu et sans la mettre en colère par des cris hors de propos, j'étais sûr, dis-je, que tout se passerait bien.

Je m'établis avec Hamida sur un rocher de cinq à six pieds de haut, qui dominait le passage indiqué, et je fis signe aux Ouled-Sassi d'avancer.

Le repaire était tout bonnement une anfractuosité de rochers dans laquelle poussaient quelques genévriers rabougris.

Divisés en deux groupes serrés, mes trente hommes arrivèrent droit sur la lionne, qui se posa sur son séant quand ils furent à cinquante pas d'elle.

Là, ils mirent un genou à terre, et, le fusil à l'épaule, ils l'engagèrent doucement, poliment à se lever, pour voir ce qui se passait de l'autre côté de la montagne.

Mais la lionne leur montrait les dents et ne bougeait pas ; ce que voyant, un homme mit le feu aux herbes sèches qui couvraient le sol, et, le vent aidant, la lionne se vit obligée de quitter sa place.

Elle se leva doucement et se mit à gravir la rampe qui aboutissait au poste que j'occupais.

Elle s'arrêta vingt fois pour regarder en arrière, et, en arrivant au col, elle s'assit à sept ou huit pas de moi, me contemplant d'un assez mauvais œil et ayant l'air de mesurer la hauteur du rocher, qui, pour elle, n'était rien moins qu'inaccessible.

Me trouvant mal assis pour faire feu, je me levai.

Elle se leva aussi, mais sans faire un pas.

J'ajustai entre l'œil et l'oreille ; mais au moment où je pressais doucement la détente, une mouche vint se poser entre le point de mire et le guidon, allant de çà et de là, et me rappelant involontairement la mouche du coche.

Deux fois je secouai les canons de ma carabine sans que l'insecte voulût s'envoler.

Cependant la lionne était toujours là immobile, la tête haute et ses yeux fixés sur mes yeux.

De peur de me tromper en tirant à la tête, je visai au défaut de l'épaule et je fis feu.

Au moment où la lionne se repliait en rugissant et sans tomber encore, mon point de mire se trouvant libre, je mis la seconde balle dans l'oreille, et elle tomba foudroyée.

Ainsi mourut la lionne d'El-Hanout, que je fis partir le soir même pour Constantine.

Le lendemain, je campais à Foum-el-Hamia; je faisais fouiller le Fedj-Joudj, le Gouriret, et brûler les roseaux de Timerguenin, mais le tout sans résultat aucun.

Le temps devint bientôt si mauvais, qu'il me fut impossible de tenir plus longtemps la campagne.

Tels sont les faits principaux qui se sont accomplis avec un rare bonheur pendant cette période des dix premières années de ma vie de chasseur. De peur de fatiguer le lecteur par des répétitions fastidieuses, j'ai passé sous silence la mort de plusieurs jeunes lions et panthères, tués sans incidents dignes de remarque.

Et maintenant, qu'après tant d'efforts et de fatigues couronnés, comme on a pu le voir, par quelques succès, je vais, poursuivant mon but, reprendre encore une fois ma carabine, puissent Dieu et saint Hubert, ami lecteur, vous avoir, ainsi que moi, en leur sainte et digne garde!

La dernière chasse dont on vient de lire la relation avait eu lieu le 24 octobre 1854; peu de temps après, je dus rentrer en France, par suite des fatigues éprouvées dans ce rude métier, et ce ne fut qu'au commencement d'avril 1856 que je retournai en Afrique.

Ayant reçu une mission vers le sud peu de jours après mon arrivée, les Arabes du pays m'apprirent qu'une lionne s'était montrée dans les environs.

Comme j'allais envoyer un cavalier prendre mes armes à Constantine, le cheik des Saharis m'adressa une lettre ainsi conçue :

« Après les saluts d'usage,

» Une lionne, qui habitait *El-Hanout* avec ses petits, est venue prendre à *Chemorra* son nouveau repaire. Les *Saharis*, mes administrés, souffrant beaucoup de ce voisinage, résolurent de prendre les armes pour l'éloigner de leurs douars.

» Je marchai avec eux. La lionne s'étant montrée sur la lisière du bois à notre arrivée, je montai sur un arbre, pendant que mes gens s'enfuyaient. Jugeant l'animal à bonne portée, je lui envoyai une première balle, puis une deuxième, et, successivement, je tirai quatre coups sans que la lionne se levât, rugît ou fît un seul mouvement.

» La croyant tuée par ma première balle, j'engageai mes compagnons à se rapprocher. Au moment où l'un d'eux n'était plus qu'à une quinzaine de pas de la bête, celle-ci bondit sur lui et le tua ; les autres prirent de nouveau la fuite.

» Après avoir assouvi sa colère, la lionne revint à la place qu'elle occupait, et se rasa sur le ventre comme la première fois.

» Alors je descendis à terre et gagnai doucement un arbre plus rapproché, d'où j'envoyai quatre autres coups de fusil à la lionne, sans qu'elle daignât bouger une seule fois.

» Les Arabes, étant revenus de nouveau sur ma fusillade, furent chargés par la bête enragée et deux hommes mortellement blessés.

» En fin de compte, la lionne n'a pas été tuée et les Saharis ont perdu trois hommes. »

A la réception de cette lettre, j'expédiai courriers sur courriers dans toutes les directions, pour être tenu au courant sur le pays où la lionne pouvait s'être établie après cette bagarre.

Chaque jour m'apportait une nouvelle, mais toujours invariablement la même.

La lionne ne fait que passer, sans s'arrêter plus d'un jour dans le même repaire.

La distance où je me trouvais des points de départ de ces nouvelles étant trop grande pour être franchie à temps, je dus renoncer à cette bête ainsi qu'aux deux jeunes lions qui l'accompagnaient.

Au printemps suivant, je revins en Europe autant pour chercher un nouveau projectile destiné aux lions, que pour faire connaître les ressources cynégétiques de l'Algérie au monde chasseur.

La nécessité d'une balle *tuant d'un seul coup* ne quittait pas ma pensée depuis la mort d'*Amar-ben-Sigha*, tué, comme on l'a vu, par un lion plusieurs fois et très-bien frappé.

Le concours de quelques chasseurs d'élite me permettrait d'étendre mon système de chasse, en le rendant meilleur pour la protection des indigènes.

L'arquebusier Devisme, auquel je devais la balle à pointe d'acier, ne tarda pas à trouver une application pratique d'un projectile creux destiné à éclater dans le corps de l'ennemi.

Je recherchais en même temps, avec le concours de MM. Bernard et Thenard, du Collége de France, le moyen d'empoisonner mes balles sans danger pour le chasseur.

Les recherches et les expériences faites par ces deux illustres professeurs, leur ayant laissé quelques doutes sur le succès, je me rendis à leurs conseils en renonçant à la balle empoisonnée.

Ce fut le 12 mars 1857 qu'eut lieu, à l'abattoir de Grenelle, notre première expérience des balles explosibles, ou pour mieux dire, *foudroyantes*.

Cette balle est de forme cylindrique, longue de huit centimètres.

Elle est formée d'un tube en cuivre, recouvert à sa base d'une couche de plomb portant la rayure de la carabine qui doit la lancer.

Le calibre de cette arme est de seize millimètres.

La partie supérieure de la balle est un cône en cuivre se vissant dans le tube.

Ce cône est armé d'un piston, à l'extrémité inférieure duquel se trouve placée une capsule ordinaire, laquelle vient s'appuyer sur une traverse en acier fixée dans la balle.

C'est par le refoulement du piston, au contact du corps qu'il rencontre, que la capsule frappe la traverse et qu'a lieu la percussion, c'est à dire l'inflammation de la poudre contenue dans le projectile.

La quantité de poudre destinée à faire éclater la balle est de six grammes; celle qui sert à charger la carabine doit être calculée de manière à ce que la balle ne traverse pas le corps de l'animal sur lequel on doit tirer.

Dans le cas contraire, l'explosion se ferait en sortant au lieu de se faire dans le corps même.

L'expérience eut lieu en présence d'une assemblée nombreuse composée de savants, de journalistes et de chasseurs.

Nous reproduisons ici, sans y rien changer, le rapport de M. Monjauze, que M. Devisme avait invité, en qualité de vétérinaire, à venir constater les ravages internes produits par son nouveau projectile. Les animaux tirés étaient des chevaux condamnés à mort.

EXPÉRIENCE N° 1.

« N° 1. — L'animal est à quinze mètres du tireur (cette distance a été la même pour chaque cheval). Touché en pleine poitrine, le cheval s'est enlevé des quatre pieds comme ceux frappés par la massue, puis il est tombé, s'est débattu un instant et il est mort.

» Le projectile a pénétré à un centimètre de la pointe du sternum à gauche, a déchiré avec violence le muscle trastoïde-huméral et le sterno-huméral, a brisé les deux premières côtes sternales gauches, a pénétré dans la cavité pectorale qui était pleine de sang coagulé; puis, déchirant la plèvre, il a traversé le poumon gauche antérieurement, le péricarde, l'oreillette droite, le poumon droit, a déchiré le diaphragme au-dessous de l'ouverture pratiquée entre les deux piliers de ce muscle; enfin, il est entré dans le foie, qu'il a détruit en partie. Un éclat s'est trouvé dans le ventricule gauche du cœur; un autre éclat s'est logé dans la veine-cave postérieure.

» L'explosion du projectile, que l'on n'entend pas, s'est produite dans la poitrine, après avoir brisé les côtes; les morceaux ont alors fait leurs ravages, et ce sont eux qui produisent les lésions que nous décrivons. »

EXPÉRIENCE N° 2.

« N° 2. — L'animal est touché entre la sixième et la septième côte asternale gauche, à trente centimètres de la colonne vertébrale.

» L'explosion du projectile a lieu dans la cavité abdominale avec une si grande force, que le bouchon en fer qui le termine est venu sortir entre la septième et la huitième côte asternale droite, et s'est perdu dans une porte en bois placée à vingt mètres du cheval, mort *instantanément.*

» Le lobe gauche du foie est complétement broyé; le diaphragme est traversé dans sa partie aponévrotique, au-dessous de la terminaison du pilier gauche. La veine-cave postérieure est déchirée par un éclat. »

EXPÉRIENCE N° 3.

« N° 3. — L'animal est frappé à gauche, entre la sixième et la septième côte sternale; le projectile éclate dans la poitrine, et le bouchon, chassé par l'explosion, vient sortir entre la dernière côte sternale et la première côte asternale droite. Mort prompte. La sixième côte est brisée; la plèvre est enlevée dans une grande étendue. Tout le bord dorsal des deux poumons en arrière de la racine de ces organes, a complétement disparu; on ne trouve plus qu'une vaste plaie qui permet de voir la disposition intérieure du poumon. L'aorte postérieure est largement ouverte; la cavité pectorale, cela se conçoit facilement, est pleine de sang coagulé. »

EXPÉRIENCE N° 4.

« N° 4. — Le tireur vise à la tête, de manière à ne point toucher la cervelle. La balle arrive sur l'os lacrymal droit, qu'elle brise, sort entre les branches du maxillaire inférieur, et glisse sur le côté gauche de l'encolure, sans produire d'autre lésion.

» Le cheval reste debout. Un deuxième projectile, envoyé dans la même direction, déchire toutes les parties comprises dans la ganache, pénètre dans la poitrine; mais après que l'explosion a eu lieu, l'animal est toujours debout. Enfin, un troisième projectile, envoyé dans le flanc gauche, a déchiré le gros colon au niveau de la courbure hépatique, traversé le diaphragme, le poumon droit, et sorti entre la cinquième et la sixième côte sternale droite. L'explosion avait eu lieu dans la cavité abdominale. Après ce troisième coup, la mort a été rapide. »

EXPÉRIENCE N° 5.

« N° 5. — Le cheval est frappé obliquement en arrière de l'épaule, entre la troisième et la quatrième côte asternale droite, à trente centimètres de l'hypocondre. L'explosion se fait dans l'abdomen; le sang et la fumée sortent par l'ouverture du projectile, et la mort arrive promptement. Les intestins et le foie sont déchirés dans une grande étendue; le poumon est traversé; un éclat se retrouve dans le ventricule du cœur. »

EXPÉRIENCE N° 6.

« N° 6. — On vise l'animal à gauche, à l'angle formé par le scapulum et l'humérus; les muscles de la région alécranienne sont traversés; l'explosion a lieu, la mort est immédiate. On trouve la troisième côte sternale brisée, la plèvre et une bonne partie du poumon gauche sont réduites en bouillie; un éclat s'est retrouvé dans l'oreille droite. »

EXPÉRIENCE N° 7.

« N° 7. — Même position que le cheval n° 1; mort instantanée. La première côte et la deuxième côte sternale droite sont brisées; la cavité pectorale est pleine de sang coagulé, le poumon déchiré, et dans le ventricule gauche du cœur on retrouve une esquille costale, entraînée par l'explosion.

» Le diaphragme et le foie ont été atteints et présentent les mêmes lésions que celles dont nous avons parlé plus haut. »

CONCLUSION.

« Il résulte pour moi de ce qui précède que les animaux frappés ailleurs qu'à la tête par le nouveau projectile de M. Devisme, sont dans l'impossibilité de vivre au delà de quelques secondes, tant sont énormes les ravages que j'ai trouvés à l'autopsie de tous ces animaux.

» La mort est inévitable, car il n'est pas possible de guérir de pareilles lésions ; mais le but ne serait pas atteint si la cessation de la vie n'était pas obtenue très-promptement. Sur six chevaux, elle a eu lieu tout de suite et dans des conditions telles, que l'animal frappé n'avait plus conscience de lui-même, et qu'au premier mouvement de lutte avec la mort, il tombait asphyxié.

» L'expérience n° 4 n'est pas négative de ce que j'avance. M. Gérard désirait qu'elle eût lieu parce que la tête est son point de mire habituel et favori ; moi, je l'ai demandée pour qu'on demeurât bien convaincu que jamais on n'obtiendra une mort immédiate quand on n'attaquera point les organes essentiels à la vie. Or, dans cette épreuve, bien que les lésions produites aient été très-graves et même mortelles, elles laissaient encore l'animal maître de lui, pour peu de temps, c'est vrai : mais en pareil cas, une minute est souvent de trop.

» Le projectile tue infailliblement ; mais son mérite consiste, selon moi, dans la promptitude avec laquelle il tue. Je me l'explique facilement par la forme irrégulière qu'il prend en éclatant : forme anguleuse, rugueuse, très-propre au déchirement des tissus, surtout avec le mouvement de vrille que lui donnent les rayures en spirale de la carabine.

» Je me l'explique encore par le volume deux mille fois plus grand des gaz produits par l'explosion de la poudre ; enfin, par la nature même de ces gaz, acide carbonique, azote, oxyde de carbone et sulfhydrique, qui, tous, sont impropres à la vie.

» *Signé :* MONJAUZE,

» Médecin-vétérinaire à Passy. »

Nous voudrions faire suivre le procès-verbal de M. Monjauze des observations faites d'un autre côté par M. Rommier, délégué par M. Thenard pour assister aux expériences ; mais la similitude de ces deux rapports, en ce qui touche aux lésions organiques, nous en dispense.

Nous nous contenterons d'en extraire la partie la plus intéressante, qui est la conclusion.

M. Rommier dit : « La balle, après avoir frappé l'animal, fait explosion dans le corps et non à la surface ; elle se divise souvent en plusieurs morceaux, qui prennent une direction différente, suivant les obstacles qu'ils rencontrent. Il est ainsi frappé de plusieurs coups de feu à la fois, qui eux seuls ne détermineraient pas la mort aussi prompte s'il n'y avait pas explosion.

» La blessure, qui est de deux centimètres à l'extérieur, varie de cinq à dix centimètres dans l'intérieur. Les chairs sont calcinées, les gaz produits par la combustion de la poudre déterminent de graves accidents. Une analyse de Gay-Lussac a démontré qu'un gramme de poudre donne un demi-litre de gaz à la température de 0 et à la pression atmosphérique de $0^{m},76$. En y comprenant la vapeur d'eau, le mélange gazeux à la température de la combustion de la poudre est quintuplé. Ainsi, les six grammes de poudre contenus dans le projectile ont déterminé la production immédiate de quinze litres de gaz. Il est facile de comprendre, dès lors, les causes d'une mort aussi rapide. L'animal, à peine blessé, se gonfle et semble frappé de stupéfaction ; puis le sang sort à grands flots, avec des jets de gaz ; enfin la mort a lieu sans phénomène sur le système nerveux, et aussi promptement que celle déterminée par l'acide prussique.

» Pour moi, la quantité de gaz produite par la combustion de la poudre doit déterminer une forte compression sur le cœur, le foie et le diaphragme, d'où résulte la stupéfaction qui annule chez l'animal la possibilité de la lutte avant la mort.

» *Signé :* ROMMIER. »

On a vu, d'après le rapport de M. Monjauze, que, sur sept chevaux tués, six l'ont été rapidement, tandis que le numéro 4 a reçu deux balles dans la tête sans tomber.

Nous tenions d'autant plus à cette expérience, que, d'habitude, c'est à la tête que nous tirons.

Or, maintenant, nous savons qu'il faut y renoncer d'une manière absolue avec la balle explosible.

Comme la dureté de l'os frontal, chez les grands animaux, et surtout chez le lion est telle, que l'explosion aurait toujours lieu avant de pénétrer dans le cerveau, la tête doit être écartée du point de mire.

Mais combien ne gagnons-nous pas à cette perte !

Chacun des animaux frappés soit au poitrail, soit à l'épaule, soit au flanc, ont été tués presque instantanément.

Nous perdons la circonférence de quelques centimètres, et nous gagnons celle de deux mètres de côté.

Le *presque* instantanément qui précède pourra bien faire froncer le sourcil à ceux qui voudraient chasser les animaux dangereux avec la balle explosible.

C'est pourquoi nous allons les rassurer en leur disant nos impressions à ce sujet : Sur six chevaux tirés en plein corps, deux sont tombés foudroyés, les quatre autres sont restés debout quelques secondes, mais sans pouvoir faire un pas en avant, et au premier mouvement ils ont mesuré la terre. Pour nous, l'animal frappé n'avait plus le sentiment de ce qui était devant lui ou autour de lui ; et nous sommes convaincu que si l'homme, en présence d'un lion frappé de la sorte, courait encore quelque danger, ce serait par suite d'un mouvement involontaire de ce dernier ou d'un écart dans sa chute. Seulement, nous pensons que pour le lion, le tigre et l'éléphant, le projectile qui a servi dans ces expériences n'est pas suffisant. Devisme l'a compris comme moi, et déjà une autre balle, semblable à la première quant à la forme, mais d'une capacité beaucoup plus grande, a été faite par lui.

Ce nouveau projectile, du calibre de vingt millimètres et d'une longueur de dix centimètres, contiendra quinze grammes de poudre au lieu de six. Il est facile de comprendre quelle différence cette augmentation de poudre, dans l'intérieur de la balle, amènera au moment de son explosion, et quels seront les ravages causés par les éclats.

La confiance que nous inspirait ce nouveau projectile fit naître en nous des idées et des sensations diverses.

Tout d'abord, nous pensâmes à notre projet de *lionnerie*, abandonné par la crainte d'une trop grande perte d'hommes, par l'impossibilité d'assurer le sort des blessés, et surtout par les difficultés de tuer le lion avec les moyens ordinaires.

Protéger les populations de l'Algérie, détruire les lions qui dévorent, tous les ans, plus de bétail qu'il n'en faut pour alimenter une des plus grandes villes de la colonie, sans compter les hommes, telle devait être la mission des *francs-chasseurs*.

Le personnel de la lionnerie se composerait de trente hommes, recrutés parmi les spahis et les turcos libérés du service. Il y a là toute une question d'humanité, d'utilité publique, d'économie agricole, et surtout une œuvre éminemment nationale. En effet, lorsque les Arabes verraient ces mêmes soldats qui les ont combattus parcourir leurs montagnes à la recherche du lion, leur plus grand comme leur plus implacable ennemi ; le combattre et le tuer dans le but de leur être utiles ; les Arabes, disons-nous, humilieraient leur orgueil, ils oublieraient leurs vieilles haines contre les chrétiens, et regarderaient comme des bienfaiteurs ceux que naguère ils traitaient en ennemis.

La balle foudroyante nous a fait penser aussi à ceux de nos confrères, français et étrangers, qui, dans l'Inde, en Asie, dans l'Afrique centrale, en Russie et en Amérique, chassent le lion, le tigre, la panthère, l'ours, l'éléphant, le rhinocéros et le buffle.

Nous avons pensé à Bombonnel, qui, après avoir bien touché une panthère, a dû lutter avec elle corps à corps, et n'est sorti de la lutte que fort endommagé ; à Chassaing, qui, suivant les traces d'un lion blessé la veille, a été pris et emporté par lui jusqu'au moment où, frappé de nouveau, l'animal est mort ; à Gordon-Cumming, qui vingt fois au moins a failli être la pâture d'un tigre ou le marchepied d'un éléphant. Une mort toute récente nous a fait regretter que la découverte qui nous occupe n'ait pas eu lieu six mois plus tôt : le célèbre Anderson, chasseur naturaliste, qui a mis à mort des montagnes d'animaux nuisibles de toutes les espèces, vient de perdre un de ses compagnons de chasse et de voyage, M. Wahlberg, membre de l'Académie des sciences de Stockholm, et qu'un éléphant furieux a foulé aux pieds devant lui. Enfin, les cinq hommes qui ont été tués ou mutilés à côté de nous-même, seraient encore prêts à marcher au lion aujourd'hui si nous avions eu à notre disposition cette balle presque infaillible que *Robin-des-Bois* lui-même eût enviée. Le bienfait de cette découverte s'étendra jusqu'aux pêcheurs de la baleine, qui, chaque année, perdent cinq ou six hommes par équipage.

Voici en quels termes nous exprimions notre pensée sur la *lionnerie*, dont il est parlé plus haut, dans le *Journal des Chasseurs*, à cette époque :

« L'abondance du gibier de toute espèce dans les contrées encore vierges de l'Algérie, nous a souvent fait regretter d'être seul au milieu de tant de richesses.

» Préoccupé de la rencontre du lion, nous laissions passer devant nous les compagnies de sangliers, les hardes de cerfs et de gazelles, les hyènes rentrant de la plaine avec les douars ; tout cela défilait à portée de notre carabine sans s'émouvoir de la présence des chasseurs. La nuit, quand nous passions près d'un lac, nos oreilles étaient assourdies par les voix discordantes des oies, des canards, des cygnes et de toute la gent emplumée qui habite les eaux. Enfin, quand, au point du jour, nous rentrions sous la tente, les lièvres et les perdrix rouges se levaient à chaque instant sous nos pas ; il y avait là de quoi charger un fourgon d'animaux de toute espèce, de quoi satisfaire le chasseur à courre le plus passionné et le tireur le plus insatiable.

» Souvent, nous l'avons dit, à la vue de tant de richesses, nous avons désiré la présence de nos confrères en saint Hubert pour leur faire moissonner ces récoltes perdues pour eux. Nous avons pensé à réunir sur le point le plus convenable de l'Algérie l'élite des chasseurs du monde, sans distinction de langue ou de religion. Indépendamment de l'attrait offert par les chasses ordinaires, nous regardons à bon droit ces brillantes réunions comme un grand bonheur pour les chasseurs au cœur chevaleresque.

» En effet, ici, point de cette gêne qui pâlit les plus belles choses :

partout et toujours la vie au grand air; le veneur ardent, au lieu des bois alignés au cordeau et des routes sablées, percera avec la meute des forêts vierges qui n'ont jamais entendu le son du cor; puis les intrépides se présenteront au *roi du pays,* étonné de leur audace autant que des couleurs qui viennent le détrôner.

» Nous nous empressons d'ajouter que la balle explosible rendra la chasse au lion plus facile et moins dangereuse pour ceux qui sont doués de l'adresse, du courage et du sang-froid qu'il faut avoir pour ces rencontres, c'est-à-dire que les armes seront à peu près égales des deux côtés.

» Mais si ces chasses offrent beaucoup d'attrait, pour nous, les réunions, le soir, après les chasses, doivent être le complément des plaisirs de la journée. Au récit des épisodes du jour viendront se mêler tantôt les narrations d'une chasse à l'ours en Russie, tantôt celle du tigre dans l'Inde ou de l'éléphant dans l'Afrique du sud; et quelle ne sera pas la joie générale quand le conteur sera interrompu par l'introduction d'un nouveau frère venant de ces pays lointains!

» La réunion de tous ces hommes de nations différentes, appartenant à des opinions différentes, restés jusque-là indifférents, et maintenant sous le même toit, assis à la même table, avec les mêmes pensées et le même sentiment; cette réunion ne serait-elle pas remplie d'attraits, belle et sans précédents, et ce fait ne prouverait-il pas que la chasse est le plus noble des passe-temps et la passion la plus généreuse? »

Telle était alors notre pensée sur la création d'une société de chasseurs en Afrique, et pour tenter une première exécution nous nous adressâmes à MM. les comtes Constantin et Xavier Branicki, aussi grands seigneurs par le rang et la fortune qu'ils sont grands chasseurs devant saint Hubert.

Afin de rendre l'expédition plus intéressante, je fis un voyage en Angleterre pour inviter quelques intrépides parmi nos voisins d'outre-mer. Je ne tardai pas à réunir quelques bonnes carabines, parmi lesquelles je citerai le major Levezon, sir William Feilden, baronnet, le capitaine Chawner, MM. Acton et Bert.

Retenu de l'autre côté du détroit par une affaire importante touchant les intérêts de l'Algérie, je donnai des instructions détaillées, et des lettres à ces messieurs qui se mirent aussitôt en route sous la conduite du major. Il était convenu, au départ, que nous nous rencontrerions à Bone ; mais, comme on le verra par le journal du major que je transcris ci-dessous, il en fut autrement. Voici ce qu'écrivait mon ami Leveson au *Journal des Chasseurs*, en arrivant en Afrique :

« Maintenant que le premier feu est passé, je puis trouver le temps de reprendre la plume et de vous dire comment notre expédition s'est comportée depuis son arrivée en Algérie.

» Ma dernière lettre vous donnait de Stora, où notre steamer l'*Oasis* s'était arrêté deux jours afin de décharger les marchandises et prendre cargaison pour Tunis, un récit sommaire de nos aventures. Les instructions de Jules Gérard ont été lues en conseil et suivies à la lettre. Elles portaient que si nous avions beau temps en arrivant à Philippeville, il faudrait tout de suite nous avancer jusqu'à Bone (environ 80 milles dans l'est), demander un guide au chef du bureau arabe, et aller nous fixer sans retard au caravansérail d'Aïn-Mokra sur les bords du lac Fedzara, où nous trouverions en abondance de la sauvagine et du menu gibier. Le temps est beau à Philippeville comme il l'est en Angleterre au mois de mai, aussi ne faisons-nous que jeter un coup d'œil sur la place pour nous rembarquer aussitôt. A six heures du soir nous partons pour Bone, où nous arrivons le mercredi 17 février 1858.

» Nous prenons terre à six heures du matin, et nous entrons dans la ville par une porte évidemment de construction française ; car on peut voir encore les restes de l'ancienne porte mauresque, et nous nous dirigeons vers la douane, qui admet tous nos bagages sans le plus léger examen.

» Ensuite, nous montons une rue étroite et escarpée conduisant à la grande place et nous prenons logement à l'hôtel de *France*. Après le déjeuner, nous nous empressons de remettre nos cartes chez le général Périgot, commandant supérieur de la subdivision, chez le marquis de

Gantès, sous-préfet, et chez le capitaine Guyon-Vernier, chef du bureau arabe, qui nous reçoivent, chacun de leur côté, avec l'affabilité la plus cordiale en nous offrant tous les services dont nous pourrions avoir besoin. M. Guyon-Vernier a l'obligeance de nous munir d'un interprète et d'un cuisinier, deux objets de première nécessité pour entrer en campagne; et, dans l'après-midi, il nous prête des chameaux, à l'aide desquels nous visitons la ville et ses environs.

» La journée entière du 18 fut employée aux achats de vins, spiritueux, et provisions de toutes sortes; quelques officiers du 70e nous apprennent que les bécasses ont été extrêmement rares cette année.

» Vendredi, 19 février, le chef du bureau arabe nous a obligeamment procuré une grande voiture découverte, des chevaux de selle, des mules pour nos bagages; et un riche fermier, M. Dubourg, nous a fourni un chariot attelé de six mules pour le transport de nos provisions. A midi nous quittons Bone, nous dirigeant vers Aïn-Mokra, en compagnie de M. Guyon-Vernier et de quelques cavaliers arabes.

» La route, assez bonne, suit les contours d'une vallée large d'environ deux milles; quelques parties sont cultivées, le surplus est couvert d'une plante sauvage de la famille des palmiers-nains.

» Du côté sud, s'élèvent des collines d'environ deux cent mètres de hauteur, semées de genêts et de broussailles, et dont le sol est formé de minerai de fer. Ce minerai rend, dit-on, 80 pour cent, autant que les meilleurs de la Suède. La compagnie Talabot a fondé un établissement au pied de ces collines, et construit un chemin de fer pour transporter le minerai.

» En route nous faisons lever trois ou quatre lièvres et une perdrix. A une faible distance de la ville de Bone, on rencontre un vaste blockaus, jadis limite de l'autorité française et où M. Vernier nous apprend qu'il a assisté, il y a quinze ans, à bien des combats contre les Arabes.

» Une charmante promenade de deux heures nous amène à un détour de la vallée, d'où nous pouvons enfin apercevoir le lac Fedzara, paysage ravissant qui charme à la fois notre vue et nos instincts de chasseurs, car des nuées de canards sauvages planaient au-dessus des roseaux du lac à une faible distance du rivage. Le lac Fedzara, long d'environ seize milles, varie en largeur de quatorze à dix millle d'un bord à l'autre.

» La route serpente sur la berge nord entre le lac et une chaîne de collines boisées, dont quelques parties offrent des traces de culture.

» Cette berge du lac est enceinte par une végétation aquatique d'un mètre de hauteur, semée çà et là de fougères et de buissons épineux. Pendant deux heures nous côtoyons les bords du lac, ne rencontrant d'autre habitation que celle de deux vétérans français chargés de l'entretien de la route.

» Nous dépassons trois campements arabes établis à peu de distance, fort tourmentés par une bande de chiens aboyant après nous et sautant sans crainte au jarrets de nos chevaux.

» Enfin, au coucher du soleil, nous arrivons au caravansérail d'Aïn-Mokra, où nous prenons place devant un copieux dîner dû aux soins du maître de l'établissement, un Français du nom de Bosquet.

» Le voyage a aiguisé l'appétit et nous faisons honneur à la bonne chère.

» La soirée se passe gaiement à rire et à chanter. Notre vivandière et votre serviteur se distinguent entre tous par leurs improvisations poétiques.

» Samedi 20 février, reconnaissance à cheval dirigée par notre président, sir William Feilden, M. Guyon-Vernier et moi. Visite au douar d'une tribu arabe à cinq milles environ d'Aïn-Mokra. Rencontre de traces d'un lion qui a enlevé une brebis la nuit précédente, et l'a emportée dans la montagne voisine. Adieux à M. Guyon-Vernier que son service appelle au cap de Fez, et retour à Aïn-Mokra par le lac. Vu des milliers de canards, de bécassines, et de foulques. Tué vingt bécassines, un lièvre, trois perdrix, deux foulques, deux cailles et un râle d'eau. Passé la nuit à surveiller le gué que le lion a traversé deux fois la veille au soir; entendu ses rugissements à un quart de mille, mais sans réussir à l'entrevoir. Nuit noire et pluvieuse.

» Le jour suivant, chasse au fusil sur les bords du lac. Tué quarante bécassines, un canard, deux râles.

» *Signé :* Le vieux Chasseur. »

La seconde lettre continuait ainsi : « Lundi 22. Tandis qu'après déjeuner je me disposais à chasser les bécassines sur les bords du lac, un cheik arabe est venu me prévenir que, la nuit précédente, un lion et une lionne avaient tué deux bœufs dans son douar.

» Je monte immédiatement à cheval, accompagné de Mahomet, mon domestique interprète, d'un spahi porteur de mes armes de réserve, et je me rends au galop sur le terrain.

» Le douar se composait d'environ trente gourbis, couverts partie en chaume, partie en écorce de liége. C'est là que demeuraient pêle-mêle hommes, femmes, enfants, troupeaux et quantité de chiens de toute espèce, depuis le plus pur lévrier arabe jusqu'au mauvais roquet hargneux. A cent pas du douar, des vautours étaient occupés déjà à ronger les carcasses des deux bœufs. L'examen du sol me fit reconnaître les traces de deux lions, d'une hyène, de chacals, et de chiens.

» Guidé par le chef du douar, je me dirige vers une colline où les animaux se sont retirés, me dit-on, et située à environ douze milles. J'ai beau chercher, je ne trouve aucune trace, et je suis obligé de revenir au douar.

» Là, je bois un peu de lait caillé et recommence à fouiller le terrain avoisinant la place où les bœufs ont été tués. Après bien de la peine, je parviens à trouver la piste de deux lions, en partie effacée par les pas des hommes et du bétail ; et je suis la voie jusqu'au fond d'une vallée, à huit milles au moins, où, dans un ravin encaissé et couvert d'un épais taillis, je crois découvrir enfin le repaire. Si j'avais été seul, j'aurais trouvé sans doute l'occasion d'un beau coup de fusil, car les brisées étaient encore fraîches du matin. Malheureusement j'étais gêné par les Arabes. En suivant les pas des lions à travers un fourré très-épais, je sentis tout-à-coup une odeur de corps mort. En me glissant sous bois, je me trouvai bientôt près du cadavre d'un jeune lionceau d'un an à peine. Ce cadavre, comme dirait un juge d'instruction, porte des marques non douteuses de mort violente. Le cou, la poitrine, le ventre, sont sillonnés de coupures profondes faites comme avec un couteau. L'examen du sol me fait reconnaître les traces d'un énorme sanglier qui, attaqué probablement par ce jeune écervelé, l'aurait mis à mort après une longue bataille. La résistance avait dû être longue et sérieuse des deux côtés, car le gazon était foulé, déchiré tout à l'entour et portait les marques d'un combat terrible.

» Je coupe quelques touffes de la crinière naissante et les griffes de l'animal, et je fais couper la tête par les Arabes ; la décomposition étant trop avancée pour permettre de lever la peau.

» Je reviens à l'entrée du ravin où des traces nombreuses et de tout temps signalent le passage favori des lions, et j'y fais creuser un affût que je recouvre de branches d'arbres à un point qui commande les deux sentiers par où les lions ont l'habitude de venir.

» Je passe la nuit entière dans cet affût, d'où j'entends les lions rugir, mais sans les voir.

» Deux fois, pendant la nuit, j'entends passer des troupes de sangliers, mais l'obscurité ne me permet pas de risquer une balle. J'entends aussi les glapissements de l'hyène et ceux des chacals.

» Mardi 22. Revenu au douar de bonne heure, je déjeune avec des œufs et des gâteaux faits d'un mélange de fleur de farine et de lait, et cuits sur une pelle.

» Je tue pour mon garde-manger trois lièvres et deux perdrix. Après dîner, je reprends mon poste de la nuit précédente ; et, vers dix heures du soir, des sons auxquels je ne puis me tromper m'annoncent que le roi des animaux est sur pied. D'abord, les rugissements semblent venir du fond du ravin ; ils se rapprochent, je me tiens sur le qui-vive, espérant à tout moment entendre les pas de l'animal, bien que la nuit soit si noire que j'ai peu d'espoir de réussir.

» Après une heure entière d'attente inutile, j'entends le lion rugir dans la montagne, bien en arrière de mon poste, sans que je comprenne par où il a pu passer.

» La nuit est noire et pluvieuse ; mais j'ai mes bonnes armes de Laug, mes capsules de Clez inaltérables à l'eau, ma poudre de Lawrence, et une couverture imperméable de Carding ; tout ce qu'il faut enfin pour tout garantir de l'humidité et me rassurer contre les ratés.

» Je reste donc à mon poste jusque vers les trois heures du matin, écoutant de moment en moment les rugissements du lion dans le lointain. Impatient de ne point l'entendre se rapprocher, et commençant à souffrir beaucoup d'une ancienne blessure que ravive le mauvais temps et la gêne de ma position, je me décide à rouler mon fusil dans la couverture, et, armé seulement d'une carabine double et d'un revolver, je me dirige vers la direction où le lion semble rugir.

» Il pleut à torrents, mes vêtements sont percés de part en part, et la nuit est si profonde que je puis à peine voir à un pas devant moi. Tout-à-coup, le sol manque sous mes pieds, et je tombe dans un trou de six pieds de profondeur, au milieu des ronces et des broussailles. Le fond du trou est rempli d'eau et j'y plonge tout entier avec ma carabine, me débattant et m'efforçant de me remettre sur pied. Ma figure, mes mains, mes jambes sont criblées d'épines ; mes habits ruissellent d'eau et tous mes membres tremblent la fièvre ; aussi je me contente de chercher à tâtons le revers du trou et de m'y acculer en attendant que le jour vienne me permettre de reconnaître ma position.

» Mercredi 24. Les traces du lion sont distinctement empreintes sur le sol fangeux, et l'animal a imprimé ses griffes puissantes sur un chêne-liége à vingt pas de mon affût, que je retrouve non sans peine, ainsi que mon fusil et son enveloppe imperméable. Je reviens au douar où les Arabes allument un grand feu pour me sécher, après quoi je remonte à cheval et gagne rapidement Aïn-Mokra.

» Le temps s'étant éclairci, je me rends sur les bords du lac où je tue trois douzaines de bécassines, dont quelques-unes sont perdues, faute de chien. Pendant mon absence, deux de mes compagnons ont tué cinquante-deux pièces de menu gibier, bécassines, canards, lièvres et perdrix.

» Jeudi 25. Je me lève avec la fièvre, souffrant de tous les membres, et incapable d'agir. Deux de mes compagnons sont partis avec un officier français, M. Ducatez, à la recherche des sangliers. Ils en ont vu deux sans pouvoir les tirer; mais ils ont tué vingt-deux pièces de gibier et une mangouste. L'un d'eux a tiré une panthère avec du petit plomb.

» C'est le cas de faire la grimace au dîner. M. Bosquet ne nous sert rien autre chose que notre chasse, mais il n'oublie pas de la porter à l'addition.

» Vendredi, 26 février. A trois heures après-midi, un Arabe envoyé par le kaïd Lakdar, est venu m'apprendre qu'un lion a enlevé une vache pendant la nuit, et m'inviter à venir de la part de ce chef. Je suis monté à cheval aussitôt pour me rendre immédiatement au douar. Sur la grande route, à quatre milles d'Aïn-Mokra, nous avons rencontré un homme et une femme qui, avec les démonstrations de la plus vive terreur, nous ont dit qu'ils venaient de voir un lion traverser le chemin.

» Nous avons pu suivre à cheval, et jusqu'au coucher du soleil, ses pas très-distinctement marqués sur la terre; puis nous avons dû galoper longtemps pour arriver au douar, où le kaïd nous a offert une hospitalité très-cordiale.

» Nous étions à peine au campement depuis une demi-heure, quand nous avons entendu les rugissements d'un lion, et, à peu d'intervalle, ceux d'un autre qui lui répondait au loin.

» Le kaïd, après nous avoir donné son domestique français, et deux Arabes, nous engagea à nous rendre sur une clairière peu éloignée du douar où, nous dit-il, le lion était venu les trois nuits précédentes. En arrivant, nous trouvons deux Arabes postés sur un arbre, dans l'intention de tirer le lion s'il passait au pied. Comme nous craignons que ces prudents chasseurs ne nous prennent, dans l'obscurité, pour le gibier qu'ils attendent, nous les engageons à se dépercher, puis je les renvoie au douar avec tout le monde. Resté seul, mon premier soin est de bien reconnaître le terrain, et de placer mon embuscade derrière un petit buisson qui occupe le centre de la clairière, et d'où je puis voir tout autour de moi. La lune ne tarde pas se lever; la nuit est remarquablement belle et presque aussi claire que le jour. Je ne tarde pas à entendre, à peu de distance, les rugissements d'un lion et d'une lionne marchant ensemble, et ceux d'un autre lion dans le lointain.

» Je suis resté à mon poste jusqu'à minuit ; mais les lions ne sont pas venus et j'entends leurs rugissements tantôt dans la plaine, tantôt dans la montagne. Un lynx a crié tout près de moi, et deux troupes de chacals ont traversé la clairière ; mais je n'étais pas là pour eux. Après minuit, la lune s'étant voilée de nuages, la chance n'est plus de mon côté, et je rentre au douar. Le kaïd me fait dresser une tente sous laquelle je me repose jusqu'au jour.

» Samedi 27 février. J'emploie la journée à reconnaître les traces des lions que j'avais entendus la veille. Les empreintes du lion mesurent dix-huit pouces de circonférence ; celles de la lionne quatorze seulement.

» Les jungles de cette contrée se composent généralement d'une belle bruyère, maintenant en fleurs, de myrtes dont les baies servent de nourriture aux Arabes, et de plusieurs autres espèces d'arbres parmi lesquels l'arbousier et le genêt d'Espagne.

» Point de grandes futaies, des chênes-liéges seulement, dont les plus gros atteignent un mètre de diamètre.

» L'Arabe qui a perdu sa vache pendant la nuit qui a précédé notre arrivée, vient nous raconter sa triste histoire. Il est, dit-il, bien malheureux ; car son frère la lui fera payer, attendu qu'il l'avait confiée à sa garde. Cet homme s'appelle Taïeb ; mais je l'ai surnommé *corbeau*, à cause du perchoir sur lequel nous l'avons trouvé la nuit en embuscade. Les Arabes, ses amis, ont ratifié cette dénomination.

» Enfin après un mois de séjour en Algérie, ne voyant pas arriver Jules Gérard, ne connaissant pas assez le pays pour réussir sans lui, nous rentrâmes en Angleterre, non sans avoir fait ample moisson de petit gibier, et emporté un grand désir de visiter de nouveau ce paradis du chasseur qu'on appelle l'Afrique. »

Ainsi finit le journal du major Leveson, surnommé, à juste titre, *le Vieux Chasseur*. Comme lui et ses compagnons rentraient en Europe, je la quittais en compagnie du comte Constantin Branicki, du colonel Hatsford, de Valorek, chasseur du comte, de deux piqueurs, quatre chiens courants : *Mentor*, *Moniteur*, *Major* et *Gouverneur*, faisant partie de l'équipage du comte Xavier Branicki, empêché de partir avec son frère, plus trois chiens d'arrêt pour la petite chasse à temps perdu.

Partis de Paris le 30 avril 1858, nous arrivions à Philippeville le 2 mai. Le 3, reconnaissance d'un repaire de lion, en l'absence de l'animal, afin de le chasser à notre retour, s'il est lui-même revenu de ses pérégrinations lointaines.

Le 4, nous sommes à Bone ; le 5, à Aïn-Mokra, où nos compagnons de chasse anglais n'ont pas eu la patience de nous attendre. Le 6, nous établissons notre campement en forêt. Le 7, nos quêteurs ont connaissance d'un lion. Comme ils ne valent pas, à beaucoup près, mes hommes du grand Atlas, je prends le parti d'aller faire le bois moi-même ; et le comte Constantin Branicki y veut venir aussi. L'animal ne me paraît pas adulte, néanmoins nous travaillons sa voie et parvenons à le rembucher. Malheureusement le repaire est très-vaste, impénétrable aux hommes, de sorte que nous sommes obligés d'avoir recours à l'appât vivant. A cinq heures, nous arrivons sur le côté du repaire vers lequel porte le vent ; et jusque bien avant dans la nuit nous attendons en vain par une pluie battante.

Le lion est sorti sans avoir entendu l'appât.

Le 8. Attaqué un grand sanglier avec les quatre chiens que le comte Xavier Branicki a bien voulu confier à son frère. Belle chasse ; plusieurs hallalis debout. Le soir, le comte Constantin a essayé un appât qu'il a rapporté de Pologne, et un vieux chacal est venu s'y faire tuer. Ce matin 9, nos quêteurs rencontrent les voies du lion et le rembuchent. A la nuit nous irons nous établir à sa rentrée. Nous sommes dans le plus magnifique pays de chasse qu'il soit possible d'imaginer. Dix mille hectares de bois encadrés tout autour de belles plaines, bordées d'un côté par la mer, de l'autre par le lac Fedzara qui n'a pas moins de 24,000 arpents d'étendue ; et tout cela grouille de sangliers, d'hyènes, de chacals et autres bêtes plus respectables. Tel est le gîte que nous occupons. Un grand vieux lion et une lionne adulte parcourent ce pays en maîtres, tuant chaque jour, soit un bœuf, soit un cheval, mais se tenant jusqu'ici en dehors de nos quêtes. Un peu avant la nuit, nous sommes postés sur le sentier que le lion a suivi pour se rembucher. Bientôt après, nous l'entendons rugir sur l'autre versant de la montagne et déjà trop éloigné de nous pour espérer de le rejoindre en marchant après lui.

Le 10, nous levons le camp pour nous rapprocher des repaires du grand lion que les Arabes ont surnommé *El-Izeher*, le *Rugissant*. Il faut garder les chemins qui aboutissent à la plaine, car c'est là que l'animal vient faire toutes ses nuits. Nous comptons trois carabines à balles foudroyantes, comte Branicki, colonel Hatsford et moi; plus, deux carabines ordinaires, Valorek, chasseur du comte, et Vermey, ancien soldat d'Afrique, qui a tué plusieurs panthères dans la province d'Alger.

Nous pouvons ainsi garder plusieurs chemins.

Dans la nuit du 10 au 11, le grand lion passe près du gué occupé par Vermey, qui a tiré une loutre un peu avant. Le lion, habitué à recevoir des coups de fusil des Arabes du haut des chênes qui bordent les sentiers, le lion, dis-je, sent la poudre et quitte le chemin sur lequel il marchait.

Le 11, rapport d'une grande lionne, accompagnée d'un jeune lionceau. Non rembuchée.

Le 12, affût près d'un cheval tué par elle.

Le 13, nous apprenons qu'elle a traversé l'Oued-Kebir, au gué de la Bride, chez les *Senadifah*. Chasse au sanglier : mort de deux bêtes à leur tiers an. Un chien blessé.

Le 14, le comte Constantin tue, à une heure du matin et *sans lune*, un magnifique chat-tigre, à vingt pas.

Les 15 et 16, recherches sans succès.

Le 17, Vermey tire et manque le jeune lionceau, séparé de sa mère.

Le 18, le grand lion passe près de Vermey et d'un nouveau chasseur russe, auquel je ne ferai pas l'honneur de le nommer, attendu que non-seulement il n'a pas tiré, mais que, de plus, il a fait en sorte que son compagnon fasse de même, à son grand regret.

Le 19, le grand lion ayant quitté le pays, nous allons garder les gués de l'Oued-Kebir, afin d'attendre la lionne à son retour vers le repaire qu'elle affectionne le plus.

La ligne étant suffisamment gardée par quatre carabines, je me porte en avant avec le comte Constantin, vers le repaire supposé habité par elle sur la rive gauche. Le même jour, chasse aux sangliers : dix bêtes sont tirées devant les traqueurs, et un grand sanglier est porté bas par nos chiens, après une heure et demie de chasse.

Le 20, nous passons, en aval, l'El-Kebir sur une brassée de jones remorquée par un nageur, à la manière des sauvages.

Les 20, 21, 22 et 23 ne sont marqués par d'autre incident que la mort de plusieurs bœufs ou chevaux, par le fait de la lionne, et la certitude qu'elle se trouve enfermée dans notre cercle de tireurs.

Le 24, vers neuf heures du soir, pendant que j'occupe un poste sous bois, près du repaire, j'entends un coup de feu dans la direction de la ligne qui garde les gués.

Une heure après, un cavalier arrive au galop m'annoncer la mort de la lionne. Valorek, armé de la carabine du colonel Hatsford, indisposé ce jour-là, gardait le gué de la Bride. La lionne est arrivée à la rivière, suivie de son lionceau. Valorek l'a tirée à dix pas : frappée en pleine épaule, la lionne a été foudroyée. Voilà une épreuve décisive en faveur de la balle foudroyante.

Mes compagnons de chasse, après avoir examiné avec la plus grande attention le trajet de la balle et les effets de son explosion, sont unanimes, comme moi, que tout lion frappé en plein corps devra tomber sur place. La lionne tuée par Valorek est énorme, et tous les Arabes d'alentour viennent lui reprocher ses nombreux méfaits.

Le 25, chasse au sanglier : trois grandes bêtes tirées devant les traqueurs.

Le 26, nous sommes appelés par la tribu des *Beni-Guecha* pour chasser un lion dont ils ont à se plaindre.

Recherches sans succès. Les *Tréat* nous réclament à leur tour le 27.

Le 28, affût en forêt.

Le 29, battue avec cent traqueurs, pour une grande panthère. Un sanglier tué, un manqué. Le colonel Hatsford aperçoit la panthère sans pouvoir la tirer. Déjà, chez les *Beni-Guecha*, en affûtant le lion, le colonel avait vu une panthère hors de portée.

Le 30, départ pour Bone, afin d'accompagner le comte Constantin, qui rentre en France, et nous ravitailler. Sur notre route et près du lac Fedzara, le grand lion a tué six bœufs dont nous pouvons voir les restes.

Ainsi, pendant que nous le cherchions bien loin, ce lion était venu s'établir à trois lieues de la ville.

En résumé, nous avons chassé vingt-quatre jours.

Il a été vu trois lions, deux panthères, deux chats-tigres, six hyènes, plus de cinquante sangliers et une foule innombrable de chacals.

Ce résultat prouve suffisamment ce qu'une troupe de chasseurs connaissant le pays et les habitudes des carnassiers grands et petits, pourrait détruire de lions et autres animaux nuisibles dans une année. L'utilité de ces chasses est également démontrée par l'empressement des populations à nous réclamer, nous recevoir et nous renseigner.

Pendant ces vingt-quatre jours de chasse, nous avons appris la mort de cinq chevaux, de quarante bœufs et de cinquante moutons par le fait des lions. Les empreintes du grand lion dépassent les bords d'une assiette ordinaire.

Après le départ du comte Constantin Branicki et du colonel de Hatsford, je quittai Bone pour chercher le grand lion surnommé le *Rugissant*. C'était dans les premiers jours de juin.

Tout ce que je savais de ce lion, c'est qu'il remplissait les environs de Bone de ses méfaits et de ses rugissements formidables ; qu'il était venu jusque sur le marché de la ville pendant la nuit ; qu'il avait arrêté la diligence de Guelma, et que sa mort ferait grand plaisir à beaucoup de monde.

Je commençai par perdre une trentaine de nuits à parcourir la route de Bone au lac Fedzara, et celle du lac à Philippeville ; entendant l'animal presque toujours, mais ne le rencontrant jamais.

Comprenant que ces recherches *au hasard* pourraient se prolonger indéfiniment sans amener une rencontre, je me décidai à opérer régulièrement.

Je m'appliquai d'abord à connaître les repaires.

Les Arabes du pays s'empressèrent de me les désigner *de loin*. Le premier était sur le versant sud de l'*Edough* et à mi-côte, regardant la route et le lac Fedzara. Deux autres repaires étaient sur le versant ouest et un quatrième sur le versant nord.

Je les trouvai tous d'un abord difficile, mais d'une fraîcheur des plus agréables dans cette saison, et pourvus chacun d'une source claire et délicieuse à côté des lits de repos. Je savais que le lion boit à la pointe du jour quand il rentre de la plaine, puis au moment des plus fortes chaleurs et le soir avant de quitter son repaire. Ayant trouvé l'empreinte de ses pas toute fraîche dans celui du nord, j'allai m'y établir, emportant dans mes poches le pain qui m'était utile pour plusieurs jours. Les sangliers et les tourterelles, les rossignols et les porcs-épics, les mangoustes et les civettes vinrent s'abreuver tour à tour sous le canon de ma carabine ; mais le lion ne vint point.

Le troisième jour, je revins à ma tente établie chez les *Aïcheoua*. Une jument et deux bœufs avaient été la proie du ravisseur pendant mon absence. Chacun m'indiquant le repaire du sud comme étant habité, je m'y rendis le soir même. C'était une journée de quarante kilomètres à travers bois, par une chaleur de 50 degrés. Le quatrième jour se leva sans que mon lion revînt à son repaire favori. Décidément cet animal avait des habitudes singulières qu'il fallait étudier. Afin de ne point faire fausse route, je pris la résolution d'aller me fixer pour quinze jours et autant de nuits sur le point culminant de la montagne appelée par les Arabes *Coudit-Rouha* ou *Mamelon frais*. J'emportai du pain pour cinq jours, les indigènes devant me ravitailler le sixième, si j'allumais un feu au lever du soleil. En arrivant à mon poste d'observation, j'oubliai les fatigues de la journée et le lion lui-même pour admirer le magnifique spectacle qui se développait sous mes yeux. Au nord, vingt mille arpents de forêts séculaires allant se perdre dans la mer qui baigne de ses eaux le beau pays de France. Au midi, le ruisseau d'*Oued-Ziad* avec ses mille contours et ses lauriers roses grands comme des peupliers. Plus loin, le lac Fedzara encadré par des montagnes vertes et bleues, s'élevant d'étage en étage jusqu'à la noire

Mahouna dont la tête se perd dans les nuages. Au levant, *Hippone* avec son bois d'oliviers, se confondant avec les eaux tranquilles de la *Seybouse;* et au couchant, la vallée de l'*Oued-el-Aneb,* ceinte de bois de myrtes, et sillonnée par trois cours d'eau bordés de frênes gigantesques comme les cèdres du Liban.

Tel est le panorama splendide dont on jouit à Coudit-Rouha. Une réflexion pleine de tristesse fit bientôt place à mes sentiments d'admiration. Pourquoi, pensai-je, tant de richesses, tant de beautés naturelles restent-elles si longtemps ignorées et délaissées?

Pourquoi les riches et les heureux de la terre ne viennent-ils point dans ce magnifique pays acquérir de vastes domaines, où ils trouveraient, indépendamment des plaisirs de la chasse, un climat délicieux? car il faut bien qu'on le sache, si, dans l'intérieur des basses terres, la chaleur est excessive en été, en revanche, sur les hauteurs qui avoisinent la mer, il fait, au mois d'août, moins chaud qu'en France; et de plus, en hiver, la température des plaines est aussi douce ici que le mois de mai chez nous.

J'en étais là de mes pensées quand le lion rugit au loin dans la montagne. J'ai dit que le but de mon excursion sur ce point élevé était d'observer les habitudes de l'animal, afin de procéder ensuite à sa recherche à coup sûr.

Je ferai grâce au lecteur de mon séjour à Coudit-Rouha, seulement il importe qu'il sache qu'à la douzième nuit, j'étais certain de rencontrer le lion; le reste n'était plus qu'une question de temps. Le noble animal habitait tour à tour les quatre repaires désignés plus haut. et il ne demeurait que trois jours dans chacun d'eux. Parfois il appelait et faisait venir à lui une lionne du pays des *Attaoua*, qui l'accompagnait dans ses excursions nocturnes à travers les douars, puis le quittait pour revenir quelques jours après. Les sentiers que suivait le lion pour descendre dans la plaine m'étant désormais bien connus. je descendis moi-même le treizième jour au matin pour préparer mes moyens d'attaque.

Une heure environ avant l'aurore, j'avais entendu le lion et la lionne rugir au dessous du repaire de la *cascade*, et un peu plus tard aux abords de ce même repaire. C'était donc là qu'ils étaient. A son lever, la lionne devait, suivant ses habitudes, entraîner le lion vers le pays qu'elle avait quitté. Afin d'écarter en elle ce désir par une distraction que je croyais infaillible, je fis conduire, vers quatre heures de l'après-midi, un troupeau de bœufs sur le versant d'un coteau faisant face au repaire et sur le sentier que les carnassiers avaient suivi le matin.

Il ne fallut pas moins de trente Arabes pour conduire et maintenir le troupeau en cet endroit, tant le passage des lions leur causait de frayeur.

A six heures du soir, tous les efforts devinrent inutiles; et les bêtes à cornes perçant le cercle des gardiens, se précipitèrent vers la plaine comme une irrésistible avalanche. Heureusement mes précautions avaient été prises déjà, et un taureau d'une robe claire et voyante se trouvait dûment garrotté par les quatre pieds, et solidement attaché à quatre piquets plantés en terre, et d'un mètre de longueur.

Au moment où les Arabes se disposaient à suivre le troupeau, j'aperçus le lion debout sur un rocher que borde le repaire. Un moment après, la lionne débucha et vint se coucher à côté de lui.

Ils avaient entendu et vu le troupeau; ils découvraient le taureau resté seul en arrière: il n'était pas douteux qu'ils allaient venir à lui.

Les Arabes étant partis au comble de la joie, je me plaçai au pied d'un myrte, à six pas environ du taureau, et de manière à ne point perdre de vue le rocher de la cascade. Le lion s'était mis sur le ventre à côté de la lionne, de manière qu'ils se trouvaient sur le même plan.

La lionne, vue à cette distance et à côté du lion, me paraissait si petite que si je n'avais entendu ses rugissements le matin même, et reconnu l'empreinte de ses pas, j'aurais cru que c'était un lionceau.

Après un quart d'heure d'observations et de caresses mutuelles, la lionne se leva et commença à descendre. Le lion l'ayant vu disparaître sous bois, se leva à son tour, mais plus vite et courant sur ses pas. Alors commença le plus magnifique duo qui eût jamais ébranlé ces montagnes. Voilà ce me semble, comme étude de mœurs, une preuve évidente de la supériorité du lion de l'Afrique du nord sur tous ses frères de l'espèce féline.

Tandis que le tigre et la panthère rampent sur le ventre et sans bruit pour surprendre leur proie, le lion s'avance en rugissant à pleins poumons ; et il se comporte de même quand il va attaquer un douar. A la première note de ce chant connu de lui, le taureau fit tous ses efforts pour rompre les liens qui le retenaient et prendre la fuite. Mais ce fut inutilement. A mesure que les rugissements se rapprochaient, il donnait des signes de frayeur plus grande, et son abdomen roulait sourdement comme un tambour. Bientôt j'aperçus la lionne arrêtée à cinquante pas et regardant en arrière.

Le taureau l'ayant vue en même temps que moi, fit un effort suprême, et, s'enlevant sur ses pieds de derrière, il retomba violemment à terre sur le côté. Aussitôt, le lion parut à son tour sur le sentier et se plaça en travers devant la lionne, comme s'il voulait l'empêcher d'aller plus loin.

C'est qu'en ce moment le taureau, ne pouvant réussir à se relever, se roulait sur le dos en tirant sur les cordes, et que ces maudites cordes le lion les avait aperçues. Il y avait donc là un piége que la lionne ne soupçonnait point et dont il voulait la préserver. Vous dire les faits et gestes de ces deux animaux, leur langage terrible, exprimant la convoitise chez l'un, et chez l'autre la colère ; la frayeur toujours croissante du taureau, et mes inquiétudes sur le dénoûment de cette scène, est chose vraiment impossible, mais que vous comprendrez facilement.

Un instant je fus sur le point de me lever et de marcher à eux ; pensée heureuse, résolution que j'ai depuis mille fois regretté de n'avoir pas mise en pratique.

Je voulais le lion et la lionne. En attaquant ainsi, je craignais de ne tuer que le lion, et de voir la lionne s'éloigner en voyant tomber son protecteur.

Hélas ! l'un et l'autre disparurent à travers bois pour ne plus revenir.

Je me hâte d'ajouter que cet insuccès tout à fait accidentel ne fut pas pour moi une cause de découragement. Sûr d'avoir une autre rencontre si je pouvais m'assurer de nouveau du repaire où ils rentreraient le matin, laissant là mon taureau empêché dans ses cordes, mais tranquille désormais, je me mis sur la voie des lions.

Comme ils rugissaient de quart d'heure en quart d'heure, il me fut aisé de les suivre jusqu'au jour.

Après avoir enlevé deux moutons dans un douar qui se trouvait sur leur chemin, et auprès duquel je faillis les surprendre à table, ils allèrent se coucher dans le repaire du sud, appelé la *Source des Roseaux*.

En allant reconnaître ce repaire, j'avais rencontré à mi-côte un mamelon élevé comme un belvédère, au faîte duquel le lion venait, à son heure, regarder dans la plaine.

De ce point, où j'avais trouvé sa reposée, il descendait par une crête coupée par une clairière, où je l'avais entendu rugir plusieurs fois, et qu'il dominait complétement de son point favori d'observation.

Ayant choisi cette place comme la plus convenable à la rencontre, j'y fis amener tout le bétail d'alentour, afin que le lion pût l'entendre et le voir à son lever. Pour éviter l'accident de la veille, je choisis un cheval comme appât.

Malheureusement, le sol était tellement dur en cet endroit, qu'il fut impossible de se servir des piquets et qu'il fallut attacher l'animal, du côté de la clairière, à un rocher, et du côté du bois, à un arbuste assez solide pour résister à ses efforts.

Le cheval était fixé par les quatre pieds, la tête tournée vers la plaine, pour qu'il ne vît point les lions venant à lui.

Je me plaçai à côté d'un buisson, à cinq ou six pas en arrière du cheval.

De cette manière, la nuit étant sans clair de lune et très-obscure, je devais laisser les lions égorger le cheval, se mettre à table me présentant le flanc, et ne tirer que lorsque je pourrais distinguer une bonne place.

Au moment où nos apprêts venaient d'être terminés, un double rugissement se fit entendre au dessus de nous, sur le poste d'observation dont j'ai parlé plus haut. Bêtes et gens s'étant éloignés à la hâte vers leurs douars respectifs, je restai en présence du pauvre cheval destiné à mourir tout à l'heure, et déjà fort inquiet de se voir ainsi abandonné.

J'avoue que je prenais une part bien sincère et bien vive à ses angoisses, et que j'aurais volontiers coupé les liens qui le retenaient, si j'avais pu réussir sans en venir à un si cruel sacrifice. On sait, du reste, que jusqu'à ce jour je n'avais jamais permis au lion de *toucher* les appâts vivants que je leur offrais, les tuant toujours au moment où ils se préparaient à bondir.

Mais ici, il était tout à fait impossible de faire autrement, et je raffermis mon courage en me disant que cette pauvre victime, ainsi sacrifiée, allait sauver la vie d'une foule de ses pareils, tandis que si j'hésitais devant ce moyen, cruel en apparence, demain, après-demain, tous les jours enfin, seraient marqués par un meurtre nouveau.

Cependant, les rugissements se succédaient, mais toujours à la même place. Ce ne fut que vers neuf heures qu'il me fut donné d'entendre les lions s'approcher; une demi-heure après ils étaient aux abords de la clairière. Le lion seul vint à l'attaque. Je fus averti de son approche par les mouvements d'effroi du cheval : d'abord, il pointa les oreilles sur le côté, puis il rejeta vivement la tête en arrière et très-haut, tandis que son arrière-main tremblait convulsivement et pliait comme sous une pression intolérable.

Au même instant, le lion bondit sur lui, le saisit à la gorge, et, l'ayant fait pivoter sur place, l'étendit roide mort.

Je n'avais vu que deux corps enlacés tournant sur eux-mêmes; je n'avais entendu que les trépignements du cheval à travers les rugissements étouffés du lion; maintenant, le monstre était là debout, fier, magnifique, et regardant tantôt la lionne, restée à l'écart, tantôt l'arbuste auprès duquel je me tenais assis, la carabine à l'épaule.

Tout à coup, le cheval ayant fait un dernier mouvement d'agonie, les cordes qui retenaient ses jambes ébranlent l'arbre auquel elles étaient fixées. Soupçonnant un nouveau piége, le lion rugit avec colère et court vers la lionne, afin de la renvoyer; puis il revient en bondissant et se jette sur sa proie, dont j'entends les os craquer sous sa terrible mâchoire. Profitant d'un instant où il est immobile, je me hâte de lui envoyer une balle *à peu près* dans le côté droit. Au coup de feu, le lion rugit à peine, et franchissant le cheval, il se rue avec fureur sur le buisson qui lui portait ombrage, le déchire de ses dents et de ses griffes, envoyant ses débris jusque sur moi; puis, il disparaît, et je l'entends rouler à travers bois sur le versant de la clairière, et bientôt après je n'entends plus rien.

Ayant quitté mon poste, je cherche des yeux la lionne, sans l'apercevoir. Il pouvait être alors dix heures du soir, et la nuit était trop noire pour qu'il me fût possible de juger le coup que j'avais tiré; ce dont j'étais sûr, c'est que la balle *foudroyante* dont je m'étais servi n'avait pas éclaté au dehors.

Le lion n'avait pas rugi comme d'habitude lorsqu'il est blessé légèrement; il s'était jeté sur l'objet de sa défiance; donc il devait avoir la balle avec ses éclats dans le corps. Je m'endormis sur ces observations, les seules qu'il me fût donné de faire en ce moment, et aussi en pensant à la scène tragique dont j'avais été témoin.

A la pointe du jour, je fus éveillé par une foule d'Arabes, accourus des douars voisins. Après les avoir écartés un peu, je cherchai à me rendre compte de mon coup de carabine.

J'avais tiré dans la direction de la plaine, sur le côté droit du lion, qui se trouvait à gauche du cheval.

La bourre en feutre qui séparait la poudre de la balle devait avoir franchi le corps du lion si je l'avais manqué, et elle devait être tombée à sa place, arrêtée par son corps, si je l'avais atteint.

Le sol étant parfaitement nu, il était facile de la retrouver.

Je cherche en vain avec la plus grande attention, point de bourre; alors je me place dans la position que le lion occupait au moment où je l'ai tiré, et j'aperçois au delà du cheval et près de l'arbre auquel il est attaché, l'empreinte des griffes. En arrivant à cet endroit, je trouve la bourre, maculée de sang.

Le temps ayant été calme toute la nuit, il était clair pour moi que c'était le lion qui l'avait emportée dans sa crinière. De plus, cette circonstance me démontre, à n'en pas douter, que mon coup a porté ou dans le cou ou au-dessus de l'épaule, c'est-à-dire trop haut.

L'arbre est déchiré, coupé; mais je ne trouve point de sang. En suivant les pas, je trouve que le lion est tombé à dix pas de l'arbre; un peu plus loin, il a fait une seconde chute et laissé une mare de sang.

Aussitôt les Arabes se mettent sur la voie et ne la perdent plus.

Du sang! toujours du sang! du sang partout!

Nous arrivons ainsi jusqu'au repaire que l'animal avait quitté la veille au soir. Des traces de la lionne, aucune.

Le repaire pouvait avoir un demi-arpent d'étendue, mais il était tout à fait impénétrable pour l'homme.

Le lion y arrivait ou en sortait par deux passages.

J'en gardai un et confiai l'autre à six Arabes armés qui nous avaient rejoints. Un de leurs chiens étant entré sous bois, se trouva en présence du lion, l'aboya un instant et fut tué.

Au même instant, sans qu'il fût fait aucun bruit et sans qu'il semblât se douter de notre présence, le lion sortit du repaire, la tête basse, marchant avec peine, et il se dirigea vers le passage gardé par les six hommes armés.

Au lieu de l'attendre à bout portant, ceux-ci reculèrent, et ce ne fut qu'après l'avoir laissé passer tranquillement qu'ils firent feu tous à la fois. Jamais je n'ai éprouvé pareille crainte : toujours j'avais vu les lions blessés, même grièvement, charger les hommes qui tiraient sur eux et ceux aussi qui se trouvaient à leur portée sans aucune attaque de leur part. Je me souvenais de compagnons que j'avais vu tuer et mutiler dans des circonstances semblables, et pour moi ces malheureux, maintenant sans défense, devaient subir le même sort.

Eh bien! non-seulement le lion ne chargea point ces six hommes qui se trouvaient à sa merci; non-seulement il ne répondit pas à la fusillade par le rugissement obligé, mais encore je pus le voir, à mon grand étonnement, continuer paisiblement sa route, trébuchant quelquefois, puis enfin disparaître dans le fond du ravin, comme s'il n'avait rien vu, rien entendu.

Ce spectacle inouï me rappela nos expériences de Montfaucon et les appréciations de MM. Monjauze et Rommier sur l'effet des balles explosibles. Évidemment, cet animal était dans un état de prostration et d'ahurissement complet; il avait perdu tout sentiment. Aussi, jamais les Arabes ne se montrèrent plus courageux; je dirai même qu'ils étaient devenus imprudents à force de hardiesse.

« C'était, » disaient-ils, « un chacal qui avait revêtu la peau du lion pour nous jouer un tour de sa façon. »

La journée entière nous suivîmes le blessé, sans parvenir à le revoir. Le lendemain matin, d'autres Arabes en armes s'étant joints aux premiers, nos recherches continuèrent.

Le lion fut revu dix fois et tiré trente fois, sans qu'il fît mine de se retourner et qu'il me fût possible de lui envoyer une balle. A la fin du jour, nous étions en plaine, et les habitants des douars venaient jeter des pierres au fugitif, sans qu'il en ait chargé un seul.

Voici l'explication de ce fait étrange : Ainsi que nous avions pu le juger par les traces de sang au bois, et comme cela était confirmé par ceux des Arabes qui avaient vu l'animal de près, la balle était entrée au-dessus de l'épaule droite, et l'explosion avait eu lieu en haut; de là, paralysie de l'avant-main et impuissance pour le lion de bondir.

La nuit étant venue nous surprendre, je laissai aux Arabes le soin de continuer les recherches; et, pour ne pas perdre un courrier de plus, je revins m'embarquer à Bone, afin de préparer les chasses d'automne, auxquelles le comte Constantin Branicki devait prendre part, avec son frère Xavier et plusieurs autres de ses parents.

Le jour de mon embarquement, les indigènes m'apportèrent la dépouille d'une magnifique panthère qu'ils avaient tuée en recherchant le lion, et ils me donnèrent l'assurance qu'à mon retour je trouverais ou la dépouille de ce dernier ou son armure, suivant qu'ils le retrouveraient mort ou vivant.

La statistique que j'avais faite, pendant cette campagne, des pertes que les lions de la subdivision de Bone avaient fait éprouver aux populations, s'élevait au chiffre éloquent de dix mille têtes de gros et de petit bétail.

Le nombre des lions était d'environ soixante.

Cette augmentation, en comparaison des années précédentes, vient de la bonne conservation des forêts dans cette partie de l'Afrique.

tandis que les Tunisiens et les Marocains incendient les repaires pour chasser leurs habitants.

Dans les premiers jours de décembre 1858, je revoyais la terre africaine, accompagné, cette fois, du comte Xavier Branicki, du comte Jean Zamoyski, son neveu, de M. Giorgi de Rome, et de deux bons piqueurs. La première nouvelle, en arrivant, fut celle de la mort de mon grand lion blessé par la balle foudroyante.

Le 15, nos campements étant prêts, nous allâmes nous établir chez les *Senadjah*.

Dès le lendemain, les trois gués de l'*Oued-Kebir*, fréquentés d'habitude, étaient distribués entre les tireurs ; et chacun prenait possession de son poste. Heureusement pour les lions, et malheureusement pour les Arabes du pays qui avoisine, le campement est couvert de gibier de toute espèce ; de sorte qu'au lieu de dormir au retour de l'affût, nos chasseurs tentés par tant de richesses allaient se fatiguer en plaine ou au bois.

Or, quelle est la force humaine qui peut aller ainsi longtemps ? aucune, sans doute. Aussi qu'est-il advenu ? Que trois lions ont traversé notre ligne sans recevoir une balle ; et que, depuis notre arrivée chez les Senadjah, cent têtes de bétail ont péri sous la dent de ces messieurs. Il est juste d'ajouter que ni le comte Xavier, ni le comte Zamoyski, ni M. Giorgi n'ont laissé passer l'ennemi sous le canon de de leur carabine. Les fautes étant personnelles, il est bon de les laisser à qui de droit. C'est pourquoi nous mettrons ce grand péché sur le compte du piqueur Z.

La lune étant devenue mauvaise pour affûter, nous résolûmes d'essayer la meute sur la voie d'une lionne accompagnée de ses petits.

Huit chiens : *Grisonneau, Persiflant, Tartareau, Major, Flambeau, Blandineau, Rempart* et *Fend-l'air* furent découplés à midi sur ma brisée.

J'appelle toute l'attention des chasseurs et veneurs sur ce qui va suivre, parce qu'on a douté jusqu'à ce jour qu'une meute pût goûter la voie du lion et le chasser.

Donc, les huit chiens précités furent découplés à midi sur la voie de la lionne à sa rentrée au bois, et après une forte averse tombée une heure avant d'attaquer.

A peine découplés, les huit chiens ont empaumé la voie et l'ont rapprochée sans balancer un seul instant. N'étant que cinq tireurs, nous entourions tant bien que mal l'enceinte. Les chiens étant arrivés au repaire de la lionne, celle-ci les a chargés; mais il a suffi de quelques vigoureux coups de trompe, sonnés à propos par les deux piqueurs *Fanfare* et *Hubert*, pour que la lionne, agacée par ce bruit nouveau, vidât l'enceinte.

Alors, les chiens ont repris courage et se sont de nouveau trouvés en présence des animaux chassés.

Un lionceau étant resté un instant en arrière, a été aussitôt enveloppé par la meute qui en aurait eu raison sans l'intervention de la lionne, qui a bien vite dispersé les chiens et ramené son imprudente progéniture.

Puis les trompes et la fusillade ont repris, et la meute a recommencé de plus belle, avec des hallalis debout à chaque instant, jusqu'à ce que, rebutés par une charge à fond, les chiens aient renoncé à une chasse par trop nouvelle.

Ainsi la lionne a vidé deux enceintes par le fait des trompes seulement, et les chiens l'ont chassée pendant une heure au moins, *prudemment* il est vrai, mais enfin l'ont chassée. De plus, nous avons pu nous assurer qu'un lion couché dans la deuxième enceinte l'a quittée au bruit des trompes pour se dérober devant cette musique qui lui agaçait les nerfs.

Le lendemain, ce même lion ayant été détourné, nous l'avons attaqué avec la meute entière. D'abord, les chiens l'ont rapproché sans hésitation jusqu'au repaire, d'où ils sont ensuite revenus ventre à terre dans les jambes des piqueurs. Ceux-ci ayant sonné, la meute a repris courage ; et comme le bruit des trompes avait fait marcher le lion, les chiens ont bien crié jusqu'à lui. Là, même retour prudent.

Un coup de trompe résonnait-il sous la futaie, le lion faisait cinquante pas; et les chiens allaient à sa suite. Les trompes se taisaient-elles, le lion s'arrêtait, et la meute en faisait autant.

En somme, de cette double épreuve il résultait pour mes compagnons et pour moi cette conviction, qu'avec un nombre de trompes et de chiens suffisants, rien n'était plus facile que de *forcer* un lion.

Quelques jours après cette chasse, un de nos quêteurs arabes ayant tué une panthère dont le mâle était rembuché sûrement, nous résolûmes de l'attaquer avec les chiens. Le résultat fut le même que le précédent. De plus, quelques chiens arabes de toutes races et de tous poils, chassèrent admirablement avec les nôtres. Seulement, nos chasseurs arabes, qui s'étaient montrés aussi prudents que la meute avec le lion, allaient à la panthère comme à un lapin.

Voici quel fut le résultat de ces quinze jours de chasse :

Trois lions vus par corps, dont un manqué par un Arabe perché sur un arbre.

Deux panthères vues, une tuée.

Six sangliers tués, trois chats-tigres, un porc-épic, six chacals, quatre mangoustes, deux cents bécassines à temps perdu par le comte Xavier Branicki, vingt lièvres et trente-cinq perdrix.

On pouvait tuer, par jour, dix sangliers, ou deux cents bécassines, ou cent perdrix.

Le comte Branicki ayant dû rentrer en Europe avec M. Giorgi et la meute, je restai avec le comte Zamoyski, un valet de chiens français et quelques chasseurs arabes.

Nous allâmes nous établir au pied de l'Edough côté sud, chez M. Kall, riche Espagnol qui possède là une terre de dix mille hectares de plaines et de bois, peuplés d'animaux de toute espèce, depuis le chacal jusqu'au lion.

Telle est la richesse cynégétique de ce domaine, que son maître avais mis entièrement à notre disposition. Malheureusement, du 8 au 14 janvier, nous fûmes empêchés par une pluie constante.

Le 15, nos quêteurs ayant connaissance d'une lionne accompagnée de deux lionceaux, nous allâmes en forêt. Comme l'animal avait vidé l'enceinte avant notre arrivée, il fallut reprendre la voie à sa sortie du repaire ; et pendant que nous tournions la deuxième enceinte pour aller nous poster en avant, les quêteurs furent chargés à outrance. Lestes comme des écureuils, ils choisirent chacun un arbre et s'empressèrent de se très-haut percher. La lionne, après avoir mis ses petits en sûreté, se donna aux chasseurs pour se faire suivre et les éloigner.

La nuit vint nous surprendre marchant encore sur sa voie. Le lendemain, 16, la lionne avait quitté le pays ; et le comte Zamoyski affûtait avec moi un grand lion avec un cheval vivant pour appât.

Vers minuit, nous pûmes l'entendre rugir près du lac Fedzara, en plaine, à deux lieues environ du point où nous étions. Ses rugissements se rapprochaient de quart d'heure en quart d'heure, et il n'était plus douteux que le sentier près duquel nous l'attendions était celui qu'il suivait. Seulement, au lieu de descendre de la forêt, il y rentrait. Vers deux heures du matin, le lion rugissait si près de nous, que nous pouvions entendre les soupirs qui précèdent et suivent chaque rugissement. Hélas ! un moment après, nous l'entendions au delà, et sans aucun espoir de retour. Ne pouvant m'expliquer comment il était venu si près du cheval sans l'attaquer, à la pointe du jour, je recherchai ses traces. La distance n'était que de cent mètres ; mais un petit monticule dérobait entièrement le cheval aux yeux du lion, à la bifurcation des sentiers qui arrivaient à la montagne.

Le 18, nos chasseurs arabes ayant rembuché le lion, la lionne et ses deux lionceaux, dans le même repaire, mais trop tard et trop loin pour venir au rapport, se décidèrent à les attaquer sans nous.

Après avoir entouré l'enceinte en se perchant sur les arbres les plus élevés, ils commencèrent à faire grand vacarme. Le lion ayant quitté sa reposée pour voir d'où venait tout ce bruit, fut tiré et manqué. Un voisin du premier tireur l'ayant apostrophé à son tour, le lion se porta de son côté et ne reçut pas cette seconde balle. Toute l'après-midi se passa en cris sauvages et en coups de fusils sans que ni lion, ni lionne, ni lionceau aient perdu un poil ou quitté le repaire.

Il est juste d'ajouter que le bois est là très-haut et très-épais, et qu'il est difficile de bien placer une balle dans de telles conditions.

Cette escarmouche servit pourtant à éloigner les lions du pays, et nous obligea à en chercher d'autres.

Le 27, j'appris qu'une autre lionne, accompagnée de trois lionceaux grands comme des mâtins, se trouvait chez les *Ouled-Atiah,* au nord du lac Fedzara. Le 28, ils étaient rembuchés à *Dert-Rémoul.* Nous avions, ce jour-là, quarante fusils kabyles. Les tireurs se trouvaient espacés de trente mètres au plus.

Au premier bruit qui se fit du côté des rabatteurs, la lionne se déroba seule, laissant ses lionceaux au fort dont elle voulait nous éloigner. Sublime dévoûment bien fait pour servir de leçon à l'espèce humaine. Elle débucha entre deux tireurs indigènes placés sur les arbres qui bordaient la route, et fut manquée. Le comte Zamoyski l'aperçut, mais à une trop grande distance pour espérer la toucher.

Ayant inutilement fouillé deux enceintes que la lionne n'avait fait que traverser, nous revînmes aux lionceaux restés dans le premier repaire.

C'était là le cas, ou jamais, d'avoir une bonne et belle meute; malheureusement celle du comte Xavier était en France avec lui, et nous n'avions que les chiens des Arabes, c'est-à-dire des roquets, des caniches, des chiens de garde et des chiens d'arrêt.

Néanmoins, la lionne étant absente, toutes ces bêtes se mirent au bois; et, appuyées chaudement par leurs maîtres, qui ne craignaient plus la terre ferme, elles trouvèrent, aboyèrent, et nous firent passer les trois lionceaux. Tous furent tirés, mais aucun ne resta sur le carreau; comme ils tenaient aux chiens tout en se retirant, le meilleur de la troupe y trouva la mort. Cependant, un des lionceaux, tiré en même temps par un Kabyle et par moi, avait été blessé et s'était remis au repaire au lieu de suivre les siens. Une pluie battante vint à l'instant même nous empêcher de suivre sa voie, et il fallut battre en retraite. Le lendemain et les jours suivants, même temps, et même impossibilité de rechercher l'animal blessé ou la lionne; ce que voyant, nous allâmes nous établir à Bou-Dissa, sur le versant ouest de l'Edoug. Le 5 janvier 1859, nos quêteurs avaient connaissance de la dernière lionne tirée, suivie de deux lionceaux seulement. Le 6, ils l'avaient détournée dans une enceinte de cinquante mètres carrés, dont les abords ont été brûlés l'année précédente. Pendant que l'un des hommes qui avaient fait le bois venait allumer un feu en vue de notre campement, son compagnon restait en vedette sur un rocher haut de trente mètres, situé à la tête du repaire habité.

A la vue du signal convenu, nous nous empressons de charger les armes, et nous partons. Jugez de notre étonnement, lorsque, à moitié chemin, nous rencontrons nos deux lionnes, la tête basse et l'air piteux. Voici ce qui était arrivé :

La lionne ayant entendu les quêteurs rôder autour de son repaire, était sortie pendant que le dernier la guettait.

Comme elle n'était qu'à une quarantaine de pas, présentant le côté, et que l'Arabe se trouvait à l'abri de tout danger sur une hauteur de trente mètres, il ne put résister à la tentation de lui envoyer une balle. Cette homme était armé d'un fusil à percussion et à deux coups ; le premier rata. Au bruit de la capsule, la lionne tressaillit, mais sans quitter sa place. Le second coup partit, mais ne fut pas heureux ; alors, la lionne rentra furieuse au repaire, et pendant que le quêteur imprudent et maladroit cherchait sa poudre et ses balles, elle arrivait au pied du rocher. Une seconde capsule est placée sur le coup raté et ne part pas ; la lionne rugit et montre toutes ses dents.

L'homme, de son aveu, perd la tête, se croit perdu ; et, au lieu de recharger son fusil, il suit des yeux tous les mouvements de la lionne tournant autour du rocher. Enfin, la bête, entendant ses petits, va les rejoindre et sort avec eux du repaire au petit pas et non sans s'arrêter plusieurs fois pour observer l'imbécile qui reste comme magnétisé sur sa pierre. Et voilà comment cette journée, qui se présentait pour nous sous de si belles couleurs, finit de la manière la plus pitoyable.

Du 7 au 14 janvier, nous eûmes des renseignements, mais aucun animal rembuché assez sûrement pour risquer une attaque. Comme nous avions fixé notre départ pour l'Europe au 17, nous montâmes le 14 à *Coudit-Rouha*. De ce point culminant, nous avions tous les repaires au-dessous de nous, et, partant, la certitude de recevoir un bon rapport avant notre départ, s'il y avait du lion dans la montagne.

Le 15, la lionne tirée la première fois était détournée à un kilomètre du point où nous avions passé la nuit ; les deux lionceaux étaient avec elle. Le repaire était une gorge impénétrable, d'un mètre à peu près ; nous avions quinze fusils arabes et trois carabines.

Quand tout le monde fut à son poste, les quêteurs approchèrent le plus possible du repaire, prirent chacun un arbre assez élevé, et ouvrirent le feu.

Au troisième coup, les deux lionceaux furent vus et manqués deux fois en sortant de l'enceinte ; c'étaient des bêtes de trois à quatre mois.

La lionne ne bougeait pas, ce ne fut que longtemps après, et alors que les lionceaux avaient pu s'éloigner suffisamment du repaire, qu'elle se présenta à la ligne des tireurs. Sept de nos chasseurs arabes ont successivement tiré et de même manqué ; heureusement pour eux, les arbres sur lesquels ils étaient perchés les garantissaient de toute attaque, car, à chaque coup de feu, la lionne rugissait furieuse et s'arrêtait pour chercher l'assaillant. Le comte de Zamoyski envoya ses deux balles avec beaucoup de sang-froid, et sans précipitation aucune, mais à travers le ravin et à une trop grande distance pour toucher l'animal dans ses bonds furieux.

Me trouvant à l'extrémité de la ligne, j'attendais avec la plus grande impatience le feu d'un tireur que j'avais placé à l'autre bout, et dans une position où il devait, d'après la direction que la lionne avait prise, la tirer à bout portant.

Enfin deux coups précipités se font entendre en même temps que les rugissements de la lionne et les cris de l'homme qui avait tiré ; et tout le monde d'accourir. J'arrive de mon côté et j'examine les choses sans écouter le bruit des voix. Le tireur que j'avais placé là était un valet de chiens resté avec le comte. Comme il n'était pas maladroit, et qu'il se trouvait armé d'une assez bonne carabine à deux coups, j'avais cru pouvoir lui confier ce poste.

Placé entre quatre sapins à la sortie de la gorge, la lionne, si elle tendait à franchir le sol au lieu de descendre, devait passer sous les canons de sa carabine *sans le voir*. Il l'avait, en effet, tirée à *six pas* le premier coup, et à *quinze* pas le second coup : tout portait à croire qu'il avait dû toucher ; et, à l'entendre, l'animal était grièvement blessé.

Jusqu'à la nuit, nous suivîmes sa voie sans aucune remarque qui pût nous donner de l'espoir.

A huit heures, la lionne rugissait autour de notre campement où elle venait chercher ses petits.

Le lendemain, nous reprenions leurs voies à la pointe du jour; et nous les quittions à deux heures pour venir à Bone faire nos préparatifs de départ.

En résumé, depuis notre arrivée en novembre, nous avons vu quinze lions, lionnes ou lionceaux. Huit ont été tirés, sur les arbres, et le seul lionceau de Dest-Rémoul est mort. Tous les autres se portent à merveille, et nous attendent au printemps. Je ne compte pas deux panthères tuées par les Arabes. J'espère qu'au mois de mars ou avril prochain, nous serons chez messieurs les lions avec un plus grand nombre de carabines et une meute qui aura raison des lionceaux.

Voici le chiffre du bétail enlevé par les lions sur dix lieues carrées, pendant nos deux mois de chasse : chevaux, mulets ou juments, 25 ; taureaux, bœufs et vaches, 230 ; moutons, 202 ; et, en outre, 1 Arabe.

De retour à Paris, j'organisai une nouvelle expédition qui, cette fois, se composait du comte Constantin Branicki, toujours intrépide; du comte Jean Zamoyski, déjà connu; du comte Etienne Zamoyski, rempli d'ardeur et de courage; du prince russe Galitzine; de M. Bogusz ; d'un officier russe, M. Krassowski ; de deux piqueurs, dont un très-bon tireur et infatigable, Auguste Lefort; plus Valorek, le chasseur inséparable du comte Constantin Branicki que mes lecteurs connaissent déjà, et qui tire comme un sauvage. Venaient enfin les domestiques européens dont plusieurs désiraient suivre les chasses; et la meute du comte Xavier.

Débarqués à Bone vers les derniers jours de mars, le 30 nous commencions nos chasses par un rapprocher qui dura de sept heures du matin jusqu'à cinq heures du soir.

Je cite ce fait parce qu'il est rare en vénerie, surtout dans ces circonstances exceptionnelles. Il ne s'agissait pas ici d'un animal qui se dérobe; mais bien d'un grand lion qui, après avoir fait toute sa nuit en plaine, a parcouru encore une distance de huit à dix lieues à travers monts et vallées, avant de rencontrer une place convenable pour y passer le reste du jour.

Le 2 avril, à midi, nous attaquions une lionne accompagnée de deux lionceaux dans le repaire de *Bellevue*, situé entre Bone et le lac Fedzara, à un kilomètre de la route qui mène de *Bone* à *Philippeville*. Cette lionne était la même que nous avions chassée le dernier jour de la campagne précédente avec le comte Jean.

A peine découplés, les chiens empaument la voie avec une chaleur admirable, et, la trompe aidant, l'animal n'a pas tardé à vider l'enceinte gardée militairement. C'était encore au chasseur du comte Constantin qu'il appartenait cette fois d'ouvrir glorieusement l'expédition.

Valorek, surpris par la lionne, qui le charge à l'improviste, est obligé de tirer à la tête, bien que sa carabine soit chargée à balles explosibles.

Heureusement pour ce brave garçon que le projectile, sans pénétrer dans le crâne, a porté un coup assez violent pour renverser l'animal. Je dis heureusement, car il l'a tirée à bout portant et pour ainsi dire au vol. Croyant avoir tué la lionne, Valorek, déjà remis de sa surprise, envoie sa seconde balle à un lionceau qu'il abat sur place ; et ce n'est qu'alors qu'il peut voir la lionne se relever du fond du ravin où elle avait roulé, et charger un de nos chasseurs arabes. Celui-ci, plus prudent, se dépêche d'envoyer ses deux balles, comme par acquit de conscience ; puis il se sauve sur un arbre voisin immédiatement après.

Cependant la meute, chaudement appuyée, arrive sur ces entrefaites, et la lionne l'arrête court. De tous côtés l'on entend crier *hallali;* mais les postes sont éloignés les uns des autres, et les tireurs ne peuvent tous arriver à temps. Une dizaine, en y comprenant les Arabes, sont pourtant réunis, et parmi eux le piqueur. L'enceinte où l'animal fait tête aux chiens n'a guère que cinquante mètres de large sur cent de long. Il est donc facile de l'entourer et de le tuer sûrement. Mais les Arabes préfèrent lui laisser le passage libre, et la lionne, après avoir tué le meilleur chien de la meute, *Tapageau*, se fait faire place et défile tranquillement sous une grêle de balles qui font plus de bruit que de mal.

Deux heures de chasse pour toute une meute réunie, quatre *hallalis* debout, et enfin un change sur un sanglier, tels ont été les incidents de cette journée marquée seulement par la mort du lionceau. Si quelques-uns des tireurs avaient été montés, au lieu de laisser leurs chevaux au pied de la montagne, ils auraient eu quatre fois l'occasion de fusiller la bête à bout portant. En ce qui me concerne, je n'avais pu le faire, obligé de poster tout le monde et de diriger les traqueurs. Le lendemain, la lionne rugissait une partie de la nuit pour appeler son enfant, et tuait deux bœufs pour consoler son jeune frère.

Le sol étant trop sec pour en revoir dans ce pays, couvert de pierres et de minerai de fer, nous abandonnâmes momentanément cette lionne, pour répondre à une invitation que nous avait adressée M. Viguier, propriétaire du domaine de *Bou-Far*, situé dans le cercle de Guelma et la vallée de la Seybouse.

Le 7 avril au soir, trois bœufs étaient tués par deux lions *frères* à une portée de carabine des bâtiments d'exploitation. Le lendemain, nous les attaquions à neuf heures.

Nos chiens français ayant pris la voie d'un sanglier au début de la chasse, il nous fut impossible de les rompre, et force nous fut de chasser avec trois ou quatre roquets arabes qui ne nous quittent jamais.

Ces courageuses petites bêtes firent merveille; mais les lions, se moquant d'elles, n'ont fait que tourner et retourner dans le repaire toute la journée.

Cependant, nos Arabes ont voulu s'en mêler, et, pour soutenir leurs chiens, ils ont fait semblant d'entrer au repaire. Aussitôt un des lions s'étant fâché, les a mis en déroute; de sorte que hommes et bêtes ont dû se contenter de voir ces messieurs *de loin*, et de leur envoyer des balles dont ils semblaient se soucier fort peu. N'ayant rien au rapport les jours suivants, nous quittâmes le domaine de Bou-Far le 14 avril, malgré l'hospitalité si cordiale de ses maîtres; et le soir du même jour, nous campions chez les *Ouled-Hamza*, établis sur le versant ouest de la Mahouna.

Une heure après notre arrivée, nous avions connaissance de deux lions mâles et adultes, et d'une lionne accompagnée de ses lionceaux. La lune étant on ne peut plus favorable pour l'affût de nuit, je résolus de mettre sur-le-champ en pratique la théorie sur laquelle je fonde des espérances légitimes pour la destruction des animaux nuisibles qui désolent ce malheureux pays. Tout chasseur sérieux, et toute personne intelligente comprendra cela. Le lion se lève le soir, au moment où le soleil disparaît à l'horizon, ou à la même heure quand le temps est couvert. En quittant son repaire, il suit toujours un sentier ou une route pour aller faire sa nuit dans les douars.

Il va ainsi toute la nuit sur les chemins, tantôt rugissant, tantôt en silence, suivant son bon plaisir; et jusqu'à sa rentrée, qui a lieu au point du jour, l'animal suit toujours les voies tracées par les hommes.

Quand on est arrivé à connaitre cette manœuvre du lion, il faut encore distinguer les passages les plus fréquentés, s'assurer des repaires, et on peut alors, avec du coup d'œil et un peu de tactique, fermer au seigneur et maître toutes les issues de ses jardins, de telle façon qu'il ne puisse ni sortir ni rentrer sans recevoir des balles.

C'est, comme vous le voyez, bien simple, puisqu'il suffit de placer un tireur sur chaque sentier ou carrefour aboutissant à la forêt, et très-utile pour les contrées où l'attaque au bois, avec la meute, offre de trop grandes difficultés.

Ce côté de la Mahouna est coupé, vers le milieu, par une seule voie étroite, courant du nord au sud, à laquelle viennent se relier quelques sentiers pour le besoin des tribus établies sur la rive gauche de l'*Oued-Cherf*, qui coule au pied de la montagne.

Notre société se trouvant réduite de quatre carabines, par suite de la rentrée en France du prince Galitzine, de M. Krassowski et de leurs hommes, il ne me restait que huit carabines à balles explosibles et quatre chasseurs arabes armés de fusils à deux coups.

C'était trop et pas assez; trop, si chaque tireur occupait *seul* un poste; pas assez, s'il fallait les doubler.

Sur les renseignements qui me furent donnés par les habitants du pays dans la journée du 15, je fermai, vers le soir, toutes les issues que je croyais bonnes.

La ligne à garder étant trop étendue pour qu'il me fût possible de mettre moi-même chaque tireur à son poste, je fus obligé de confier ce soin, pour quelques-uns, aux hommes du pays même, après leur avoir indiqué, *à un mètre près*, la place de chacun. Malheureusement, entre gens qui ne parlent pas la même langue, il est difficile de s'entendre, et ce jour-là il y eut, entre deux tireurs et l'Arabe chargé de les conduire, un malentendu fâcheux. Bien avant la nuit, j'eus la douleur de voir, à mille mètres, la lionne, suivie de ses lionceaux, arrêtée au pied d'un rocher sur lequel aurait dû être, en ce moment, le tireur qui venait de passer outre depuis un quart d'heure, malgré les signes de son guide, qui ne savait pas lui dire autrement : *C'est là.*

Sur les cinq lions enfermés dans notre ligne, qui n'occupait pas moins de deux lieues de longueur, trois venaient de la franchir et ne rentreraient plus peut-être; restaient les deux lions mâles dont j'ai parlé plus haut. Ceux-ci arrivèrent ensemble au carrefour gardé par nos quatre chasseurs arabes; deux seulement envoyèrent leurs balles. du haut d'un chêne, et un *toucha*, mais avec une balle conique, et fit deux trous dans le corps de l'animal, que nous suivîmes en vain, aux rougeurs, pendant deux heures. Les deux lions ne s'étant pas séparés jusqu'à leur rentrée dans une série de repaires immenses, et dans lesquels on ne pouvait pénétrer qu'en marchant sur les genoux, je pensai que toute tentative de suite amènerait infailliblement mort d'homme, tandis qu'en fermant tous les passages, vers le soir, ils seraient *certainement* tirés comme la veille.

En effet, à sept heures, c'est-à-dire avant la nuit, un magnifique lion noir, suivant un sentier qui montait du repaire au plateau gardé, se présentait à Auguste Lefort, premier piqueur du comte Xavier Branicki, armé de la carabine de son maître. N'ayant pas trouvé où placer sur le bord du sentier, Auguste s'était mis dans un olivier qui le dominait, à l'entrée d'une clairière.

Tiré à trente mètres, le lion reçut la balle en arrière de l'épaule droite, et tomba foudroyé.

Et aussitôt les Arabes de courir sur toute la ligne des tireurs pour annoncer l'heureuse nouvelle, et de déranger ainsi mon plan, qui devait faire rester chacun à son poste jusqu'à la pointe du jour. Aussi, le lion blessé profita-t-il des vides qui s'étaient faits successivement, et nous dûmes nous contenter d'une victime.

Je dois rendre ici justice au comte Constantin Branicki, qui, malgré tout le bruit qu'il put entendre et les invitations que les Arabes allèrent lui porter de venir au campement, resta ferme à son poste jusqu'au moment où je lui envoyai un cavalier.

Le lion abattu était, somme toute, assez beau pour nous faire oublier l'autre, et la manière heureuse dont il venait d'être tué nous donnait toute confiance dans les nouveaux projectiles que nous avions adoptés.

A l'autopsie, nous avons d'abord extrait *sept* balles arabes *anciennes*, les unes aplaties, les autres déformées, dont une sur le *nez*. La balle explosible n'avait atteint ni le cœur ni les poumons ; mais la commotion qu'elle avait causée en éclatant avait brisé les vaisseaux et causé une hémorragie interne effroyable.

Voilà donc une blessure qui, faite par un projectile non explosible, aurait produit l'effet des balles ordinaires, n'aurait pas tué ; tandis que le seul fait de l'explosion a foudroyé l'animal sur place.

Cette expérience nous parut à tous décisive, et nous remerciâmes sincèrement Devisme de la sécurité que nous lui devions désormais, sauf, bien entendu, les circonstances exceptionnelles, où le danger subsiste toujours.

Un autre incident a marqué cette journée du 17, et nous a fait comprendre combien cette nuit pouvait nous être propice si chacun fût resté à son poste, ainsi que cela était convenu : Vers quatre heures du soir, les comte Jean et Étienne Zamoyski préparaient leur affût, en coupant des branches ; tout à coup, ils entendent un grand bruit sous bois, des cris perçants, des rugissements formidables, des pierres qui roulent sur eux, et leurs armes se trouvent à cinquante pas de là, déposées sur le bord du chemin !

Qu'auriez-vous fait à leur place, en pareil cas ? Quant à eux, ils avouent franchement qu'ils ont éprouvé une grande émotion et ont couru de toutes leurs jambes aux carabines, trop éloignées, malheureusement.

Mais il était trop tard ; car la lionne et ses lionceaux avaient passé comme une avalanche, serrant de près un énorme sanglier, qui, tout couvert de sang et d'écume, avait eu le bonheur de s'échapper de leurs griffes acérées.

Le lendemain, on trouvait la voie de ces trois bêtes, ayant passé, pendant la nuit, à deux mètres du poste dont il vient d'être parlé.

Le 18 au soir, je distribuai les tireurs sur le passage présumé de la lionne et du lion blessé.

Vers trois heures du matin, Auguste Lefort entendait un sanglier, fouillant auprès de lui ; un peu après, les branches craquent de tous côtés, et le sanglier, la lionne et ses deux lionceaux défilent devant lui avec une telle vitesse, qu'il n'a que le temps de jeter ses deux coups *au juger*.

Le 19, j'apprends que le lion blessé a tué un bœuf près de notre campement, et le soir on garde les chemins en conséquence. Vers dix heures, le lion passe et s'arrête près d'un poste gardé par M. Bogusz, compatriote du comte Branicki, et Bertrand, chasseur du comte Zamoyski. La lune n'éclairant pas encore ce point de la forêt, Bertrand tire *à peu près*. Le lion n'ayant pas bougé à ce premier coup de feu, M. Bogusz dit à son voisin : « Je crois qu'il est mort. »

A ces mots, le lion bondit en rugissant vers le bruit qu'il vient d'entendre, et frôle en passant l'affût des deux chasseurs, *heureusement* trop bien cachés pour être aperçus.

Le 20, la lionne ayant quitté les repaires de la vallée, pour se rapprocher des crêtes où sont établis plusieurs douars, je fais garder les sentiers de communication.

Bertrand voit la lionne vers onze heures du soir, mais trop loin pour la tirer sûrement.

Le 21, malgré le grand désir que j'avais de donner encore quelques jours à notre hôte, qui, dans un an, a perdu trente bœufs, un cheval et vingt-huit moutons, par le fait des lions, nous passons du versant occidental au côté oriental de la Mahouna. La lune ne se levant que très-tard, il nous faut chercher des repaires faciles à entourer pour y chasser le jour avec la meute.

C'est pourquoi nous nous dirigeons vers les bois de *Gouréat*, où, depuis notre débarquement à Bone, on travaille à ouvrir des tranchées de douze mètres autour des meilleurs repaires que j'ai signalés.

Le 22, nous sommes chez M. Hassen, interprète du commandant supérieur du cercle de Guelma, qui a bien voulu mettre à notre disposition sa maison de campagne, située à une lieue de la ville.

Le 23, nous fouillons à la billebaude deux repaires, ordinairement fréquentés; mais nous n'y trouvons que deux sangliers, qui sont tués devant les chiens.

Le 23, jour de Pâques, nous assistons à la messe dans l'église de Guelma, où nous recevons des autorités locales l'accueil le plus bienveillant et de bons renseignements sur les lions du pays.

Je désirais suivre les bons conseils du colonel Bureau et du capitaine Lenoble en allant au *Nador*, où quatre ou cinq lions font le diable-à-quatre; mais les nouvelles venues de Gouréat entraînent tout le monde vers le nord.

Le 24, nous étions à Bou-Far chez M. Viguier, à qui nous avions promis une revanche.

Il suffirait peut-être de rester là deux ou trois jours, pour y mettre à mort les deux lions que nous y avons rencontrés à notre passage; mais ni l'hospitalité la plus cordiale, ni l'espoir de délivrer nos hôtes de ces dangereux voisins ne peuvent arrêter mes compagnons. On ne rêve que Gouréat et ses repaires entourés de belles routes, et ses chasses au grand jour.

Le 25, nous campons à *Aïn-Gueçab*, chez les *Zerdèza*. Le 26, au soir, nous étions installés dans notre campement tout neuf de Gouréat.

En arrivant, les Arabes me signalèrent la présence d'un grand lion, un peu nomade, et celle d'une lionne fixée dans le pays avec deux jeunes lions de deux à trois ans.

Pendant la nuit, le lion rugit à une lieue de notre bivouac, et traverse l'*Oued-Kébir* pour se rendre chez les Radjétah. N'ayant pas de lune pour affûter la nuit, nous résolûmes d'attendre son retour, et de rechercher la lionne pour la chasser, le jour, avec la meute.

Le 27, les quêteurs furent envoyés au bois d'où ils rapportèrent des connaissances de la nuit, sans avoir pu rembucher sûrement un des trois animaux.

Il en fut de même pour les journées des 28, 29 et 30 avril.

Le 1er mai, nous eûmes un rapport des plus heureux. La lionne et les deux jeunes lions étaient détournés dans un repaire de cent mètres carrés.

Déjà le lecteur voit cette pauvre famille de lions entourée de trois côtés par les traqueurs, tandis que les tireurs, occupant la quatrième ligne, les fusillent à bout portant.

Certainement les choses doivent paraître ainsi à qui les voit de si loin ; mais il me fallait compter avec des myrtes et autres arbustes de dix pieds de haut, et assez épais pour cacher un éléphant qui aurait passé à la longueur de sa trompe.

Après avoir reconnu le terrain, je dressai le petit plan stratégique que voici : Les bois de Gouréat, d'une étendue d'environ dix mille hectares, sont coupés par deux vallées, plus ou moins larges, mais où l'on peut toujours échelonner des tireurs.

Entre ces deux vallées, qui forment les lignes principales, nous avons fait ouvrir plusieurs tranchées de douze mètres de large, afin d'isoler les meilleurs repaires.

Le bois dans lequel nos bêtes étaient rembuchées se trouvant sur les confins de la plaine, tout portait à croire qu'en le quittant elles gagneraient la forêt vers ses parties les mieux couvertes.

Partant de ce principe, fort simple en réalité, je comptai notre monde et ne trouvai que sept tireurs.

Il m'en fallait huit pour fermer l'entrée du repaire éclairci par mes soins, et quatre pour celui qui l'avoisinait.

C'est dans les grandes circonstances, dit-on, que les hommes se révèlent.

Un modeste compatriote de Guillaume Tell qui, jusque-là, avait employé tout son temps à nous faire vivre, Henri Monachon, déposa pour ce jour solennel les fonctions diverses qu'il remplissait si bien, et m'offrit de garder un poste. Encouragé par cet exemple, le père François, notre *trappeur*, ne voulut pas rester en arrière ; et trois Arabes de bonne volonté vinrent compléter mon contingent.

Il restait encore un col à garder en tête de la vallée ; j'y envoyai deux indigènes avec la mission d'allumer un grand feu et de faire grand bruit.

A midi, tout le monde était placé ; et les sons lointains de la trompe nous annonçaient qu'on venait d'attaquer.

Bientôt je distinguai la voix de *Met-à-mort* de *Tayau* et de *Grisonneau*, les personnages les plus sûrs de la meute.

Vingt minutes après l'attaque, j'apercevais la lionne se dirigeant *au pas* vers l'extrémité supérieure de la ligne, et les deux jeunes lions qui venaient donner au beau milieu.

Les deux Arabes chargés de défendre le passage du col par le feu *décampèrent* en voyant la lionne se diriger vers eux. Un des deux lions se présenta à Henri qui était armé d'un fusil double chargé à balles ordinaires.

Placé sur la tranchée, il n'attendit pas son débucher et le tira sous bois par le flanc et sans être aperçu de lui. Un rugissement de douleur répondit à ce premier coup de feu, et un autre de colère lui répondit aussitôt.

Le lion tiré suivit la lisière du bois, en remontant vers le col abandonné par les Arabes. Il vint passer à vingt pas du comte Etienne Zamoyski qui occupait la droite des tireurs ; mais, comme l'animal ne se montrait qu'à travers bois, et que la carabine du comte était chargée à balles explosibles, lesquelles éclatent au premier choc, il dut se résigner à le laisser passer.

Le second lion était descendu vers le repaire éclairci en suivant sa lisière.

Il se présente au comte Constantin Branicki, placé entre Valorek et moi, à une distance de cinq à six pas, et en le voyant, s'arrête.

Pour un tireur de première force, et solide comme le comte, avec une balle à pointe d'acier, cet animal arrêté et le regardant en face n'était pas difficile à tuer ; mais, comme nous tous, il avait chargé dans la prévision de tirer à découvert, c'est-à-dire à balles explosibles.

Heureusement, le lion offrait à nu une petite partie large comme un écu, de son flanc gauche, et ce fut là qu'il fut frappé à temps.

Tel est l'effet de ce projectile, que l'explosion s'étant faite en sortant, l'animal a été néanmoins abattu sur place.

C'est là, certes, un très-beau coup de carabine; et je puis d'autant mieux le juger difficile que je l'ai vu à quinze pas.

Après avoir laissé à la meute le temps de se réjouir autour de la bête qu'elle nous avait si bien amenée, nous allâmes vérifier l'effet de la balle que Henri avait envoyée à l'autre lion.

L'animal faisait sang des deux côtés, et à hauteur de l'épaule. Donc il était traversé de part en part.

La journée entière fut consacrée à sa recherche sans qu'il fût possible de le retrouver. L'avance qu'il avait prise sur nous, et la facilité qu'il avait de passer à travers les parties les plus impénétrables de la forêt, nous le firent perdre malgré la gravité de sa blessure et la quantité de sang qu'il laissait derrière lui.

Notre retraite n'en fut pas moins joyeuse; car nous avions un bel animal tué, et la certitude de revoir la lionne, tant elle allait rugir et battre les chemins pour chercher ceux qui lui manquaient.

Le 2, nos quêteurs avaient connaissance de la lionne et du lion blessé, rembuchés dans le même repaire.

La ligne des tireurs fut échelonnée dans la vallée des *Chèvres*, et à midi la meute était découplée sur la voie.

Malgré la chaleur, l'heure avancée, et l'étendue immense de l'enceinte, les chiens, grâce à la leçon de la veille, allèrent droit aux animaux attaqués; et la trompe et la fusillade aidant, la lionne quitta le repaire pour arriver sur la ligne des tireurs, suivie de près par toute la meute.

Les tireurs, espacés de quarante à cinquante mètres, pouvaient voir et tirer devant eux ou sur les côtés, sans que rien leur fît obstacle.

Cependant, la lionne franchit la ligne au beau milieu, n'essuyant qu'un seul coup de feu tiré après son passage et de très-loin.

Comment cela avait-il pu se faire? C'est ce que la meute m'apprit en arrivant. Deux tireurs, ou soi-disant tels, étaient là : le trappeur, et M. G., un étranger.

L'animal avait descendu au petit trot, et en témoignant *très-haut* son déplaisir, la côte *absolument nue* qui faisait face à notre ligne ; ensuite il l'avait traversée, toujours à la même allure et en faisant le même grand bruit, à vingt pas du trappeur et à trente de son voisin. Le premier dit qu'il dormait, le second qu'il n'avait rien vu. A défaut de la meute qui venait de passer entre nos deux hommes, criant à pleine gueule, et des chasseurs plus éloignés qui l'avaient vue *par corps,* les pas accusateurs de la lionne étaient suffisamment marqués sur le sable du chemin. Que faire en pareil cas ? Rompre les chiens et rentrer au logis, n'est-ce pas ? C'est aussi ce que nous fîmes.

Le 3, nos hommes envoyés au bois observèrent que la lionne était venue à la recherche du lion tué le 1er mai, et qu'elle était rentrée au repaire de la veille, dont le lion blessé n'était point sorti.

Sur ce rapport, l'attaque eut lieu comme précédemment, avec un plus grand nombre de traqueurs pour appuyer la meute à coups de fusil. Tout fut inutile. La lionne et le lion blessé restèrent au fort ; et les chiens, chargés plusieurs fois de la belle manière, mirent bas aussitôt.

Le 4, même rapport, même attaque, même résultat.

Ce que voyant, je décidai que la lionne ne serait chassée, le jour, que lorsqu'elle serait rembuchée dans un repaire moins vaste et plus accessible ; ou la nuit, dès que la lune nous le permettrait.

En attendant, nous fîmes un petit déplacement chez les Senadjah pour y chasser le sanglier.

Le 8, la lune me paraissant bonne, nous revînmes à Gouréat ; et, le soir même, j'établissais quatorze tireurs sur les passages présumés de la lionne.

Il appartenait à nos quêteurs arabes, habitués à travailler sa voie, et à se lever du matin pour elle, d'en avoir raison cette fois.

Vers dix heures du soir, la lionne, suivant la vallée dont nous avons parlé déjà, vint passer à deux pas d'un affût gardé par *Saad-ben-Derbel* et *Ali-ben-Mekenessi.*

Le premier a reçu, il y a deux ans, du lion nomade de Gouréat, *dix-huit* blessures dont il est guéri depuis quelques jours seulement.

Soit que ce souvenir lui ait fait battre le cœur un peu trop vite, soit que la lionne se soit trop hâtée, toujours est-il qu'elle passa sans essuyer un coup de feu de ces deux hommes. Mais à peine les a-t-elle dépassés, qu'elle revient sur ses pas, toujours sur le même sentier, et cette fois passe si près de l'affût qu'elle le touche.

Deux coups de feu partent à la fois du buisson perfide. La lionne fait un bond immense et disparaît en rugissant.

Quand le jour arrive, tout le monde accourt sur ce point ; et pendant qu'on cherche du sang, ou une voie à suivre, la lionne est trouvée morte à cinquante pas de l'affût.

C'est ainsi que Saad-ben-Derbel s'est vengé *traîtreusement* sur la femme, du mal que lui a fait *loyalement* le mari.

Cependant, ce dernier ne paraissant pas décidé à revenir chez nous, il fut décidé que nous irions à sa recherche.

D'après les derniers renseignements, il devait être au *hamma* des *Radjétah.*

Le 9, nous nous y rendîmes avec tous nos quêteurs arabes, désormais alléchés par le succès de l'un d'entre eux.

Il était possible, avec leur concours, de garder un grand nombre de postes ; et nous étions certains de tirer si l'animal était dans la contrée.

Mais notre lion avait quitté ce pays la veille ; et, franchissant dans une nuit dix à douze lieues de son pied léger, il était allé faire une hécatombe de bœufs chez les *Tréat.* Puis, comme s'il avait été prévenu de notre absence, tandis que nous l'attendions au Hamma, il revenait à Gouréat, passait en rugissant au milieu de notre bivouac, attaquait le troupeau du cheik, notre hôte ; et, son dîner pris, rentrait aux Tréat dans la même nuit. Ce trajet équivaut à environ cinquante kilomètres.

Le 10, nous étions de retour à Gouréat, où nous donnâmes deux jours à la recherche du lion blessé. Nos quêteurs n'ayant eu aucune connaissance de l'animal, nous le jugeâmes *trépassé;* et, satisfaits de nos dernières chasses dans ce charmant pays, nous levâmes le camp le 13, pour Oued-Ziad, en nous rapprochant de Bone.

La lionne que Valorek avait blessée là, s'y trouvant encore, nous fouillâmes quelques repaires, mais sans la rencontrer.

Un grand lion, venant de la plaine, ayant rugi près de notre campement, le 14 au matin, nous suivîmes sa voie dans la montagne afin de l'affûter la nuit, quand nous aurions reconnu le canton dans lequel il allait se reposer. Après trois heures de marche assez rude, nous arrivâmes sur une des crêtes de l'Edoug, où le lion, passant à côté du campement que nous avons en cet endroit, prenait son parti vers deux excellents repaires connus de lui comme de nous.

Les postes ayant été distribués vers cinq heures du soir, à six heures tout le monde était placé, et de manière à ce que l'animal ne pût sortir sans être vu.

Au coucher du soleil, le lion rugissait de façon à prévenir toute la ligne de chasseurs; puis il se dirigeait vers le sud, où les tireurs étaient le plus nombreux, et les postes le plus serrés.

Comme il rugissait de quart d'heure en quart d'heure, chacun pouvait l'attendre et se tenir prêt.

Néanmoins, les deux premiers tireurs le laissèrent passer à *douze pas*, sans lui envoyer une balle; et deux autres placés en seconde ligne firent comme les premiers.

Tandis que ceci se passait sur les crêtes de la montagne, par un clair de lune comme un beau jour, la lionne et son lionceau traversaient notre campement d'Oued-Ziad, et venaient au devant du lion qui descendait de son côté.

Entre l'espace qui les séparait, se trouvait notre troisième ligne. La rencontre eut lieu près du poste occupé par Auguste Lefort.

Pendant plus d'un quart d'heure, il put les entendre se parler à leur manière et se féliciter. Les trois lions étaient à dix pas de son affût, mais derrière lui; de sorte qu'il ne put leur envoyer une seule balle.

De dix heures du soir à la pointe du jour, tous les échos ont répété les rugissements de cette respectable famille que plusieurs de nous ont cru tenir au bout de leur carabine. En fin de compte, personne n'a troublé leur joie, et ils sont restés maîtres du pays jusqu'à la prochaine campagne.

Le bateau partant pour France quittait Bone le 16, il fallait rentrer pour faire nos préparatifs.

Ainsi se termina notre dernière campagne, commencée fin mars et close le 15 mai.

En rayant les jours de repos, et ceux donnés aux changements de résidence, nous avons eu trente jours de chasse ou d'affût aux lions. Il a été vu quinze lions différents, dont quelques-uns plusieurs fois. Dix ont été tirés : cinq sont morts, et deux ont été blessés. Il a été tiré sur les lions vingt-sept coups de fusil ou de carabine : sept ont touché et vingt ont manqué. La moyenne de la distance de ces coups a été de quinze pas.

Si nous n'avons perdu aucun homme, c'est que les Arabes savent se cacher merveilleusement. Nous avons laissé dans la Mahouna dix lions ; à l'Édoug, trois lions ; à Bou-Far, deux lions ; à Gouréat, un lion ; et dans les autres parties de la subdivision de Bone, où nous n'avons pas chassé, environ *cinquante* lions.

Chaque douar près duquel nous nous sommes établis a accusé une perte annuelle d'environ quinze cents à deux mille francs ; ce qui porte à deux cents francs au moins la part d'impôt que chaque chef de famille arabe paye au lion dans ce bienheureux pays.

En attendant que l'administration prenne des mesures pour protéger efficacement les populations contre ces destructions colossales, nous continuerons à faire de notre mieux.

Maintenant que nous avons formé quelques hommes à ce rude métier, nous allons faire en sorte de les organiser en troupe de chasseurs permanents. Pour arriver à ce but, nous jetons en ce moment les bases d'une *société africaine,* dont l'objet sera :

Premièrement, de détruire les animaux nuisibles à l'Algérie.

Secondement, de prendre *vivants* un certain nombre de ces animaux dans chaque espèce, et de les importer en Europe.

Troisièmement, de les établir par couples dans des parcs séparés, où ils jouissent de l'espace, de l'air, de l'ombrage, d'une nourriture saine et suffisante, enfin de toutes les conditions qui ont manqué à leurs pareils, réduits à l'état de captifs jusqu'à ce jour.

Ainsi capturés et établis, ces animaux offriront de beaux modèles à nos grands artistes, des sujets d'étude intéressants à nos naturalistes, et un attrait nouveau au public.

Réussirons-nous dans cette entreprise ? Dieu seul le sait ! Ce qu'il y a de sûr, c'est que nous poursuivrons notre tâche jusqu'au dernier jour qu'il nous a donné.

POST-SCRIPTUM

Tout ce qui a trait au lion trouve naturellement sa place ici.

J'ai cru qu'il ne serait pas sans intérêt pour la plupart de mes lecteurs de connaître les idées des Arabes sur le lion.

C'est pourquoi, à ma prière, M. Cherbonneau, professeur de langue arabe à la chaire de Constantine, a bien voulu traduire ces deux chapitres de Dameïri et de Kazouïni.

Jules GÉRARD.

OBSERVATIONS SUR LE LION

Tirées de l'ouvrage de Dameïri, intitulé Haüet et Haïawane[1].

DESCRIPTION DES ANIMAUX

Dameïri, qui vivait au huitième siècle de l'hégire, a composé une histoire des animaux en deux gros volumes in-4°.

La méthode suivie par cet auteur ne ressemble en rien à celle qu'ont adoptée les naturalistes de l'Europe moderne; car les notices sont placées tout simplement par ordre alphabétique et entremêlées de digressions sans nombre, dont on ne saisit pas toujours l'à-propos. C'est la monographie du lion qui commence l'ouvrage après l'invocation au prophète, préface sacramentelle de tous les livres musulmans. Voici comment s'explique Dameïri :

Les Arabes désignent le lion par le nom générique de *açade*, pluriel *ouçoude ;* c'est le terme classique qu'on trouve dans le Coran, dans les recueils de poésies, dans les histoires naturelles et dans les fables de Lokman le Sage.

Le dialecte algérien a adopté l'expression *sseid,* pluriel *ssioude*, avec un *s* emphatique que nous représentons par deux *ss*. La lionne

1. Nous devons observer que ces auteurs ont consigné dans leurs ouvrages diverses *croyances* qui ne sont point des *vérités*.

s'appelle *louba*, le lionceau *chebel;* dans les discours écrits, on se sert de cinq cents mots, la plupart *adjectifs,* pour qualifier le sultan des animaux. Ces mots sont autant d'épithètes choisies par les écrivains pour exprimer ses qualités morales ou physiques, ses habitudes et ses défauts. Je ne citerai ici que les plus usités : *El-ta'adje,* le couronné ; — *Djah-deb,* le trapu ; — *El-hâreth,* le dépisteur ; — *Er-ribâle,* le rapace ; — *Ez-zoufar,* le héros ; — *Es-saboue,* la bête féroce par excellence ; — *Es-saab,* l'altier ; — *Ed-dhorgâme,* le vaillant ; — *Ed-dhigrème,* le mordeur ; — *El-tirar,* l'agile ; — *El-ambess,* le redoutable ; — *Elgad-hanfar,* le fort ; — *El-haraiça,* le déchireur ; — *El-kaçoura,* le reclus ; — *El-kahar,* l'impétueux ; — *El-laïts,* le vigoureux ; — *El-metanène,* l'intrépide ; — *El-nehhâbe,* le chasseur ; — *El-mofarrasse,* le dévoreur ; — *El-ouerd,* le fauve ; — *Abou'l-abtâle,* le père des héros ; — *Abou'zzafrâne,* l'animal roux ; — *Abou'l-akriass,* le monstre qui vit dans les antres ; — *Abou-achebâle,* le père des jeunes chasseurs (lionceaux) ; — *Abou'l-abâsse,* l'animal au front imposant ; — *Acou'l-hafss,* le monstre dévorant ; — *Abou'l-harts,* l'animal qui laboure la terre de ses ongles. Le grammairien Ali-Ben-Kacem-ben-Djaafar trouva le moyen d'ajouter cent noms ou surnoms à la liste dont nous avons parlé : cela prouve évidemment la richesse de la langue arabe.

La lionne ne produit qu'un petit à chaque portée. Le lionceau naît informe (*lahma,* un morceau de chair presque inarticulé), il reste trois jours sans vie et sans mouvement. Le quatrième jour, le mâle s'approche et souffle sur lui jusqu'à ce qu'il commence à respirer ; puis, lorsqu'il a remué et allongé ses membres, la mère lui tend ses mamelles ; mais il n'ouvre les yeux qu'après sept jours. L'allaitement ne dure que six mois, au bout desquels le lion et la lionne mènent à la chasse le jeune nourrisson et lui apprennent déjà à déchirer une proie.

On prétend généralement qu'il n'y a pas dans la création un animal plus capable que le lion de supporter la faim et la soif. Quand il sent trop vivement l'aiguillon de la faim, il devient cruel et impitoyable ; mais aussitôt qu'il est repu, son caractère s'adoucit. Il préfère la chair des animaux vivants, de ceux surtout qu'il vient d'égorger ; il dédaigne les cadavres, et il aime mieux chasser une nouvelle proie que de retourner aux restes de la première. Il lui répugne de se désaltérer où un chien a bu.

Des observateurs ont remarqué qu'il avait peur du chant du coq et du son que rend une tasse lorsqu'on la frappe.

Il fuit devant le chat, et la vue d'un feu allumé lui cause un sentiment de frayeur.

Le lion a une telle opinion de sa force et de sa supériorité, qu'il ne fréquente aucun des autres animaux.

Son tempérament est excessivement chaud, il a continuellement la fièvre.

Le lion vit longtemps ; la perte des dents est chez lui le signe de la vieillesse.

S'il faut en croire les historiens, le lion était d'un naturel si doux au temps de Notre-Seigneur Jésus (*Aïca*), qu'il paissait en pleine paix avec le chameau et les autres quadrupèdes.

Nos livres de *hadits* ou *traditions mohammédiennes* sont remplis de réflexions sur ce glorieux animal.

En voici trois que je choisis au hasard :

« Quand le lion rugit, il dit : *Ja Rabbi, ma teçallot-ni à la elledi ifaal el Khair çallot ni à la ed-dâbème*, ce qui signifie : *Seigneur, ne faites pas tomber sous mes coups l'homme de bien, donnez-moi de la force seulement contre les méchants.* »

Ali-ben-Ali-Thâleb, cousin du Prophète, adressait aux vrais croyants cette recommandation : « Lorsque vous traverserez un pays infesté de lions, vous vous mettrez à l'abri du danger en invoquant Daniel et sa fosse. »

Lorsque Noé planta la vigne, Iblis s'approcha de l'arbuste et le dessécha de son souffle ; comme le patriarche se laissait aller au désespoir, Iblis reparut et lui dit : « Si tu veux que ta vigne reverdisse, prend sept animaux, égorge-les et arrose-la avec leur sang. »

Profitant du conseil, Noé immola un lion, un ours, un tigre, un chien, un renard, une pie et un coq ; puis il versa le sang de ces victimes sur le plant qui ne produisait auparavant qu'une espèce de raisin. L'année suivante, cette vigne donna sept sortes de raisin, ou plutôt un raisin qui renfermait sept vertus différentes : c'est ce qui explique pourquoi l'homme qui s'enivre devient courageux, fort, colère, hargneux, rusé, bavard et criard.

Les propriétés du lion sont nombreuses. Beaucoup d'Arabes ont réfléchi et expérimenté sur ce sujet. Lorsque Noé fit entrer dans l'arche, disent-ils, une couple de chaque bête, ses compagnons ainsi que les membres de sa famille, lui dirent : « Quelle sécurité peut-il y avoir pour nous et pour les animaux, tant que le lion habitera avec nous cet étroit bâtiment? »

Le patriarche se mit en prière et implora le Seigneur. Aussitôt la fièvre descendit du ciel et s'empara du roi des animaux, afin que la tranquillité d'esprit fût rendue aux habitants de l'arche. Il n'y a pas d'autre explication pour l'origine de la fièvre en ce monde.

Mais il y avait dans le vaisseau un ennemi non moins nuisible : c'était la souris. Les compagnons de Noé lui firent remarquer qu'il leur serait impossible de conserver intacts leurs effets et leurs provisions. Après une nouvelle prière adressée au Tout-Puissant par le patriarche, le lion éternua, et il sortit un chat de ses naseaux. C'est depuis ce moment que la souris est devenue si craintive, et qu'elle a contracté l'habitude de se cacher dans les trous.

Les médecins ont fait avec la chair, la peau, le poil, la graisse et le fiel du lion des expériences qu'il est utile de citer.

Voici celles dont les résultats sont les plus connus. On lit dans l'ouvrage d'Abd-el-Melek, intitulé *Description des propriétés des animaux:* « Celui qui enduit son corps avec de la graisse de lion voit fuir devant lui toutes les bêtes féroces. »

Pour guérir un jeune enfant du mal caduc, il faut lui suspendre au cou, un morceau de peau de lion, cuir et poil.

Veut-on préserver un endroit de l'approche des animaux carnassiers, il suffit d'y brûler des poils de lion.

Une personne frappée d'hémiplégie, ou paralysie de la moitié du corps, devra prendre comme remède de la chair de lion.

En mettant un morceau de peau de lion dans un coffre, on réussit à préserver les effets contre toute espèce de vermine, excepté les mites.

Quand vous souffrez des dents, portez sur vous une dent de lion, et le mal disparaîtra.

Il y a un remède infaillible contre les engelures, c'est de se frotter les pieds et les mains avec de la graisse de lion.

L'onguent fait avec de la graisse de lion détruit les insectes parasites qui s'attachent au corps de l'homme.

Enfin, si l'on veut se mettre à l'abri des tromperies et des artifices d'autrui, il suffit de porter constamment avec soi une queue de lion.

Abd-el-Melek prétend aussi que le rugissement du sultan des animaux fait mourir le crocodile.

J'ai lu dans les écrits d'Hormouz (Kermès), qu'en ayant la précaution de s'asseoir sur une peau de lion, on peut se guérir des ankyloses : que si l'on veut imposer aux hommes et se faire respecter des princes, il faut prendre de la graisse provenant du front de ce superbe animal, la faire fondre dans de l'eau de rose et s'en frotter la figure.

El-Tabari mentionne d'autres recettes assez curieuses, comme on peut le voir : Pour guérir les écrouelles, et généralement toutes les maladies scrofuleuses, il faut appliquer sur les ulcères un emplâtre composé de fiel de lion fondu avec du miel. Les procédés les plus efficaces pour faire passer les dartres consistent à se frotter la peau avec du crottin de lion séché au soleil et réduit en poudre. On se guérit facilement des inflammations d'intestins en avalant tout chaud le breuvage dont voici la composition : de la chair de lion saupoudrée de nitre, séchée au soleil, puis pulvérisée au pilon, avec du *sarrik*, ou blé rôti, et infusée dans l'eau bouillante.

C'est le même auteur qui a dit que, si on jetait de la poudre de crottin de lion dans le verre d'un buveur, son penchant pour l'ivresse ne connaîtrait plus de bornes.

Il y a des adages suivant lesquels on dit : « Plus courageux que le lion, plus généreux que le lion, plus puant que le lion. »

L'image du lion joue un rôle important dans les rêves et donne lieu à des présages que les nécromanciens n'ont pas négligé d'interpréter.

Il est de mon devoir de terminer ce chapitre par la nomenclature des avis, des conjectures et des prédictions que l'on peut tirer des songes qui ont pour objet l'apparition favorable ou menaçante du sultan des animaux. Mais je ne suivrai pas d'autre ordre que celui de mes lectures.

Si vous voyez un lion en songe, cela prouve deux choses : ou que la terre sera dominée par un tyran puissant et implacable, ou que la mort est proche.

Quand un malade rêve qu'un lion fuit devant lui, soyez sûr que c'est la maladie qui va le quitter.

Lorsqu'en rêve vous vous êtes senti terrassé par un lion, il est immanquable que vous aurez la fièvre.

Celui qui, pendant les hallucinations du sommeil, arrache au lion des poils, des os ou de la chair, doit obtenir du roi ou ravir à l'ennemi des trésors.

Si l'apparition de l'animal vous cause une terreur panique, c'est signe qu'il vous arrivera un grand malheur.

Se voir couché côte à côte avec un lion, indique que l'on n'a rien à craindre de son ennemi.

Quand l'animal semble s'élancer sur un groupe d'hommes, il faut en conclure que le roi opprimera ses sujets.

Manger en rêve une tête de lion présage qu'on deviendra le chef de l'État.

Chasser et chercher pâture en compagnie d'un lion veut dire qu'on sera appelé au ministère (vizirat).

L'esclave qui s'est vu, pendant son sommeil, exterminant un lion, doit voir là le présage de son affranchissement.

Frottez-vous le corps avec un onguent composé de graisse de lion, et non-seulement vous acquerrez une audace singulière, mais encore les lions fuiront à votre approche.

Quand vous voudrez vous donner un air rébarbatif, vous n'aurez qu'à vous huiler la figure avec de la graisse de lion fondue dans de l'eau de rose ; mais il est indispensable de choisir celle qui se forme à la partie du front qui sépare les yeux.

On voit des gens se guérir de l'hémiplégie, ou paralysie partielle, en mangeant de la chair de cet animal. C'est aussi une nourriture qui fortifie les tempéraments délicats.

Le sang du roi de la création n'a pas moins de vertu que les autres parties de son corps. C'est un remède topique contre les chancres ; préparé avec de la coloquinte et délayé sur la peau, il ne laisse pas de faire disparaître la lèpre blanche (*el borass*).

Gardez-vous de laisser boire après le lion, dans une eau dormante, le menu bétail et même les bêtes de somme : vous les verriez maigrir à vue d'œil et finir par crever.

Le bruit d'un tambour en peau de lion rend les chevaux malades.

Cependant cette même peau a des propriétés étonnantes. J'ai ouï dire que si, le jour où la fièvre quarte vous prend, vous vous couchez sur une peau de lion, le corps enseveli dans des couvertures bien chaudes, la transpiration ramène le calme dans le sang.

La manière infaillible de combattre l'usage du vin chez les personnes adonnées à l'ivrognerie consiste à leur faire absorber une tasse de cette liqueur dans laquelle on aurait jeté une pincée d'excréments de lion.

Les Arabes ajoutent une grande confiance aux amulettes dans la composition desquelles il entre soit des poils, soit des ongles, soit des dents de l'animal que nous venons de décrire.

EXTRAIT DU LIVRE DE KAZOUÏNI

Intitulé Adjaïb el Makhloukat[1].

MERVEILLES DE LA CRÉATION. — MONOGRAPHIE DU LION

Le lion est le plus fort, le plus audacieux et le plus redoutable de tous les animaux ; il n'existe pas dans la création entière un être qui présente un aspect plus terrible. Dieu lui a donné en partage une tête énorme, une face arrondie, des mâchoires larges, des ongles aussi aigus que ses dents; des avant-bras musculeux, un poitrail développé et un train de derrière dégagé. Sa voix est d'une puissance étonnante.

Nul animal ne lui peut résister ni l'attaquer en face.

On prétend qu'il ne mange jamais du produit de la chasse des autres bêtes féroces. Quand il tombe sur une proie, il en dévore le cœur et abandonne le reste.

Il est trop noble et trop fier pour revenir apaiser sa faim sur une victime de la veille.

Il aime également le chant de l'homme et le son des instruments de musique.

La nuit, s'il aperçoit une lumière, il marche tout droit vers l'endroit où elle brille.

Alors sa colère semble s'apaiser et ses mouvements deviennent moins brusques.

1. Comme le précédent, contient plus d'erreurs que de vérités.

On a remarqué qu'il ne fait aucun mal aux personnes qui s'humilient et se prosternent devant lui.

Aussitôt qu'il est repu de chair, il va chercher du sel, comme pour faciliter sa digestion.

Il y en a qui affirment que lorsqu'il se sent malade il mange un singe pour se guérir.

Le lion a toujours la fièvre ; c'est pour cela que les Arabes désignent les fièvres par les mots *d'ad-el-açad*, le mal du lion.

Lorsque cet animal a la patte traversée par une flèche, il mange du glaïeul *(es saad)* pour faire tomber le projectile de sa blessure ; mais il est le seul auquel ce remède réussisse.

Souvent une écorchure ou un ulcère causent sa mort, tant il lui est difficile de chasser les mouches qui s'y attachent et y portent le germe de la corruption.

La vue d'un coq blanc, le bruit d'une tasse que l'on frappe, sont capables de faire sauver le lion.

Son rugissement a quelque chose de si épouvantable qu'il met en fuite tous les animaux, excepté l'âne, dont la frayeur paralyse les membres.

Mais en chasse il prend la précaution de retenir sa voix.

Avant de mettre bas, la lionne choisit un terrain humide, de peur que les fourmis ne fassent mourir ses petits en s'introduisant dans leurs organes.

Quelquefois les lionceaux écorchent les mamelles de leur mère à coups d'ongles, ce qui détermine chez elle une maladie grave, dont le lion ne la guérit qu'en lui faisant manger des caméléons.

Ce qui est vraiment digne de remarque, c'est qu'en allant chasser loin de ses petits, la lionne a la prudence d'effacer la trace de ses pas, afin d'empêcher qu'on ne reconnaisse la direction de son repaire.

Voici comment le lion aguerrit son petit dans les courses qu'ils font ensemble :

Si le jeune animal tressaille en entendant une voix ou un cri, il l'attire et lui décharge dans l'oreille un tonnerre de rugissements.

Nulle bête dans la nature n'exhale de sa gueule une odeur aussi fétide que le lion.

Dans l'obscurité, ses yeux font l'effet de deux charbons ardents.

Sous ce rapport, il ressemble au tigre, au chat et à la vipère.

Il perd son courage en présence d'une outre gonflée.

S'il faut en croire certains récits, il y a des lions qui s'approchent la nuit jusqu'au bord de la mer ou d'un fleuve et vont guetter les matelots, après s'être tapis, le ventre à terre et les yeux presque fermés, derrière un rocher ou un arbre servant à fixer les amarres des embarcations.

Comme la pêche commence avant le jour, il faut nécessairement qu'un homme descende à terre et vienne dans l'obscurité détacher les cordages : c'est alors qu'ils s'élancent sur lui et le dévorent.

PROPRIÉTÉS ET USAGES DES DIFFÉRENTES PARTIES DE CET ANIMAL

Pour guérir un membre affecté de tremblement nerveux, il suffit de le frictionner avec un onguent composé de cervelle de lion et d'huile rance.

Si vous voulez épargner à un enfant les douleurs de la dentition, suspendez-lui au cou une dent de lion.

Le fiel de lion, pris à l'état de breuvage, donne à l'homme du courage, de la hardiesse et de l'intrépidité ; c'est aussi un remède contre le mal caduc et la perte des cheveux ; on peut, en s'en frottant les paupières, arrêter l'hémorragie des yeux.

APPENDICE

Le livre qu'on vient de lire est consacré tout entier à des récits de chasse plus ou moins dramatiques ; mais peut-être ces récits donneront-ils à quelques-uns de mes lecteurs le désir de visiter l'Algérie, et ceux-là me sauront gré de leur apprendre comment il faut voyager dans ce beau pays. C'est ce qui me décide à insérer, sous le titre *d'Appendice,* mon *Guide algérien* dans cette nouvelle édition.

Depuis un an l'Algérie a été visitée par un grand nombre de gentilshommes étrangers, dont quelques-uns étaient accompagnés de leurs familles ; c'est en voyant ces voyageurs faire fausse route que nous avons eu la pensée d'écrire pour ceux qui viendront à l'avenir.

Les touristes ont l'habitude, bien naturelle, en descendant sur les côtes d'Afrique, de suivre les routes que nous avons tracées dans l'intérieur. Que voient-ils en parcourant ces routes du littoral au désert ? Des villes ou des garnisons qui servent de port, et quelques villages ou caravansérails. Que ne voient-ils pas en suivant ces routes ? Tout ce qui est en dehors, c'est-à-dire le pays qu'ils sont venus visiter.

La preuve de ce que nous avançons est facile à acquérir en consultant une carte. La longueur de l'Algérie est de plus de deux cents lieues en ligne droite ; la largeur du littoral à l'entrée du désert est, en moyenne, de soixante lieues. Or, nous n'avons pour traverser toute cette étendue de terres que trois grandes voies de communication allant du nord au sud.

Ces voies partent, à l'ouest, d'*Oran* au centre d'*Alger*; et à l'est, de *Stora* ou *Philippeville*. La distance entre ces deux derniers points est de plus de cent lieues. Tout le pays en dehors de ces lignes échappe nécessairement à l'œil du voyageur, et c'est ce qui explique pourquoi l'Algérie est si peu connue, non-seulement par les touristes, mais encore par les Français qui l'habitent depuis vingt ans.

Maintenant, si vous voyagez pour visiter ce pays, veuillez me suivre et vous reviendrez satisfaits. Embarquez-vous à Marseille dans les premiers jours de mars, et rendez-vous d'abord à *Oran*. Ne perdez pas votre temps dans cette province, où il n'y a de curieux que sa capitale et *Tlemcen*. La route du désert est là qui vous tente ; mais il faut résister pour le voir ailleurs bien plus beau, bien plus grandiose.

Ne donnez pas plus de huit jours à ce voyage, et de *Tlemcen* gagnez *Miliana* en ligne droite. De là nous vous recommanderons de visiter *Médéah*, les gorges de la *Chiffah*, *Blidah* et *Alger* : vous avez vu dès lors la moitié de l'Algérie, mais la partie qui, bien que la plus peuplée d'Européens, est la plus pauvre et la plus malsaine. Pour tout le monde c'est là l'Algérie ; mais pour nous, qui avons vu et parcouru toutes les plaines, toutes les montagnes de ces vastes contrées, pour nous, l'Algérie est la contrée où les Romains avaient assis leur domination, où ils avaient bâti des villes immenses, établi des voies de communication nombreuses entre les points innombrables qu'ils occupaient; cette contrée où ils avaient leurs fermes, leurs colonies, leurs palais, leurs maisons de bains et de plaisance ; enfin cette contrée où la Mauritanie étalait les richesses dont Rome se montrait si fière et si jalouse.

Ces éléments de richesses existent toujours, seulement, ils sont entre les mains des barbares. Je vous recommande *Bougie* comme point de débarquement en partant d'*Alger*, à moins qu'il vous soit possible de faire le voyage par terre, ce que je vous conseille en ce cas. Vous verrez là un magnifique pays en passant à *Dellys* et sur toute la route jusqu'à *Bougie*.

De *Bougie*, dirigez-vous au sud vers *Sétif*, en traversant la Kabylie. Le pays est sûr, la route bonne et des plus pittoresques. De *Sétif*, marchez encore au sud droit sur *el Kantara*. C'est là qu'est le grand Atlas servant de rideau à l'immensité qu'on appelle *désert*. Arrêtez-vous un instant avant de passer le pont jeté par les Romains sur le torrent qui coule à vos pieds. Si vous êtes à cheval, mettez pied à terre. Pour bien voir, pour bien sentir les beautés de la nature, il faut être libre de toute préoccupation, de tout autre sujet d'attention. Regardez derrière vous et autour de vous ce pays brûlé par le soleil, au-dessus de vos têtes ces pics menaçants, puis traversez le pont et arrêtez-vous.

Voilà *el Kantara*, la première oasis et votre gîte d'étape. Le lendemain, continuez vers le sud et allez à *Biskara*. Vous êtes au désert, dans les sables, sous les palmiers, au milieu de populations dont les coutumes et le type diffèrent essentiellement de celles que vous avez vues jusqu'alors. Les premières étaient des vaincus, celles-ci sont les vrais Arabes, les conquérants. Ne confondez pas les habitants des oasis avec ceux dont je vous parle : ceux-là sont un peuple efféminé, maladif et sans caractère. Sortez dans la plaine et visitez la smala du Cheik el Arab, de Boulakrès : là vous verrez de beaux types d'hommes et de femmes de pur sang. Je vous signalerai comme type de beauté arabe et de distinction Mohamed Seghir, kaïd de Biskara, et Boulakrès Ben Guénah, son cousin : c'est la grande noblesse du pays.

Ne prolongez pas votre séjour dans ce lieu que vous pourriez prendre pour le paradis terrestre ; car il vous reste à voir de plus belles contrées. Revenez vers le nord à *Batnah*, en passant par *el Kantara* : visitez les ruines de *Lambessa*, montez au bois des cèdres et avancez-vous dans le grand Atlas, que je vous engage à suivre jusqu'à *Krenchela*.

A une demi-lieue à l'ouest de ce point, voyez la vallée d'*Ourten* : c'est le pays des lions et leur tombeau. Les Romains avaient là un établissement de bains. Le mûrier qui est à la tête de la vallée a vu sous son ombre cinq lions venant de mordre la poussière dans les ravins d'alentour. Je vous recommande ce campement si vous désirez entendre la voix du maître.

Maintenant tournez vos yeux vers le nord et marchez sur Constantine en passant par *Foum el Hamia*, *Fesguïa* et la vallée du *Bou-Merzoug*. A *Constantine*, voyez le ravin de l'intérieur du parc d'artillerie où, à gauche de la poudrière, vous remarquerez le rocher d'où les Arabes d'autrefois jetaient les femmes adultères. Il y en a beaucoup moins aujourd'hui.

Ne restez pas à Constantine : c'est le pays du spleen. Allez à *Guelma*, en suivant la route qui passe par *Hammam-Scoutin ;* visitez les eaux chaudes, traversez la Seybouse au pied des murs de Mejez Amar, et gagnez Guelma en vous arrêtant un jour dans la *Mahounah ;* les versants de cette montagne sont très-pittoresques. Si vous prenez à *Hammam-Scoutin* un Arabe du pays, il vous conduira chez les *Ouled Amza*, où je vous engage à passer une journée.

Vous pourrez descendre à Guelma en prenant soit par le *Serj el Haouda*, soit par la vallée d'*Aläah*. De *Guelma*, pour vous rendre à Bone, descendez le cours de la Seybouse, en côtoyant les belles montagnes des *Beni-Salah*. *Bone*, c'est une petite bonbonnière dont le séjour est charmant pendant la saison d'hiver. Voulez-vous un beau coup d'œil? montez à l'*Edough* et admirez les magnificences qui vous entourent. Là, pendant les plus grandes chaleurs de l'été, il fait plus frais qu'en Écosse ; l'air y est pur, l'eau excellente. Si vous n'avez pas de projet pour la saison d'été, je vous recommande l'*Edough* comme station. Le moment n'est pas éloigné où une société d'élite viendra passer là les chaleurs de l'été, et à *Bone* les rigueurs de l'hiver.

La beauté du pays, la bonté des routes, l'absence de la poussière l'été, de la boue d'hiver, l'abondance de toutes choses et un climat privilégié doivent attirer à *Bone* les familles qui cherchent le bien-être en voyageant. Le sportsman trouvera là des richesses inépuisables aux portes de la ville, pendant l'hiver, et dans les gorges de l'*Édough* pendant l'été. C'est le pays de la chasse par excellence ; aussi est-ce là que notre société de chasseurs fait ses déplacements annuels.

Comme vous ne pouvez pas rester indéfiniment à Bone et que vous n'avez pas tout vu, je vous invite à vous rendre à *la Cale,* par mer ; à visiter les bois et les lacs des environs et à revenir par terre ; puis, afin de bien quitter le sol algérien, c'est-à-dire avec le désir de le revoir, vous ferez bien de prendre la route du lac *Fedzara,* de passer par *Jemmapes* et de venir vous embarquer à *Philippeville* ou *Stora.*

Cette route est, je vous assure, charmante à parcourir. Si, étant à Philippeville, vous avez un jour dont vous puissiez disposer, une promenade à travers bois jusqu'à *Colo* ne peut que vous être agréable.

Voilà le meilleur itinéraire pour bien voir et bien connaître l'Algérie. En le suivant, le touriste l'aura parcourue sans fatigue et avec plaisir ; le chasseur en reviendra chargé de dépouilles ; le capitaliste et le colon y auront connu des sources de richesses dont certes ils ne se doutaient pas.

En effet, cette terre d'Afrique, si peu connue, si riche de ses propres productions, peut voir chez elle prospérer toutes celles que Dieu a divisées sur la surface du globe : il suffit, pour atteindre ce but, de distinguer la nature du sol et d'étudier la différence de température, en prenant pour base l'altitude au-dessus du niveau de la mer.

Sur le littoral, les Européens cultivent avec succès le tabac, le coton, le mûrier, la vigne, l'olivier, tous les arbres fruitiers, le lin, le chanvre, le maïs et les prairies artificielles sans le secours de l'eau. Dans l'intérieur, ces mêmes produits réussissent également, mais au moyen des irrigations. Les céréales, et notamment le blé, semblent croître là comme dans leur mère patrie.

Ce qu'il y a de remarquable, en Algérie, c'est la vigueur de la végétation. Les fruits sont magnifiques. La vigne y produit dès la première année de sa plantation, et au bout de trois ans les raisins sont deux fois aussi volumineux qu'en France ; le vin y est excellent et d'une couleur très-agréable.

Les races d'animaux sont généralement plus petites que celles d'Europe, mais elles sont bien conformées, très-rustiques surtout et susceptibles d'amélioration. La quantité de bétail est innombrable quoique les Arabes en perdent cinq cent mille têtes tous les ans.

Ces barbares laissent leurs troupeaux chercher au hasard leur nourriture, sans s'inquiéter des saisons où ils ne trouvent rien. De là ces mortalités immenses qui affligeraient des Européens, mais que les Arabes acceptent sans sourciller. En résumé, les terres en Algérie sont généralement fertiles, propres à toutes les cultures, et à un prix qui ne dépasse pas, en moyenne, le prix de location dans les autres pays.

A cause de la modicité du prix des terres, de l'ignorance des colons en fait de colonisation, et de l'incurie des Arabes pour leurs cultures et leurs troupeaux, il y a là des éléments de grandes fortunes pour les capitalistes et les agriculteurs intelligents.

D'après notre propre expérience, une ferme exploitée convenablement rapporte au propriétaire le quart du capital, c'est-à-dire vingt-cinq pour cent. L'élève du bétail donne des bénéfices encore plus considérables. Nous connaissons des Arabes, moins paresseux que leurs coreligionnaires, qui gagnent, en élevant du bétail, cinquante pour cent sur le capital qu'ils emploient.

Il est pénible de voir autant de richesses ainsi gaspillées, autant de belles terres délaissées ou si mal cultivées, quand, en Europe, les capitaux rapportent si peu ainsi que le sol.

Nous engageons vivement les gentilshommes qui aiment l'agriculture ou l'élevage du cheval et du bétail à prendre des intérêts en Algérie. Ils ne tarderont pas à voir tous les avantages qu'offre ce pays, et en peu de temps, ils auront, nous leur en donnons l'assurance, doublé leurs capitaux. Nous voudrions aussi voir s'établir ici ces jeunes gens de famille qui s'en vont en Australie. A trois journées de leur patrie, ils obtiendraient plus tôt et plus sûrement ce qu'ils vont chercher si loin de leur pays et de leurs familles. Enfin, nous formons des vœux pour que les grands seigneurs de l'Angleterre donnent l'exemple en achetant soit à l'État, soit aux propriétaires, de vastes domaines pour les faire exploiter directement.

Pour le prix de cent acres de terre en Angleterre, ils en auront trois ou quatre mille ici, rapportant au moins le quart du capital ; de plus, avec les terres il ne tiendra qu'à eux de garder les populations indigènes qui les cultivaient précédemment, et seront non-seulement des ouvriers peu coûteux, mais encore des serviteurs pleins de respect et d'obéissance pour leurs maîtres.

Nous serons volontiers le guide et le conseil des personnes qui désireront des renseignements directs et plus détaillés sur le pays dont nous n'avons fait que tracer une esquisse. Nous croyons devoir informer ceux de nos lecteurs qui désirent connaître l'Algérie à tous les points de vue, que nous venons de publier chez *Dentu,* au Palais-Royal, 13, galerie d'Orléans, un nouvel ouvrage *illustré,* ayant pour titre *l'Afrique du Nord,* dont les matières se composent de onze chapitres traitant : de l'histoire, de l'aspect physique, des populations, de l'armée, de l'administration, de la colonisation, du Maroc et des chasses.

Jules Gérard.

Paris, le 1er septembre 1862.

FIN.

TABLE

AVANT-PROPOS. VII

I. Ma vocation. 1

II. Aperçu de la guerre d'Afrique. 8

III. Mes premiers pas dans la carrière des lions. 17

IV. Une excursion dans la Mahouna. — Mon deuxième lion. 85

V. Une campagne dans le cercle de Bone. 96

VI. Le lion de Krou-Néga. 102

VII. Une nouvelle campagne dans la Mahouna. — Mon quatrième et mon cinquième lion. 107

VIII. Deux exemples qui prouvent la vitalité prodigieuse du lion. . . 110

IX. Une lionne assassinée au gîte. 116

X. Abdallah le chanteur. 123

XI. Mon ami Mohammed-ben Oumbark. 125

XII. Histoire d'un enfant trouvé. 133

XIII. Mon élève quitte Guelma pour Paris. — Notre reconnaissance au jardin des Plantes. 141

XIV. Comme quoi le lion serait un excellent commissaire aux vivres. . 147

XV. Un intermède qui fait diversion. 152

XVI. Les infortunes de Lakdar. — Un lion qui dévore sans indigestion toute une académie de savants. — Ma dixième victime. . . . 154

XVII. La lionne du ravin d'el-Archioua. 161

XVIII. Je reçois un couteau de chasse et une dédicace. — Le lion de Mejez-Amar et mon camarade Rostain. 164

XIX. Mon séjour à Paris en 1848. — Projet d'organisation d'une lionnerie. 176

XX. Je retourne en Afrique : j'emporte un arsenal complet. 180

XXI. De la chasse au lion par les indigènes dans les environs de Constantine. 182
XXII. Une excursion chez les Zmouls, les Ouled-Sassi et les Ouled-Achour. — Les lions du Zérazer. 187
XXIII. Un coup double comme j'en souhaite un au lecteur. — Encore le Zérazer. 189
XXIV. La vallée d'Ourten. — Un appât vivant d'une nouvelle espèce. . 195
XXV. Où je reviens à mes moutons en tuant le lion noir de Krenchéla. . 200
XXVI. Un second déplacement à Ourten — Rendez-vous, quêtes, rapports et chasses, du 19 juillet au 1er août. — Fin tragique d'Amar-ben-Sigha. 203
XXVII. Une nouvelle démarche pour mon projet de lionnerie. 213
XXVIII. Retour à Constantine. — Quand les chats n'y sont pas, etc. . . . 214
XXIX. Une dernière campagne chez les Ouled-Sassi. — Un lion blessé dans son amour-propre, légende à l'usage des jeunes filles coquettes. — Le lionceau et le bûcheron, fable. 218
XXX. La lionne d'El-Hanout et la mouche du coche. 231
Post-scriptum. 289
Observations sur le lion, tirées de l'ouvrage de Dameïri, intitulé *Haïet el Haïawane*. 290
Extrait du livre de Kazouïni, intitulé *Adjaïb el Mokhloukat*. 297
APPENDICE. 300

FIN DE LA TABLE.

Paris. — Imprimerie Édouard BLOT, rue Saint-Louis, 46.

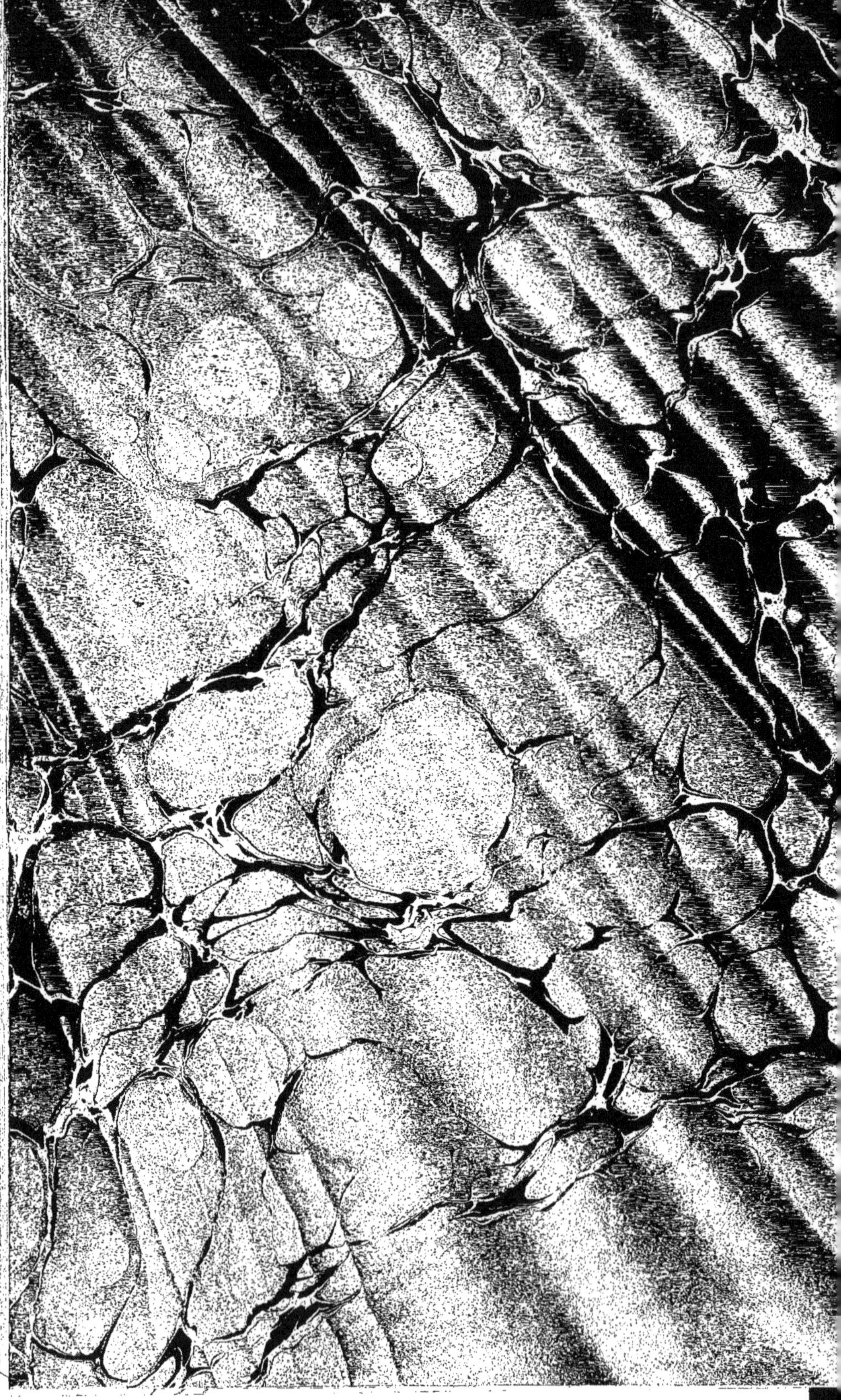

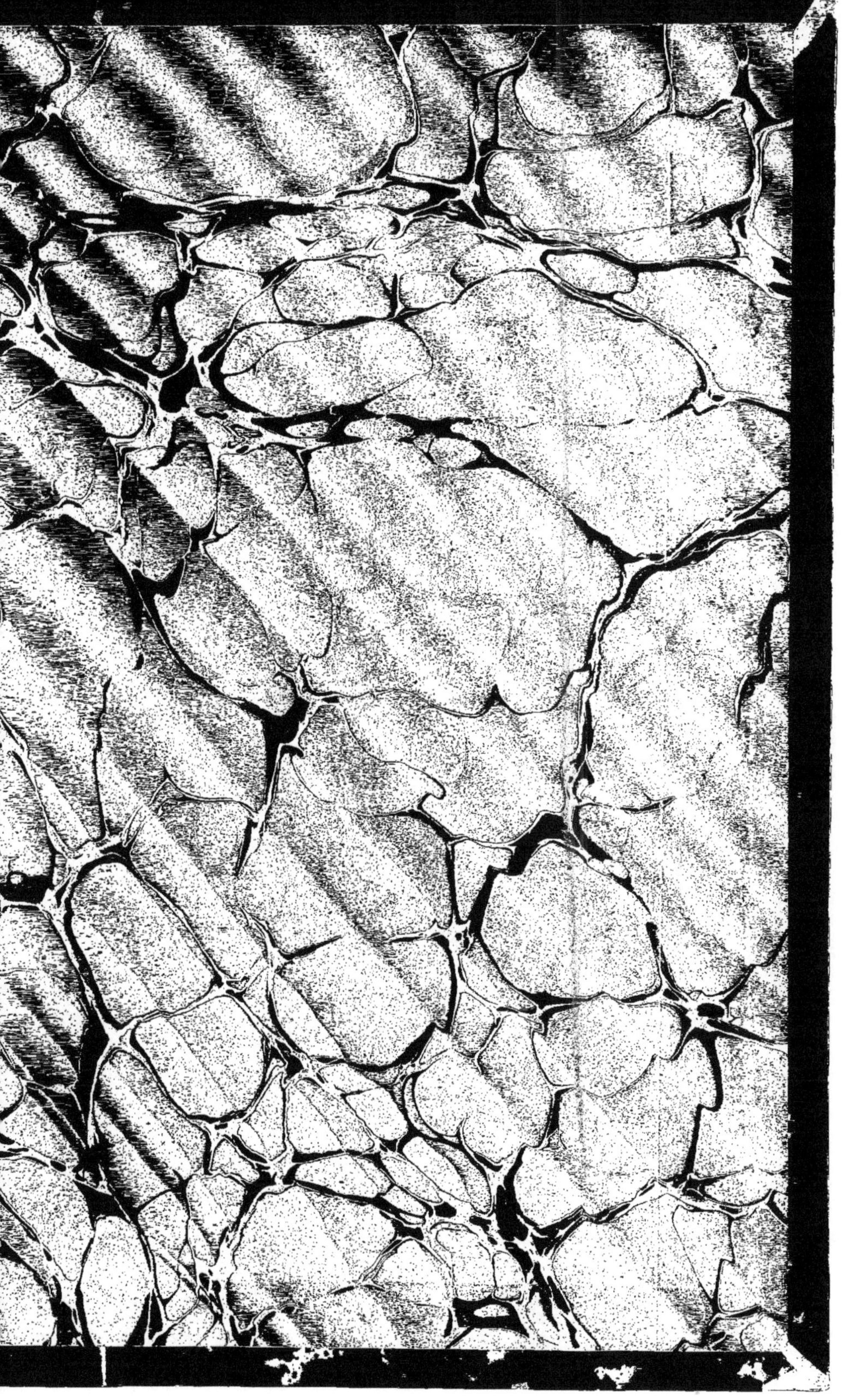

www.ingramcontent.com/pod-product-compliance
Ingram Content Group UK Ltd.
Pitfield, Milton Keynes, MK11 3LW, UK
UKHW020101200726
13856UKWH00002B/319

9 782011 93424